◆応用数学基礎講座◆

確率・統計

岡部靖憲

[著]

朝倉書店

本書は，応用数学基礎講座 第 6 巻『確率・統計』（2002年
刊行）を再刊行したものです.

応用数学基礎講座
刊行の趣旨

現在，若者の数学離れが問題になっている．多くの原因が考えられるが，数学が嫌いな大人や，数学を利用するあるいは専門とする研究者にも責任があるように思える．数学は本来「実証科学」としての性格をもっていた．自然・社会・工学・経済・生命などにおけるさまざまな現象に素朴な疑問を抱くことが大切である．

応用数学の目的は，諸現象に付随する専門的な問題，あるいは諸現象に抱く素朴な疑問を解決するだけではない．それを調べるプロセスから新しい問題を自ら探し，そこから数学の応用的な分野においても，さらに数学の理論的な分野においても，新しい研究分野を開拓していくことである．

その際，「理論」を応用することに重点がある「理論から現象」の順問題としての姿勢と，「現象」を数学的に定式化することに重点がある「現象から理論」の逆問題としての姿勢がある．応用分野の研究者が数学の理論を用いて諸現象の問題・疑問を解決できないあるいは説明できないとき，その理論は単なる数学の理論であると一蹴されることがある．数学者がその批判に答えるには，その研究者の姿勢が上記のどちらにあるにせよ，適用する理論の前提条件を検証するというステップを踏むことが必要である．それが論理の真髄であり，数学の文化であるからである．数学を諸現象の解明に応用する立場からは，単に解決の方法を学ぶだけでなく，現象の背後にある原理自身を数学的にとらえ，定式化することが重要である．その意味で，「現象から理論」・「理論から現象」の両方の姿勢が欠かせない．「実証科学」としての数学は，現象を解決する結果も大切であるが，そこに至るプロセスも同じように大切にしているのである．

この応用数学基礎講座では，理工系の学生に必要な数学の中核部分を，数学者あるいは数学利用者の立場から丁寧に解説する．「理論が先にあるのではなく，現象が先にあり，現象から理論を学ぶ」という謙虚な姿勢を強調したい．そうしてこそ初めて，実践に裏付けされ生き生きした理論が構築できるだけでなく，未知の現象の解明に繋がる発見と，そこから形あるものの発明あるいは建設ができると考えている．

この応用数学基礎講座では，理工系の学生が数学の考え方を十分理解して，応用力を身に付けることを第一の目的とする．さらに，数学者が応用分野の研究の大切さを知り，数学利用者が数学の真の文化を知ることができることを願っている．それによって，若者のみならず大人の数学離れが少しでも解消することになれば，この応用数学基礎講座の目的は達成されたことになる．

編集委員

まえがき

　本書は大学の理工学系学部生を対象とする確率論と統計学の教科書である．確率論と統計学は理論的な側面と応用的な側面をもっている．筆者が実証科学としての数学の復活を目指して展開している実験数学の観点から，確率論と統計学を結びつける題材として，もう一つの研究分野である時系列解析学を通して，確率論と統計学の基礎と応用を扱い，生き生きした確率論と統計学の交流の姿を伝えるのが本書の目的である．

　時系列解析学は数学の中で理論の建設と実践を研究の両輪とする大切な分野である．たとえば，確率論の確率過程論と統計学の漸近理論は時系列解析学の理論的な研究テーマであり，確率論の大数の法則・中心極限定理と統計学の統計的推測理論は時系列解析学の実践的な研究テーマである．

　ときとともに変動する現象の偶然量を表すための数学的な概念が確率過程である．確率過程論の目的は**現象**の**偶然**を確率過程を定める**法則**として数学的に定式化し，その普遍的な構造を調べることである．特に，ときとともに変化する時系列データの背後に潜む**情報**を探究することが時系列解析学の目的である．時系列データを数学的に定式化したのが確率過程である．

　本書で展開する実験数学とは何であるかは本文の5.3節で詳しく述べるが，確率論，統計学，時系列解析学に基づく計算機実験を通して現象から情報を抽出し，さらに確率論と統計学の理論的な解析による手計算実験を通して情報から法則を定式化するのが実験数学の研究の道筋である．すなわち，確率論，統計学，時系列解析学を用いて，「現象から情報へ 情報から法則へ」を心として，実証的な研究を行うのが実験数学である．

　実験数学では「現象から情報へ 情報から法則へ」の中で「から」の意味が大切である．仏教の教えの一つである般若心経に流れている心である「色即是空

空即是色」と対比させて説明しよう. 「空」は「むなしい, たよりない, はかない, あてにならない」という否定的な意味をもち, 「色」は「この世に存在するもの, 形あるもの, あてになるもの」という存在論的な意味をもっている. 上で述べた実験数学の心である「現象から情報へ 情報から法則へ」は, 般若心経の言葉を借りると, 「空即是色 色即是色」となる. 般若心経の「即是」の意味は難解だが大切なところであるので, 実験数学の「から」の意味を「モデル破綻」に関連させてさらに説明しよう.

　確率過程論の源泉は数学者ウイーナーのブラウン運動の理論にある. それは物理学者のアインシュタインのブラウン運動の理論で用いた拡散方程式の解の確率論的法則をマルコフ性として定式化したともいえる. アインシュタインより少しまえに, 数学者のバシュリエが博士論文の中で投機の理論を展開する際に株価の動きをブラウン運動として扱った. ブラウン運動そのものの現象は植物学者のブラウンが発見した花粉の中の微粒子が液体の中で行うジグザグ運動であった. その後, ブラウン運動の理論は, 物理学ではアインシュタインの関係式を発展させた揺動散逸定理が非平衡統計物理学の原理の一つになり, 確率論ではマルコフ性の普遍的な構造を調べあげた確率過程論に発展し, 経済学のファイナンスの分野ではオプションの価格付け理論にブラウン運動が重要な位置を占めた.

　順調に学問が進んでいるように見えるが, ブラウン運動の理論は物理学と経済学において危機に出会っていた. アルダー・ウェインライト効果の発見によるアインシュタインのブラウン運動のモデルの破綻とデリバティブ取引の失敗によるヘッジファンドのロングターム・キャピタル・マネージメント社の破産などの背後にあるブラック・ショールズモデルの破綻がそれである. これらのモデルの破綻は「色即是空」の具体的な例となる. 実証科学である物理学では, 粘性流体力学の原理によって危機の大元を手術しその危機を乗り切った. 経済学のファイナンスの分野では, 株価のブラウン運動としての解釈は修正を迫られ, 数理ファイナンスの中の理論的研究は発展しているが, モデルリスクとしての危機を抱えたままである. それを正面から乗り切るには, ファイナンスの理論的側面である数理ファイナンスと実践的側面である金融工学を結びつける時系列解析学にモデル構築の際の原理をうち立てることが必要である. それには

まえがき v

実験数学の心であると述べた「現象から情報へ 情報から法則へ」の前半の「現象から情報へ」を「データからモデルへ」としたとき,「から」の意味をデータに適用する理論の前提条件を検証し,モデルを必要条件として導くことと理解し,実験数学を実践することである.

本書では,上で述べた確率現象を扱うときにとる研究の態度・方針に基づいて,確率論と統計学の基礎を紹介する.応用として,KM$_2$O-ランジュヴァン方程式論とそれに基づく時系列解析の原理としての「揺動散逸原理」を紹介し,最後に,金融工学へ応用する.本書の構成は次の通りである.

第1章では,「データからモデルへ」の姿勢に基づく三つのステップを紹介し,確率論の理解の一つの道筋とした.

第2章では,第1章で扱った場合の数の延長として確率測度と確率空間を導入する.本書の内容を完全に理解するにはルベーグ積分論の理解が必要であるが,本書で展開する実験数学の心「現象から情報へ 情報から法則へ」,「空即是色 色即是色」を伝えるために,リーマン積分の理解があれば具体的な計算例は理解できるように述べた.

第3章では,確率論の基礎概念である確率変数と確率過程の一般的な定義を与える.その例として,硬貨投げ,酔っ払いの運動,ベルヌーイ試行,テント写像とブラウン運動に付随する確率過程を紹介する.

第4章では,確率論の基礎概念である確率変数列の収束,確率変数の確率分布・特性関数,確率変数の集まりの独立性・直交性を紹介し,ブラウン運動に付随する確率過程の構成を丁寧に行う.前に述べた「モデルの破綻」はブラウン運動に関わるものであるが,ブラウン運動の理論そのものが破綻したのではない.破綻したのは「モデルからデータへ」の姿勢の「から」の検証を怠ったからである.最後に,確率変数列の大数の法則,少数の法則,中心極限定理を紹介し,第5章と第8章の準備とする.

第5章では,時系列解析の目的を述べ,そこに使われる統計学の基本的な代表的な指標を紹介し,近代統計学の柱である推定と検定の理論を紹介する.さらに,第8章で定常性の検定で乱数が現れるので,本章の最後の5.8節で擬似乱数のいろいろな生成法を紹介する.

第6章では,秩序と混沌が共存することが特徴であるカオス的離散力学系の

例として，テント写像を取り扱う．秩序と混沌の共存を揺動散逸定理の一つの表現であることを説明するために，テント写像に付随する確率過程の弱定常性を示し，その共分散行列関数を計算する．テント写像に付随する確率過程は退化している．

第7章では，非退化な確率過程を一般的に扱い，その時間発展を記述するKM$_2$O-ランジュヴァン方程式を導く．次に，退化な確率過程は非退化な場合の極限と捉えられるというウェイト変換の理論を紹介する．さらに，確率過程の弱定常性と揺動散逸定理とが同値であることを証明する．その際に，テント写像に付随する確率過程の場合を具体的に計算し，これら一般的な事柄を理解する助けとする．最後に，KM$_2$O-ランジュヴァン方程式論の中で大切な確率過程の非線形情報解析と非線形予測解析を紹介する．

第8章では，KM$_2$O-ランジュヴァン方程式論に基づき，時系列解析におけるモデル構築の際の原理としての揺動散逸原理を紹介する．それに従って取り出された揺動列に第5章の検定の考え方を適用することによって，与えられた時系列データの定常性を検証する定常性のテストであるTest(S)を提案する．

第9章では，金融派生商品に絞って金融工学の歴史を振り返るとともに，前に述べた「モデルの破綻」，特にアルダー・ウェインライト効果について詳しく述べる．さらに，日経平均株価とマネーサプライのモデリングの問題を具体的に調べ，金融工学におけるモデルを構築する方法の一つを紹介する．

本シリーズ編集委員の東京大学大学院理学系研究科 和達三樹教授には，本書の書き始めから書き終わりまで原稿を丁寧に読んでいただき，多くの有益なコメントを頂いた．東京大学教養学部のときの同級生であった和達教授に心から感謝したい．また，朝倉書店の編集部には，本書の計画段階から真摯な対応と根気よい督促を受け，気持ち良く執筆に向かうことができた．厚くお礼申し上げる．

2002年1月

岡 部 靖 憲

目　　次

1. 場合の数とモデル ································· 1
　1.1　場合からモデルへ ······························· 1
　1.2　要素の数と直和分解 ··························· 4
　1.3　直積集合の部分集合の要素の数 ··············· 7
　1.4　順　　　列 ································· 8
　1.5　組み合わせ ··································· 10
　1.6　試行からモデルへ ······················· 12
　1.7　モデルと実験数学 ························· 18

2. 確率測度と確率空間 ························· 20
　2.1　場合の数から等確率測度へ ··············· 20
　2.2　等確率測度から一般の確率測度へ ········· 23
　2.3　確　率　空　間 ··························· 24

3. 確　率　過　程 ····························· 27
　3.1　行為と確率変数 ························· 27
　3.2　確　率　過　程 ························· 28
　3.3　確率過程の標準表現 ··················· 32
　3.4　酔っ払いの運動 (酔歩) ················· 35
　3.5　ベルヌーイ試行に付随する確率過程 ······· 37
　3.6　テント写像に付随する確率過程 ··········· 39
　3.7　ブラウン運動 ························· 42

viii 目　　次

4. 中心極限定理 ・・・ 45

4.1 収　　束 ・・・ 45

4.2 確率分布の例 ・・・・・・・・・・・・・・・・・・・・・・・・・・・・・・・・・・・・ 52

4.2.1 いろいろな確率分布 ・・・・・・・・・・・・・・・・・・・・・・・ 53

4.2.2 平均と分散 ・・・・・・・・・・・・・・・・・・・・・・・・・・・・・・ 55

4.3 特 性 関 数 ・・・・・・・・・・・・・・・・・・・・・・・・・・・・・・・・・・・・・・・ 61

4.3.1 連　続　系 ・・・・・・・・・・・・・・・・・・・・・・・・・・・・・・ 61

4.3.2 離　散　系 ・・・・・・・・・・・・・・・・・・・・・・・・・・・・・・ 66

4.4 独　立　性 ・・・・・・・・・・・・・・・・・・・・・・・・・・・・・・・・・・・・・・・ 67

4.5 ブラウン運動の構成 ・・・・・・・・・・・・・・・・・・・・・・・・・・・・・ 71

4.6 大数の法則 ・・・・・・・・・・・・・・・・・・・・・・・・・・・・・・・・・・・・・・ 74

4.7 少数の法則 ・・・・・・・・・・・・・・・・・・・・・・・・・・・・・・・・・・・・・・ 89

4.8 中心極限定理 ・・・・・・・・・・・・・・・・・・・・・・・・・・・・・・・・・・・ 92

5. 時系列解析と統計学 ・・・・・・・・・・・・・・・・・・・・・・・・・・・・・・・・・ 97

5.1 データと時系列 ・・・・・・・・・・・・・・・・・・・・・・・・・・・・・・・・・ 98

5.2 確率過程と時系列 ・・・・・・・・・・・・・・・・・・・・・・・・・・・・・・・ 99

5.3 実験数学と般若心経 ・・・・・・・・・・・・・・・・・・・・・・・・・・・・・ 102

5.4 統　計　学 ・・・・・・・・・・・・・・・・・・・・・・・・・・・・・・・・・・・・・・ 104

5.5 代表的な指標 ・・・・・・・・・・・・・・・・・・・・・・・・・・・・・・・・・・・ 105

5.5.1 1次元データ ・・・・・・・・・・・・・・・・・・・・・・・・・・・・ 105

5.5.2 2次元データ ・・・・・・・・・・・・・・・・・・・・・・・・・・・・ 107

5.6 推　　定 ・・ 110

5.6.1 母集団分布とそれに従う確率過程 ・・・・・・・・・・・・ 110

5.6.2 推　定　量 ・・・・・・・・・・・・・・・・・・・・・・・・・・・・・・ 112

5.6.3 点推定の基準 ・・・・・・・・・・・・・・・・・・・・・・・・・・・ 118

5.6.4 正規母集団 ・・・・・・・・・・・・・・・・・・・・・・・・・・・・・ 122

5.6.5 区 間 推 定 ・・・・・・・・・・・・・・・・・・・・・・・・・・・・・ 128

5.7 仮 説 検 定 ・・・・・・・・・・・・・・・・・・・・・・・・・・・・・・・・・・・・・ 131

5.7.1 仮説と有意水準 ・・・・・・・・・・・・・・・・・・・・・・・・・ 131

目　　　次　　　　ix

　　5.7.2　帰無仮説と対立仮説 ･････････････････････････････････ 132

　　5.7.3　正規母集団に対する仮説検定 ･･････････････････････････ 133

　　5.7.4　一般の母集団に対する仮説検定 ････････････････････････ 136

　5.8　乱　　　　数 ･･ 138

　　5.8.1　一様乱数の生成法 ･･･････････････････････････････････ 138

　　5.8.2　正規乱数の生成法 ･･･････････････････････････････････ 140

　　5.8.3　一般の乱数の生成法 ･････････････････････････････････ 141

6.　テント写像のカオス性と揺動散逸定理 ･･････････････････････ 143

　6.1　秩序と混沌の共存と揺動散逸定理 ･･･････････････････････ 143

　6.2　テント写像に付随する確率過程の弱定常性と共分散行列関数 ････ 147

7.　確率過程と揺動散逸定理 ･････････････････････････････････ 152

　7.1　確率過程と KM_2O-ランジュヴァン方程式：非退化の場合 ･････ 152

　7.2　確率過程と KM_2O-ランジュヴァン方程式：退化した場合 ･････ 163

　7.3　弱定常過程と揺動散逸定理 ･････････････････････････････ 175

　7.4　テント写像に付随する弱定常過程と揺動散逸定理 ･････････ 178

　7.5　KM_2O-ランジュヴァン行列系の構成定理 ･････････････････ 184

　7.6　揺動散逸原理 ･･･ 187

　7.7　確率過程の線形予測公式 (1)：一般の場合 ･････････････････ 188

　7.8　弱定常性とユニタリー性 ･･･････････････････････････････ 190

　7.9　確率過程の線形予測公式 (2)：弱定常性を満たす場合 ･･･････ 192

　7.10　非線形情報空間の生成系と非線形 KM_2O-ランジュヴァン方程式 194

　　7.10.1　非線形情報空間 ･･････････････････････････････････ 194

　　7.10.2　非線形情報空間の多項式近似 ･･････････････････････ 194

　　7.10.3　添 数 付 け ･･･････････････････････････････････････ 195

　　7.10.4　辞書式順序 ･･････････････････････････････････････ 196

　　7.10.5　階数有限の非線形変換を施して得られる確率過程のクラス
　　　　　　(1) ･･･ 198

　　7.10.6　時間域の延長 ･･･････････････････････････････････ 199

x　　　　　目　　　次

　　7.10.7　非線形情報空間の生成系 ･････････････････････････ 199

　　7.10.8　生成系に対する KM_2O-ランジュヴァン方程式･･･････････ 200

　　7.10.9　階数有限の非線形変換を施して得られる確率過程のクラス

　　　　　　(2) ･･･ 201

　7.11　非線形予測公式 ･･･････････････････････････････････ 202

8. 時系列解析と実験数学 ･･･････････････････････････････ 204

　8.1　時系列の変換 ･･･････････････････････････････････････ 204

　8.2　時系列解析におけるモデリングの原理：揺動散逸原理 ･･････ 207

　8.3　時系列の定常性 ･･････････････････････････････････････ 207

　　8.3.1　見本共分散行列関数 ･･････････････････････････････ 207

　　8.3.2　見本 KM_2O-ランジュヴァン行列系と見本前向き KM_2O-ラ

　　　　　　ンジュヴァン揺動列 ････････････････････････････ 210

　　8.3.3　定常性のテスト：Test(S) ･････････････････････････ 211

　　8.3.4　見本前向き KM_2O-ランジュヴァン方程式 ･･････････････ 220

　　8.3.5　線形予測公式 ･･････････････････････････････････ 223

　　8.3.6　非線形予測公式 ･･･････････････････････････････ 227

9. 金融工学と実験数学 ･･････････････････････････････････ 228

　9.1　金融派生商品 ･･･････････････････････････････････････ 229

　9.2　金融工学の歴史 ･････････････････････････････････････ 230

　9.3　モデルリスク ･･･････････････････････････････････････ 231

　9.4　日経平均株価とマネーサプライ ･･･････････････････････ 233

節末問題の解答 ･･･････････････････････････････････････ 241

文　　献 ･･･ 257

統計数値表 ･･･ 262

索　　引 ･･ 267

1

場合の数とモデル

「現象」,「データ」,「モデル」の概念は純粋数学の中ではあまり用いられず, 数学を応用する場あるいは数学とは離れた場で用いられることが多い. しかし, 数学としての確率論の中では「現象」と「データ」は同じ概念であり,「モデル」は「現象」,「データ」からある点に注目しそれを集合を用いて表現した概念であると理解できることをこの章で説明する. その理解の道筋を具体的に実践する「ステップ 1」,「ステップ 2」,「ステップ 3」の考えをいろいろな例の中で紹介する.「学問に王道はない」といわれるが, 上記の「ステップ 1」,「ステップ 2」,「ステップ 3」の考えを積極的に取り入れることによって,「確率論に修行はあり」は存在し, それが「確率論への一つの道」であることを強調したい. それが本書で強調する「データからモデルへ」の考えの実践方法であり,「実験数学」の原点である.

1.1 場合からモデルへ

場合の数を求める問題として, 次の 4 つの例を考えよう.

<u>例 1.1.1</u> スイカ, ナシ, ミカンの中から合わせて 5 個の果物を選ぶ方法は何通り?

<u>例 1.1.2</u> 3 個の文字 a, b, c がある. 同じ文字を繰り返し使うことを許して 5 個取って並べる方法は何通り?

<u>例 1.1.3</u> 1000 個の 500 円硬貨が入った箱から片手で掴み取る方法は何通り?

<u>例 1.1.4</u> 6 匹の犬を 2 つの犬小屋に入れる方法は何通り?

2   1. 場合の数とモデル

上の4つの例を解く際に, すぐに答えを出そうとするのではなく, 文章の中にある解くべき「方法」,「場合」とは何であるかを明確にし, それを**集合** (set) という数学の言葉で表現することが大切である. それを見てみよう.

ステップ1   (状況の) 結果を表現すること

例 1.1.1   状況を考えたとき, 目にする光景は5個の果物があり, スイカが何個, ナシが何個, ミカンが何個かである. それを結果として数学の言葉で表現するには, 3個の数字の組 (i, j, k) で表すのがよく, 最初の数字 i がスイカの数, 二番目の数字 j がナシの数, 三番目の数字 k がミカンの数を表している. したがって, 結果の全体からなる集合 S_1 は次のように表現できる.

$$S_1 = \{(i, j, k); 0 \le i, j, k \le 5, i + j + k = 5\}.$$

例 1.1.2   この例での結果は5個の文字が並んでいる光景である. それを数学的に5個の文字の組 $(x_1, x_2, x_3, x_4, x_5)$ で表現する. n 番目の成分 x_n は先頭から数えて n 番目に並んでいる文字で a, b, c のいずれかである $(1 \le n \le 5)$. したがって, 結果の全体からなる集合 S_2 は次のように表現できる.

$$S_2 = \{(x_1, x_2, \ldots, x_5); x_n \ (1 \le n \le 5) \text{ は } a, b, c \text{ のどれか}\}.$$

この集合は, $L \equiv \{a, b, c\}$ とおくとき, 次のように L の5個の**直積集合** (product set) として表現できる.

$$S_2 = \overbrace{L \times L \times \cdots \times L}^{5} = L^5.$$

一般に, p 個の集合 $A_n \ (1 \le n \le p)$ に対して, それらの直積集合 $A_1 \times A_2 \times \cdots \times A_p$ は

$$A_1 \times A_2 \times \cdots \times A_p \equiv \{(x_1, x_2, \ldots, x_p); x_n \in A_n \ (1 \le n \le p)\} \quad (1.1)$$

で定義される. 特に, すべての集合 $A_n \ (1 \le n \le p)$ が等しく, それらを集合 A とするとき, 直積集合 $\overbrace{A \times A \times \cdots \times A}^{p}$ を A^p と記す.

1.1 場合からモデルへ 3

例 1.1.3 この例での結果は何個かの 500 円硬貨が片手にある光景である. これをどのように表現するかであるが, 片手の中の 500 円硬貨に注目するか箱の中の 500 円硬貨に注目するかによって二通りの表現方法がある. 500 円硬貨に名前をつけてそれぞれ a_i $(1 \leq i \leq 1000)$ とし, その全体を A とする.

$$A \equiv \{a_i; 1 \leq i \leq 1000\}.$$

(表現 1:片手の中の 500 円硬貨に注目)　片手の中の 500 円硬貨に注目する. 目にする光景は片手にある何個かの 500 円硬貨であるので, それは集合 A の部分集合で表現できる. したがって, 結果の全体からなる集合 S_3 は次のように表現できる.

$$S_3 = \{B; B \text{ は } A \text{ の部分集合}\}.$$

(表現 2:箱の中の 500 円硬貨に注目)　今度は箱の中の 500 円硬貨に注目する. 目にする光景を表現するには, 1000 個の 500 円硬貨が片手の中にあるかどうかを指定すればよい. それには, 0 と 1 からなる 1000 個の数字の組 $(x_1, x_2, \ldots, x_{1000})$ で数学的に表現できる. n 番目の成分 x_n が 1 のときは 500 円硬貨 a_n が片手の中にあり, x_n が 0 のときは 500 円硬貨 a_n が片手にないことを表している $(1 \leq n \leq 1000)$. したがって, 結果の全体からなる集合 S_4 は次のように表現できる.

$$S_4 = \{(x_1, x_2, \ldots, x_{1000}); x_n \in \{0, 1\} \ (1 \leq n \leq 1000)\}.$$

例 1.1.4 この例での結果は二つの犬小屋に 6 匹の犬が何匹かずつ入っている光景である. 犬小屋に注目するか犬に注目するかによって二通りの表現方法がある. 犬と犬小屋に名前をつけてそれぞれ d_i $(1 \leq i \leq 6)$, k_i $(1 \leq i \leq 2)$ とし, それらの全体をそれぞれ D, K とする.

$$D \equiv \{d_i; 1 \leq i \leq 6\}, \quad K \equiv \{k_1, k_2\}.$$

(表現 1:犬小屋に注目)　犬小屋に注目しよう. 目にする光景は, 犬小屋 k_1 にどの犬が, 犬小屋 k_2 にどの犬が入っているかである. k_1 に入っている犬の集合を B, k_2 に入っている犬の集合を C とすると, 結果は 2 個の部分集合の

組 (B, C) として表現できる. ただし, 集合 C は集合 D の中での部分集合 B の補集合, すなわち, $C = \{x \in D; x \notin B\}$ として定まる. したがって, 結果の全体からなる集合 S_5 は次のように表現できる.

$$S_5 = \{(B, C); B \text{ は } D \text{ の部分集合}, C \text{ は集合 } D \text{ の部分集合 } B \text{ の補集合 }\}.$$

（表現2：犬に注目）　今度は犬に注目する. 目にする光景を表現するには, 犬がどの犬小屋に入っているかを指定すればよい. それを 6 個の文字の組 $(x_1, x_2, x_3, x_4, x_5, x_6)$ で数学的に表現する. n 番目の成分 x_n は犬 d_n が x_n という犬小屋に入っていることを表している $(1 \le n \le 6)$. したがって, 結果の全体からなる集合 S_6 は次のように表現できる.

$$S_6 = \{(x_1, x_2, \ldots, x_6); x_n \in K \ (1 \le n \le 6)\}.$$

上の例で見たように, 数学の問題の中にある「方法」,「場合」が応用畑にある「現象」や「データ」に対応し, 数学の言葉で「集合」として表現された. この章で述べる「モデル」とは, このように表現された集合のことである. 以下の節でこのモデルとしての集合の要素の数をどのように求めるかを説明していくことにする. これが本書に流れる「現象からモデルへ」あるいは「データからモデルへ」の精神である.

1.2 要素の数と直和分解

ステップ2　| ステップ1で表現した集合の要素の数を数える |

集合 A の要素の総数を $n(A)$ と表す.

$$n(A) \equiv \text{集合 } A \text{ の要素の総数}. \tag{1.2}$$

例 1.1.1 では $n(S_1)$, 例 1.1.2 では $n(S_2)$, 例 1.1.3 では $n(S_3), n(S_4)$, 例 1.1.4 では $n(S_5), n(S_6)$ を求めることになる. その際, $n(S_3) = n(S_4), n(S_5) = n(S_6)$ を確かめなければならない. それを実行するために次のステップ3に進む.

ステップ3　| ステップ1で表現した集合を直和分解する |

集合 A の (有限個の) 直和分解とは, p 個の A の部分集合 A_i $(1 \leq i \leq p)$ の集まりで次の性質を満たすものをいう.

$$A = A_1 \cup A_2 \cup \cdots \cup A_p \tag{1.3}$$

$$A_i \cap A_j = \emptyset \ (i \neq j). \tag{1.4}$$

そこで, $\emptyset$ は集合 A の要素が一つもない部分集合のことを意味し, **空集合** (empty set) とよぶ. 性質 (1.3) は集合 A の元は集合 $A_1, A_2, \ldots, A_p$ のどれか一つの部分集合に属することを意味し, 性質 (1.4) は相異なる添数 i, j $(i \neq j)$ をもつ部分集合 A_i と A_j には共通な元がないことを意味している. 性質 (1.3), (1.4) をまとめて次のように記す.

$$A = A_1 \cup A_2 \cup \cdots \cup A_p \quad (\text{直和}). \tag{1.5}$$

ステップ 3 になぜ進むかというと, 次の和の公式が成り立つからである.

定理 1.2.1. (和の公式) 集合 A の直和分解 A_i $(1 \leq i \leq p)$ に対して

$$n(A) = \sum_{i=1}^{p} n(A_i).$$

この定理を用いて, 例 1.1.1, 例 1.1.2, 例 1.1.3, 例 1.1.4 を解いてみよう.

<u>例 1.1.1</u> スイカに着目して, S_1 の一つの直和分解を構成する. 各 i $(0 \leq i \leq 5)$ に対し, S_1 の部分集合 A_i を

$$A_i \equiv \{(i, j, k); 0 \leq j, k \leq 5, j + k = 5 - i\}$$

で定めると, これらは S_1 の一つの直和分解を与える.

$$S_1 = A_0 \cup A_1 \cup \cdots \cup A_5 \quad (\text{直和}).$$

定理 1.2.1 より, $n(S_1) = \sum_{i=0}^{5} n(A_i)$. さらに, 各 i $(0 \leq i \leq 5)$ に対し, 集合 A_i の一つの直和分解を構成する. 各 j $(0 \leq j \leq 5 - i)$ に対し, A_i の部分集合 $A_{i,j}$ を

$$A_{i,j} \equiv \{(i, j, k); k = 5 - i - j, 0 \leq k \leq 5\}$$

で定めると, これらは A_i の直和分解を与える.

6   1. 場合の数とモデル

$$A_i = A_{i,0} \cup A_{i,1} \cup \cdots \cup A_{i,5-i} \quad (\text{直和}).$$

再び，定理 1.2.1 を用いて，$n(A_i) = \sum_{j=0}^{5-i} n(A_{i,j})$. したがって，$n(S_1) = \sum_{i=0}^{5} n(A_i) = \sum_{i=0}^{5}(\sum_{j=0}^{5-i} n(A_{i,j}))$. ところが，$n(A_{i,j}) = 1$ であるから，$n(S_1) = \sum_{i=0}^{5}(6-i) = \sum_{i=1}^{6} i = 21$，すなわち，求める方法は 21 通りである.

例 1.1.2　直積集合 L^5 の元の第 1 成分に着目する．L の各元 x に対して，S_2 の部分集合 L_x を

$$L_x \equiv \{x\} \times L^4$$

で定めると，これらは S_2 の直和分解を与える.

$$S_2 = L_a \cup L_b \cup L_c \quad (\text{直和}).$$

定理 1.2.1 より，$n(S_2) = n(L_a) + n(L_b) + n(L_c)$. ところが，$S_2 = L^5$，$n(L_a) = n(L_b) = n(L_c) = n(L^4)$ であることに注意すると，$n(L^5) = 3 \times n(L^4)$. これを繰り返して，$n(S_2) = 3^5$，すなわち，求める方法は 243 通りである.

例 1.1.3　表現 2 を用いた場合，$S_4 = \{0,1\}^{1000}$ となるので，例 1.1.2 と同じく，$n(S_4) = n(\{0,1\})^{1000} = 2^{1000}$，すなわち，求める方法は 2^{1000} 通りである.

表現 1 を用いた場合を考えよう．このときの結果の全体 S_3 は集合 A の部分集合の全体である．S_3 から S_4 への一対一対応の写像 Φ を構成しよう．S_3 の元 B に対し，S_4 の元 $\Phi(B)$ を次で定める.

$$\Phi(B) \equiv (x_1, x_2, \ldots, x_{1000}).$$

ただし，各 n ($1 \leq n \leq 1000$) に対し，500 円硬貨 a_n が集合 B に属しているときは $x_n = 1$，500 円硬貨 a_n が集合 B に属していないときは $x_n = 0$ とする．この写像 Φ は一対一で上への写像であるので，$n(S_3) = n(S_4) = 2^{1000}$，すなわち，求める方法は 2^{1000} 通りである.

注意 1.2.1.　任意の集合 A が与えられたとする．例 1.1.3 で見たことを別の観点から整理し，集合 A の部分集合の全体からなる集合をなぜ 2^A と書くのかを説明しよう．集合 A の部分集合 B に対し，集合 A の上で定義された関数で集合 B

の上で 1, 集合 B の外で 0 となる関数を χ_B と書き, 集合 B の**定義関数** (defining function) という. このとき, 部分集合 B は $B = \{x \in A; \chi_B(x) = 1\}$ として関数 χ_B から一意的に定めることができる. このことは例 1.1.3 で, S_3 から S_4 への写像 Φ が一対一であることに対応している. 関数 χ_B は 1 か 0 の二つの値のみをとるために, 集合 A の部分集合の全体からなる集合を 2^A と書くのである.

 例 1.1.4　表現 2 を用いた場合, $S_5 = K^6$ となるので, 例 1.1.2 と同じく, $n(S_6) = n(K)^6 = 2^6$, すなわち, 求める方法は 64 通りである.

 表現 1 を用いた場合を考えよう. D の部分集合の全体を 2^D とおき, その各元 B に対し, S_5 の部分集合 K_B を $K_B \equiv \{(B, C)\}$ と定める. ただし, 集合 C は集合 D の中での部分集合 B の補集合である. これらの集合 K_B $(B \in 2^D)$ は S_5 の直和分解を与える.

$$S_5 = \bigcup_{B \in 2^D} K_B \quad (\text{直和}).$$

 定理 1.2.1 より, $n(S_3) = \sum_{B \in 2^D} n(K_B)$. ところが, 例 1.1.3 の結果を求めた同じ考えで, $n(2^D) = 2^6$ となる. さらに, 2^D の各元 B に対し, $n(K_B) = 1$ であるから, 求める答えは $n(S_5) = 2^6$, すなわち, 求める方法は 64 通りである.

 例 1.1.3, 例 1.1.4 を一般化して, 次のことを示すことができる.

定理 1.2.2. 任意の有限集合 A に対し, そのすべての部分集合からなる集合 2^A の要素の総数 $n(2^A)$ は $2^{n(A)}$ である.

1.3　直積集合の部分集合の要素の数

 例 1.1.2, 例 1.1.3 で見たように, 和の公式 (定理 1.2.1) より, 次の積の公式が示される.

定理 1.3.1. (**積の公式**) 集合 S の p 個の部分集合 A_i $(1 \leq i \leq p)$ に対し

$$n(A_1 \times A_2 \times \cdots \times A_p) = n(A_1)n(A_2) \cdots n(A_p).$$

8   1. 場合の数とモデル

次に, 2 個の有限集合 A, B の直積集合 $A \times B$ の部分集合 D の要素の総数を求めよう. A の各元 a に対し, D の部分集合 D_a を

$$D_a \equiv \{(a, b) \in A \times B; (a, b) \in D\} \tag{1.6}$$

で定める. そのとき, 次の定理を示すことができる.

定理 1.3.2.

(i) D の部分集合 D_a $(a \in A)$ は D の直和分解を与える.

(ii) $n(D) = \sum_{a \in A} n(D_a)$.

注意 1.3.1. 集合 A の元 a によっては $D_a = \emptyset$ となることがあり, そのときは $n(D_a) = n(\emptyset) = 0$ となる.

例 1.1.1, 例 1.1.2 の証明は定理 1.3.2 の考えを用いていた.

1.4   順   列

確率論を学びはじめた最初で躓くのが順列と組み合わせの概念である. しかし, これらもこれまで述べたステップ 1 からステップ 3 までの考えに従えば理解しやすい. この節では順列の問題を解いてそのことを説明しよう.

<u>例 1.4.1</u>   6 人のうち 2 人が 1 列に並ぶ方法は何通り?

これをステップ 1 からステップ 3 の考えに従って解いてみよう. 6 人の人の集合を $A \equiv \{a_i; 1 \leq i \leq 6\}$ とする. このときの結果は 2 人が並んでいる光景である. これを数学的に表現すると, A の中の相異なる 2 個の元 x, y から作られた組 (x, y) となる. 第 1 成分の x は先頭の人, 第 2 成分の y は後ろの人を表している. したがって, 結果の全体 D は直積集合 $A \times A$ の部分集合で

$$D \equiv \{(x, y) \in A \times A; x \neq y\}$$

と表現される. これがステップ 1 である. 次に, 集合 D の要素の総数 $n(D)$ を求めるステップ 2 に進む. そのために, 定理 1.3.2 に従って, 集合 D の一つの直和分解 D_x $(x \in A)$

$$D_x \equiv \{(x,y) \in A \times A; (x,y) \in D\}$$

を構成する. これがステップ 3 である. 各 $x\,(\in A)$ に対し, $n(D_x) = 6 - 1 = 5, n(A) = 6$ であるから, 定理 1.3.2 より, $n(D) = \sum_{x \in A} n(D_x) = \sum_{x \in A} 5 = n(A) \times 5 = 6 \times 5$ となり, ステップ 2 が完成し, 求める方法は 30 通りである.

<u>例 1.4.2</u>　6 人のうち 3 人が 1 列に並ぶ方法は何通り?

例 1.4.1 のときと同じく, 6 人の人の集合を $A \equiv \{a_i; 1 \le i \le 6\}$ とする. このときの結果の全体 E は直積集合 A^3 の部分集合で

$$E \equiv \{(x,y,z) \in A^3; x \ne y, x \ne z, y \ne z\}$$

と表現される. 集合 E の要素の総数 $n(E)$ を求めるために, 定理 1.3.2 に従って, 集合 E の直和分解 $E_x\,(x \in A)$ を構成する.

$$E_x \equiv \{(x,y,z) \in A^3; (x,y,z) \in E\}.$$

さらに, 各 $x\,(\in A)$ に対し, 定理 1.3.2 に従って, 集合 E_x の一つの直和分解 $E_{xy}\,(y \in A)$ を構成する.

$$E_{xy} \equiv \{(x,y,z) \in A^3; (x,y,z) \in E\}.$$

定理 1.2.1 より, $n(E) = \sum_{x \in A} n(E_x), n(E_x) = \sum_{y \in A} n(E_{xy})$. 一方, A の元 x, y に対し, $y = x$ のときは, $E_{xy} = \emptyset$ であるから, $n(E_{xy}) = 0$. $y \ne x$ のときは, $E_{xy} = \{(x,y,z) \in A^3; z$ は x, y と異なる$\}$ であるから, $n(E_{xy}) = 4$ となる. したがって, A の各元 x に対し, $n(E_x) = 5 \cdot 4$ となるから, $n(E) = 6 \cdot 5 \cdot 4 = 120$, すなわち, 求める方法は 120 通りである.

<u>例 1.4.3</u>　6 人の人が 1 列に並ぶ方法は何通り?

例 1.4.1 のときと同じく, 6 人の人の集合を $A \equiv \{a_i; 1 \le i \le 6\}$ とする. 結果の全体 F は集合 A の 6 個の直積集合 A^6 の部分集合で

$$F \equiv \{(x_1, x_2, \ldots, x_6) \in A^6; x_i\,(1 \le i \le 6)$$ はすべて異なる$\}$$

と表現される. 集合 F の要素の総数 $n(F)$ を求めるために, 定理 1.3.2 に従って, 集合 F の一つの直和分解 $F_x\,(x \in A)$ を構成する:

$F_x \equiv \{(x, x_2, \ldots, x_6) \in A^6 ; x_n \ (2 \leq n \leq 6) \ は \ A \cap \{x\}^c \ の元で相異なる\}.$

定理 1.2.1 より, $n(F) = \sum_{x \in A} n(F_x)$. ところが, A の各元 x に対し, $n(F_x)$ は 5 人の人が 1 列に並ぶ方法の数と同じである. したがって, 数学的帰納法により, $n(F) = n(A) \cdot (5 \ 人の人が 1 列に並ぶ方法の数) = 6 \cdot 5 \cdot 4 \cdot 3 \cdot 2$, すなわち, 求める方法は 720 通りである.

例 1.4.1 から例 1.4.3 を一般化して, 次のようにまとめることができる.

定理 1.4.1. $n \leq N$ を満たす 2 個の自然数 n, N に対し, N 個のもののうち n 個を 1 列に並べる方法は $N \cdot (N-1) \cdots (N-n+1)$ で与えられる.

1.5 組 み 合 わ せ

ここでは, 組み合わせの問題を解いてみよう.

例 1.5.1 5 個のカキが入った箱の中から 3 個のカキを取り出す方法は何通り？

カキの集合を $A = \{a_i ; 1 \leq i \leq 5\}$ とする. このときの結果の全体 S_7 は A の部分集合でその個数が 3 であるものである.

$$S_7 \equiv \{B \subset A ; n(B) = 3\}.$$

一方, 5 個のカキの中から 3 個のカキをとって一列に並べる結果の全体を D とする.

$$D \equiv \{(x, y, z) \in A^3 ; x, y, z \ はすべて異なる\}.$$

S_7 が組み合わせ, D が順列のときの結果の全体を表す集合である. これらの間の関係は次の直和分解によって与えられる. S_7 の元 B に対し, S_7 の部分集合 D_B を

$$D_B \equiv \{(x_1, x_2, x_3) \in D ; \{x_1, x_2, x_3\} = B\}$$

で定める. これらの集合 $D_B \ (B \in S_7)$ は D の直和分解を与える. 定理 1.2.1 より, $n(D) = \sum_{B \in S_7} n(D_B)$. ところが, 順列の問題の例 1.4.2, 例 1.4.3 で示したときと同様に, $n(D) = 5 \cdot 4 \cdot 3, n(D_B) = 3 \cdot 2 \cdot 1$ であるから,

$n(S_7) = \frac{5 \cdot 4 \cdot 3}{3 \cdot 2 \cdot 1} = \binom{5}{3}$, すなわち, 求める方法は 10 通りである.

例 1.5.2 5 個のカキが入った箱の中から何個かのカキを取り出す方法は何通り？

例 1.5.1 の集合 S_7 と異なり, このときの結果の全体を表す集合 S_8 はその元にその要素の数の制限をつけないことである.

$$S_8 \equiv \{B; B \subset A\}.$$

そこで, 集合 B の要素の数をパラメータにして, S_8 の直和分割を構成しよう. 各 j $(0 \leq j \leq 5)$ に対して, S_8 の部分集合 A_j を $A_j \equiv \{B \in S_8; n(B) = j\}$ と定める. これらの集合 A_j $(0 \leq j \leq 5)$ は S_8 の直和分解を与える. 定理 1.2.1 より, $n(S_8) = \sum_{j=0}^{5} n(A_j)$. ところが, 各 j $(0 \leq j \leq 5)$ に対し, $n(A_j)$ は 5 個のカキから j 個のカキを取り出す仕方であるから, 例 1.5.2 の結果より, $n(A_j) = \binom{5}{j}$ となり, $n(S_8) = \sum_{j=0}^{5} \binom{5}{j}$. したがって, 二項定理を用いて, 求める答えは $n(S_8) = \sum_{j=0}^{5} \binom{5}{j} = (1 + x)^5|_{x=1} = 2^5$, すなわち, 求める方法は 32 通りである.

これらを一般化して, 次のことを示すことができる.

定理 1.5.1. $n \leq N$ を満たす 2 個の自然数 n, N に対し, N 個のものから n 個を取り出す方法は $\binom{N}{n} = \frac{N \cdot (N-1) \cdots (N-n+1)}{n \cdot (n-1) \cdots 2 \cdot 1}$ で与えられる.

例 1.5.3 例 1.5.1 の解き方と同じ考えを用いて, 例 1.1.3 の表現 1 の結果の全体を表す集合 S_3 の求めかたと異なるものを与えることができる. それには, 手の中にある 500 円硬貨の個数をパラメータにして, S_3 の一つの直和分解を構成しよう. 各 j $(0 \leq j \leq 1000)$ に対して, S_3 の部分集合 A_j を $A_j \equiv \{B \in S_3; n(B) = j\}$ と定める. これらの集合 A_j $(0 \leq j \leq 1000)$ は S_3 の直和分解を与える.

定理 1.2.1 より, $n(S_3) = \sum_{j=1}^{1000} n(A_j)$. ところが, 各 j $(0 \leq j \leq 1000)$ に対し, $n(A_j) = \binom{1000}{j}$ であるので, $n(S_3) = \sum_{j=0}^{1000} \binom{1000}{j} = (1 + x)^{1000}|_{x=1} = 2^{1000}$, すなわち, 求める方法は 2^{1000} 通りである.

1.6 試行からモデルへ

今までに実行してきたステップ1, ステップ2, ステップ3を別の現象としての試行に適用し, 現象・モデル・事象という概念を説明しよう.

試行 (trial) とは次のような行為のことである.

「サイコロを振る」,「硬貨を投げる」,「トランプ (52枚) をよくきって, 1枚ひく」,「宝くじを買う」,「2つのサイコロを同時に振る」,「3つの硬貨を同時に投げる」,「サイコロを10回振る」など.

事象 (event) とはその試行の結果として起こる次のような事柄のことである.

「偶数の目が出る」,「表が出る」,「スペードが出る」,「はずれる」,「ともに6である」,「すべて表」,「すべて偶数」など.

ステップ1で述べた「結果を表現する」を数学的に述べると, 結果の全体を一つの集合 Ω で表現したとき, 事象とは Ω の部分集合のことである. Ω が「モデル」に当たる.

例 1.6.1 (硬貨投げ) 一つの硬貨をとり, 1回投げる試行のモデル Ω_1 を構成しよう. 目にする光景は硬貨の表か裏の二つである. これを結果として数学的に表現するには, 表を H, 裏を T で表すと, $\Omega_1 = \{H, T\}$ で与えられる. このとき, 事象は Ω_1 の部分集合のことであるが, それらの全体は $2^{\Omega_1} = \{\emptyset, \Omega_1, \{H\}, \{T\}\}$ となる. $\emptyset$ は空集合を表すが, 事象としては硬貨を投げたとき表か裏か判別できないような結果である事象のことで, これは通常の硬貨ではありえないことであるので, 事象としての空集合 $\emptyset$ は**空事象** (empty event) とよばれる. これとは逆に, Ω_1 は硬貨を投げたとき結果が表か裏かであるというような正しい・当たりまえな事象のことで, **全事象** (total event) とよばれる. $\{H\}, \{T\}$ は硬貨を投げたときそれぞれ表, 裏がでる事象を表している.

一つの硬貨を N 回投げるときのモデル Ω は Ω_1 の N 個の直積集合 Ω_1^N で与えられる. この集合の元は H か T からなる N 個の文字の組 $(x_1, x_2, \ldots, x_N)$ で表され, 数学の用語としては N 次元のベクトルとよばれる. 各 $n\,(1 \le n \le N)$ に対して, その元の n 番目の成分は n 回目に投げた硬貨の結果を表している.

注意 1.6.1. N 個の硬貨を同時に投げるモデルは上の Ω と同じである. ただし, 硬貨を $\{c_i; 1 \le i \le N\}$ としたとき, Ω の元 $(x_1, x_2, \ldots, x_N)$ の n 番目の成分は硬貨 c_n の結果を表している $(1 \le n \le N)$.

例 1.6.2 (サイコロ投げ)　一つのサイコロを N 回投げるときのモデル Ω は, Ω_2 を集合 $\{1, 2, 3, 4, 5, 6\}$ としたときの N 個の直積集合 Ω_2^N で与えられる.

例 1.6.3 (宝くじ)　年末ジャンボ宝くじを一枚買うときの結果を表現してみよう. 目にする光景はくじの番号であるので, 宝くじのモデルは売り出された宝くじの番号の全体からなる集合 $\{x$ 組 $y_1 y_2 y_3 y_4 y_5 y_6; x \in \{1, 2, \ldots, 100\}$, $y_1 = 1$, $y_i \in \{0, 1, \ldots, 9\}$ $(2 \le i \le 6)\}$ で与えられる. 別のモデルは $\{1$ 等, 1 等の前後賞, 1 等の組違い賞, 2 等, 3 等, 4 等, 5 等, 6 等, 7 等, 外れ$\}$ として与えられる.

注意 1.6.2. 例 1.1.3, 上の例 1.6.3 で見たように, 「現象からモデルへ」というとき, モデルは必ずしも一つではないことを注意する.

例 1.6.4 (酔っ払い)　千鳥足でふらふら歩く酔っ払いの運動を現象と捉えて, それをどのようにモデル化するかを考えてみよう.

[1] (直線上を動く酔っ払い)　直線上を動く酔っ払いを考えよう. ここでは, 例 1.6.3 の宝くじのモデルの最初のモデル化をしたときと同じ考えで, 酔っ払いの動きかたを追うのではなく, 酔っ払いが歩くときの可能な軌跡を結果と考えてモデル化を行う. それには, 実際の酔っ払いの軌跡よりは大きくとり, 整数の全体を $\mathbf{Z} = \{\ldots, -1, 0, 1, \ldots\}$ とするとき, 次の無限次元の空間 Ω_1 が一つのモデルである.

$$\Omega_1 \equiv \{(x_0, x_1, x_2, \ldots); x_n \in \mathbf{Z} \ (n = 0, 1, 2, \ldots)\}.$$

Ω_1 の一つの元 $(x_0, x_1, x_2, \ldots)$ は一人の酔っ払いを意味し, その n 番目の成分 x_n はその酔っ払いの n 歩目の位置を表している $(n = 0, 1, \ldots)$. Ω_1 の中の元としての酔っ払いは実際の酔っ払いに対応しないものがありうることを注意する. 実際の酔っ払いに対応する議論を行うためには, **確率** (probability) という概念を導入する必要がある.

14   1. 場合の数とモデル

[2] (平面上を動く酔っ払い) 平面上を動く酔っ払いを数学的に表現するため
に, 酔っ払いが歩きまわった可能な軌跡を結果と考えたモデル化を行う. それ
には, 平面の格子点の全体を $\mathbf{Z}^2 \equiv \{p = (x, y); x, y \in \mathbf{Z}\}$ とするとき, 次の無
限次元の空間 Ω_2 が一つのモデルである.

$$\Omega_2 \equiv \{(p_0, p_1, p_2, \ldots); p_n \in \mathbf{Z}^2 \ (n = 0, 1, 2, \ldots)\}.$$

[3] (3 次元である宇宙の中を動く酔っ払い) 3 次元の格子点の全体 $\mathbf{Z}^3 \equiv$
$\{p = (x, y, z); x, y, z \in \mathbf{Z}\}$ の上のみを動く酔っ払いを数学的に表現する. 酔っ
払いが飛び回るときの可能な行き着ける軌跡を結果と考えたモデル Ω_3 は, 次
のように表現される.

$$\Omega_3 \equiv \{(p_0, p_1, p_2, \ldots); p_n \in \mathbf{Z}^3 \ (n = 0, 1, 2, \ldots)\}.$$

注意 1.6.3. 上で述べた酔っ払いのモデルは無限の時間動き回る酔っ払いの動
きのモデル化であるが, 有限の時間の間の動きを記述するモデルも考えることが
できる. たとえば, N ステップまでの 1 次元の酔っ払いのモデルは次の $N + 1$
次元の空間 $\mathbf{Z}^{N+1}$ で与えられる.

$$\mathbf{Z}^{N+1} \equiv \{(x_0, x_1, x_2, \ldots, x_N); x_n \in \mathbf{Z} \ (n = 0, 1, 2, \ldots, N)\}.$$

注意 1.6.4. 各 d $(1 \leq d \leq 3)$ に対し, d 次元の空間を「千鳥足」で移動する
実際の酔っ払いの軌跡の全体は集合 Ω_d よりは小さい部分集合である. しかし,
その部分集合は千鳥足の言葉にある「フラフラ」,「ジグザグ」,「ランダム」とい
う定性的な表現を確率という計量的な概念を導入して定量的な表現に置き換え
ることによってはじめて定まるものである.

例 1.6.5 (ブラウン運動) イギリスの植物学者であるブラウン (Robert
Brown, 1773–1858) は 1827 年に, 水の入った容器に花粉を投げ込んだとき,
何かが「ジグザグ」動き回る現象を発見した.
　その当時は原子とか分子とかの概念はまだ知られていなかったので, 動かな
い花粉がなぜ水の中で動き回るのかが不思議であった. 現在では, 水を吸収して

1.6 試行からモデルへ

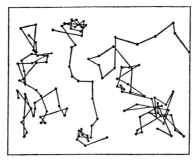

図 1.1　ブラウン運動

破裂した花粉から出る微粒子が水分子の熱運動によって動いた軌跡が「ジグザグ運動」の正体であることがわかり，ブラウン運動とよばれている．酔っ払いのときのモデル化と同じ考えで，ブラウン運動のモデル Ω は容器を V としたとき，半区間 $[0,\infty)$ で定義され，V の値をもつ連続関数の全体として表現される．

$$\Omega \equiv \{w : [0,\infty) \to V ; w\text{ は連続関数 }\}.$$

実際のブラウン運動の軌跡は Ω よりもっと狭い空間の元かもしれないが，今は「ジグザグ運動」の意味を最大限広く解釈して，連続とした．

注意 1.6.5. 注意 1.6.3 と同様に，花粉の中の微粒子の有限の時間 T の間の動きを記述するモデルは閉区間 $[0,T]$ で定義され，V の値をもつ連続関数の全体として与えられる．

$$\Omega([0,T];V) \equiv \{w : [0,T] \to V ; w\text{ は連続関数 }\}.$$

注意 1.6.6. 酔っ払いやブラウン運動のモデル化は，後で紹介する確率過程としてはまだ不足で，酔っ払いの動き方や花粉の中の微粒子の動き方を指定する必要がある．そのためには，確率という概念が必要になる．

例 1.6.6 (時系列)　大山猫 (リンクス) は斑紋がほとんどない褐色の体毛をもち，尾，四肢と耳先の毛が長い．植生が密な針葉樹林帯の中でカンジキウサギなどを獲物にしている．

図 1.2 大山猫

次のグラフは 1821 年から 1934 年までの太陽の黒点数とカナダのマッケンジー河の周囲で捕獲された大山猫 (リンクス) の捕獲数の年毎のデータである.

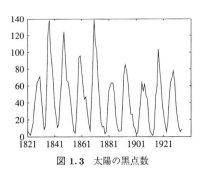

図 1.3 太陽の黒点数

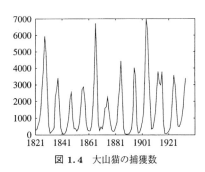

図 1.4 大山猫の捕獲数

これらは時間とともに変化するので, **時系列** (time series) とよばれる. 太陽の黒点数や大山猫の捕獲数の時系列の背後にどのような構造が隠されているのであろうか. よく観察すると, それらのグラフには谷から谷へ, 山から山へは大体 11 年の周期がある. 動物の生息には太陽が必要であるから, 太陽の黒点数と大山猫の捕獲数のつくる時系列の間に**因果関係** (causal relation) があるのだろうかという疑問が起こる. これは昔から論争されてきた問題である. 「風が吹けば桶屋が儲かる」で説明される「論理」ではなく,「因果関係」を数学としてどのように解析し, 客観的に主張する方法を与えることは大切である. これに関

しては本書の第 9 章で紹介する. 注意 1.6.3 で述べた有限時間の間の動きを記述する 1 次元の酔っ払いのモデルと同様に, 太陽の黒点数や大山猫の捕獲数の可能な軌跡としてのモデル Ω はある有限の自然数 N を用いて, 次のように与えられる.

$$\Omega \equiv \{(x_0, x_1, x_2, \ldots, x_N); x_n \in \mathbf{N}^* \ (n = 0, 1, 2, \ldots, N)\}.$$

ここで, $\mathbf{N}^*$ は自然数に 0 を加えた集合 $\mathbf{N}^* \equiv \{0, 1, 2, \ldots\}$ を表す.

例 1.6.7 (テント写像) 閉区間 $[0, 1]$ 上で定義された次のテント写像 ϕ を考えよう.

$$\phi(x) = \begin{cases} 2x & (0 \leq x \leq \frac{1}{2}) \\ 2(1-x) & (\frac{1}{2} \leq x \leq 1). \end{cases}$$

テント写像のグラフは図 1.5 で与えられる. テント写像から生成される時系列とは初期値 x_0 から出発したテント写像 ϕ による軌跡のことである.

$$x_n \equiv \overbrace{\phi \circ \phi \circ \cdots \circ \phi}^{n}(x_0) \quad (n \in \mathbf{N}).$$

$x_0 \equiv 0.654321$ のときの時系列は図 1.6 で与えられる.

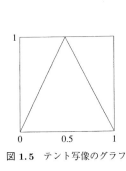
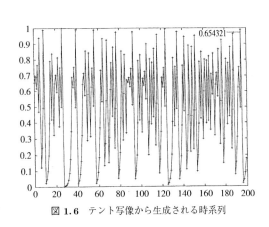

図 1.5 テント写像のグラフ　　図 1.6 テント写像から生成される時系列

この時系列の背後には, 次の力学系がある.

$$x_n = \phi(x_{n-1}) \quad (n \in \mathbf{N}).$$

18   1. 場合の数とモデル

したがって, テント写像をもっと深く調べる必要がある. これについては後
の 3.6 節, 6.1 節, 6.2 節で見ることにする.

1.7 モデルと実験数学

「場合の数を数え上げる」問題を解く際に

$$\text{「現象・試行 }\longrightarrow\text{ モデル }\longrightarrow\text{ 解析」}$$

というステップが大切であることを述べてきた. 実はこのことが科学の基本的
姿勢である.「現象・試行からモデルへ」がステップ 1 であり, 現象あるいは試
行の結果を集合を用いて数学的に表現する.「モデルから解析へ」はステップ
2, ステップ 3 であり, 解析の一つの方法として直和分解を行い, 和の公式を用
いる. 上の矢印の前半をひとことで表すと, 次のようになる.

$$\text{「データ }\longrightarrow\text{ モデル」}.$$

今までの科学技術の多くは

$$\text{「モデル }\longrightarrow\text{ データ」}$$

の姿勢で臨み, 芳しい結論が得られないときは, 別のモデルを立ててきた. その
姿勢には「結果」を重視し,「なぜそのモデルか」ということは本人からは触れ
られず,「天才」のみが知る領域として, 別の人あるいは後の人がそれを調べる
ということが多かったように思われる.

数学を学ぶ人にとって大切なことは, この公式を用いなさいという「結果を
重視する」教えではなく,「途中を大切にする」教えではないだろうか. 特に,
数学としての確率論は他の数学の分野と異なり, 応用的な側面との関わりがか
なり強い. そのためか, 確率論の問題を解こうとしたとき, 本当に解けたのか疑
問に思う人がかなりいるのではないだろうか.「学問に王道はない」というけ
れど,「場合の数を数え上げる」問題を打破する道がステップ 1, ステップ 2, ス
テップ 3 であった訳である.

これらのステップの考えは「複雑な現象から何らかの情報を抜き出す」研究

において大切である．たとえば，例 1.6.6 で述べた太陽の黒点数と大山猫の捕獲数の間の因果関係の有無を与えられたデータのみから客観的に調べるには，「モデルが先にあるのではなく，データが先にある」ことを忘れてはならない．

実は，その考えは応用畑の領域と深く関係する数学としての確率論においてすでに現れているのである．日常的な言葉が確率論で重要な概念として使われることが多いために，確率論は数学の他の分野と比べて理解しにくいところがある．しかし，数学としても応用面での学問としても生き生きした確率論を展開する際の本当の困難さは，数学の中の理論面での論理と応用面での論理とのギャップにあると思われる．「データからモデルへ」の姿勢で数学者が応用の領域に入り込むことによって，そのギャップを埋め，生き生きした確率論を展開したい．実は，それは「実験数学」とよばれるのであるが，後の 5.3 節で般若心経の教えと対比させて説明していくことにする．

2

確率測度と確率空間

　前章で扱った場合の数は注目する結果の集合の要素の数であった. この章では, 場合の割合として注目する結果の集合の等確率の概念を導入し, その概念の一般化として, 注目する結果の集合を事象と捉え, その事象が起こる確率の概念と集合関数としての確率測度の概念を説明する. 正確に述べると, 事象が起こる確率は集合関数としての確率測度のその事象での値である. 確率という言葉が単独に用いられるときはそれは確率測度のことを意味するが, 事象が起こる確率と確率測度とは別であることを理解して欲しい. 前章で扱った「モデル」に確率測度をともに考えることによって, 確率空間の概念を導入できることを紹介する.

2.1　場合の数から等確率測度へ

　例 1.6.1 の硬貨投げ, 例 1.6.2 のサイコロ投げ, 例 1.6.3 の宝くじで扱った場合の数からどのように**確率測度** (probability measure) を導入できるかを考えよう. このようにして, 第 1 章で述べた「モデル」に確率測度が導入され, 確率空間が構成される. この段階で確率空間は「モデル」とよばれる.

　<u>例 2.1.1 (硬貨投げ)</u>　硬貨を $N(\geq 2)$ 回投げたとき, 2 回だけ表が出る確率を求めよ.

　確率を求める問題では, どのような事象 (すなわち, 集合) の起こる確率であるかを明確にする必要がある. そのためには, 「データからモデルへ」で見たように, 結果の全体からなる集合を構成する. 例 1.6.1 で見たように, それは $\Omega = \Omega_1^N$ で与えられる. ただし, $\Omega_1 = \{H, T\}$. その次に, Ω の部分集合 (すな

2.1 場合の数から等確率測度へ

わち, 事象) の起こる確率を求める. しかし, この問題には「結果のどれもが等確率で起こる」という約束が文章に隠されているので, これを文章から抜き取ることが必要である. ここに「データからモデルへ」の精神である「データ」から何らかの「情報」を抜き取る姿勢が数学として確率の問題に現れている. したがって, Ω の事象 A の起こる確率 $P(A)$ は

$$P(A) \equiv \frac{n(A)}{n(\Omega)} \tag{2.1}$$

で与えられる. 積の公式より $n(\Omega) = 2^N$ である. 2回だけ表が出る事象は $A = \{(x_1, x_2, \ldots, x_N) \in \Omega; n(\{1 \le j \le N; x_j = H\}) = 2\}$ である. この事象の個数 $n(A)$ は $1, 2, \ldots, N$ という N 個の文字から2個取り出す仕方の数と同じである. なぜなら, 取り出した番号のところだけを表が出たと解釈すればよいからである. これは1.5節の組み合わせで見たように, $n(A) = \binom{N}{2}$ であるので, 求める確率は $P(A) = \frac{\binom{N}{2}}{2^N}$ となる.

上の例で導入した確率測度 P は**等確率測度** (equal probability measure) とよばれる. さらに, 集合 Ω と組にした (Ω, P) が硬貨を N 回投げる試行の「確率モデル」であり, 「等確率空間」ともよばれる.

これは次のように一般化することができる. 有限集合 Ω が与えられたとする. Ω の事象 A の起こる確率 $P(A)$ は

$$P(A) \equiv \frac{n(A)}{n(\Omega)} \tag{2.2}$$

として定義され, 関数 $P : 2^\Omega \to [0, 1]$ を等確率測度, 二つの組 (Ω, P) を等確率空間という.

例 2.1.2 (サイコロ投げ) 2個のサイコロを振ったとき, 目の和が5となる確率を求めよ.

このときの結果の集合は $\Omega = \{1, 2, \ldots, 6\}^2$ である. どの結果も等しく出ると解釈されるので, この試行のモデルは等確率空間 (Ω, P) である. 考える事象は $A = \{(x_1, x_2) \in \Omega; x_1 + x_2 = 5\}$ である. ステップ1に従って, 次の直和分解を考える. 各 x $(1 \le x \le 6)$ に対して, $A_x \equiv \{(x, 5 - x)\}$ とおくと

$$A = \bigcup_{x=1}^{6} A_x \quad (\text{直和}).$$

定理 1.2.1 より, $n(A) = \sum_{x=1}^{6} n(A)$. ところが, $n(A_x) = 1 \ (1 \le x \le 4)$ であり, $A_x = \emptyset \ (5 \le x \le 6)$ であるから, $n(A_x) = 0 \ (5 \le x \le 6)$. したがって, $n(A) = 4$. ゆえに, 等確率測度であることに注意して, $P(A) = \frac{n(A)}{n(\Omega)} = \frac{4}{36} = \frac{1}{9}$ となる.

注意 2.1.1. 上の性質 (iii) は性質 (i), (ii) から導かれることを注意する.

<u>例 2.1.3 (くじ)</u>　8本中3本当たるくじがある. 同時に2本ひくとき, 2本とも当たる確率を求めよ.

同時に2本ひくときのモデルは次のように3つ考えられる.

<u>モデル1</u>　8本のくじを区別して, $S_1 \equiv \{a_1, a_2, \ldots, a_8\}$ とする. ただし, a_1, a_2, a_3 は当たりくじとする. 同時に2本ひくときの結果の全体は組み合わせのときと同様に, $\Omega_1 \equiv \{A \subset S_1 ; n(A) = 2\}$ である. 結果をこのように表現するとき, どの目も等確率で出ると考えてよいので, このときの確率モデルは等確率空間 (Ω_1, P_1) である. 2本くじをひいたとき, 2本とも当たる事象は $F \equiv \{A \subset \Omega_1 ; A \subset \{a_1, a_2, a_3\}\}$ である. $n(\Omega_1) = \binom{8}{2} = 28, n(F) = \binom{3}{2} = 3$ であるから, 求める確率は $P_1(F) = \frac{n(F)}{n(\Omega_1)} = \frac{3}{28}$ となる.

<u>モデル2</u>　今度は順列の考えを用いよう. 同時に2本ひくときの結果を表現するのに, 非復元抜き取りと考えると, 結果の全体は $\Omega_2 \equiv \{(x_1, x_2) \in S_1 \times S_1 ; x_1 \ne x_2\}$ となる. このときも, どの結果も等確率で出ると考えてよいので, このときの確率モデルは等確率空間 (Ω_2, P_2) である. 注目すべき事象は $A \equiv \{(x_1, x_2) \in \{a_1, a_2, a_3\} \times \{a_1, a_2, a_3\} ; x_1 \ne x_2\}$ である. $n(\Omega_2) = 8 \cdot 8 - 8 = 56, n(B) = 3 \cdot 3 - 3 = 6$ であるから, 求める確率は $P_1(B) = \frac{n(B)}{n(\Omega_2)} = \frac{6}{56} = \frac{3}{28}$ となる.

<u>モデル3</u>　1本ひくときの結果として, 当たり, はずれに着目すると2つの結果のみである. 当たりを ○, はずれを × と表現し, $S_2 \equiv \{○, ×\}$ とおく. このとき, 2本ひくときの結果の集合は $\Omega_3 \equiv S_2 \times S_2 = \{(○, ○), (○, ×), (×, ○), (×, ×)\}$ と表現される. 注目する事象は $B \equiv \{(○, ○)\}$ である. B が起こる確率を求めたいのであるが, 構成すべき確率モデル (Ω_3, P_3) は等確率モデルではない. そのために, 二つの集合 Ω_2, Ω_3 の間の関係を求めて, Ω_3 の各元が起こる確率を求めよう.

2.2 等確率測度から一般の確率測度へ   *23*

モデル2   モデル3

$$(\bigcirc, \bigcirc) \longleftrightarrow (a_1, a_i), (a_2, a_j), (a_3, a_k) \quad (1 \le i, j, k \le 3)$$

$$(\bigcirc, \times) \longleftrightarrow (a_1, a_i), (a_2, a_j), (a_3, a_k) \quad (4 \le i, j, k \le 8)$$

$$(\times, \bigcirc) \longleftrightarrow (a_i, a_1), (a_j, a_2), (a_k, a_3) \quad (4 \le i, j, k \le 8)$$

$$(\times, \times) \longleftrightarrow (a_i, a_j) \quad (4 \le i \ne j \le 8)$$

であるから, $P_3(\{(\bigcirc, \bigcirc)\}) = \frac{6}{56} = \frac{3}{28}$, $P_3(\{(\bigcirc, \times)\}) = \frac{15}{56}$, $P_3(\{(\times, \bigcirc)\}$ $= \frac{15}{56}$, $P_3(\{(\times, \times)\} = \frac{20}{56} = \frac{5}{14}$ となる. したがって, 求める答えは $P_3(B) =$ $P_3(\{(\bigcirc, \bigcirc)\}) = \frac{3}{28}$ である.

2.2 等確率測度から一般の確率測度へ

等確率測度のもつ性質を抽象化して, 有限集合 Ω が与えられたとき, 関数 $P : 2^\Omega \to [0, 1]$ が**確率測度** (probability measure) であるとは, 次の性質を満たすときをいう:

(P.1) $P(\Omega) = 1$

(P.2) $P(\emptyset) = 0$

(P.3)   集合 A の直和分解 A_i $(1 \le i \le n)$ に対して

$$P(A) = \sum_{i=1}^{n} P(A_i).$$

例 2.2.1   等確率測度は上の性質を満たす.

関数 P の事象 A における値 $P(A)$ を事象 A が起こる確率とよぶ. この値は, 性質 (P.3) より, Ω の各元 a に対して, 事象 $\{a\}$ が起こる確率 $P(\{a\})$ のみで決定される.

$$P(A) = \sum_{a \in A} P(\{a\}). \tag{2.3}$$

なぜなら, $\{a\}$ $(a \in A)$ が事象 A の直和分解を与えるからである. したがって, 確率測度 P を構成するには, 関数 $p : \Omega \to [0, 1]$ で次の性質

(p.1) $\sum_{a \in \Omega} p(a) = 1$

を満たすものが与えればよい. 実際, 2^Ω の任意の元 A に対し, 事象 A が起こ

る確率 $P(A)$ を式 (2.3) において $P(\{a\})$ を $p(a)$ で置き換えて定義する. ただし, 事象 A が空事象のときは, $P(\emptyset) \equiv 0$ と定める. このとき, 関数 P は確率測度であることの公理である性質 $(P.1), (P.2), (P.3)$ を満たす.

例 2.2.2 等確率測度は $p(a) \equiv \frac{1}{n(\Omega)}$ によって構成された確率測度の例である.

例 2.2.3 例 2.1.2 の証明では和の公式 (定理 1.2.1) を用いた. 基本的にはこれと同じであるが, 等確率測度のもつ性質 $(P.2), (P.3)$ を用いた別証明を与えよう. $P(A) = \sum_{x=1}^{6} P(A_x)$ であり, Ω の各元 x に対し, $P(A_x) = \frac{1}{36}$ $(1 \le x \le 4), P(A_x) = 0$ $(5 \le x \le 6)$ であるから, $P(A) = \frac{4}{36} = \frac{1}{9}$ となる.

例 2.2.4 例 2.1.3 のモデル 3 で扱った確率測度は等確率測度ではない.

2.3 確 率 空 間

今まで紹介した確率モデル (Ω, P) の結果からなる集合 Ω は有限集合であった. しかし, 例 1.6.4 (酔っ払い), 例 1.6.5 (ブラウン運動), 例 1.6.6 (時系列) を確率現象と見て本格的に調べていくためには, Ω が有限集合であることは強い制限になり, Ω が無限集合である場合を扱う必要がある. 現代数学では, ルベーグ (Henri Léon Lebesgue, 1875–1941) が建設した積分論の言葉を用いて, コルモゴロフ (Andreǐ Nikolaevich Kolmogorov, 1903–1987) が定式化した確率空間の定義を採用している. それに従うと, **確率空間** (probability space) とは次の三つ組 $(\Omega, \mathcal{B}, P)$ のことをいう.

(i) Ω は集合である.

(ii) $\mathcal{B}$ は 2^{Ω} の部分集合で次の性質を満たす.

$$\begin{cases} \text{(a)} & \Omega \in \mathcal{B} \\ \text{(b)} & A \in \mathcal{B} \Rightarrow A^c \in \mathcal{B} \\ \text{(c)} & A_n \in \mathcal{B} \ (n \in \mathbf{N}) \Rightarrow \bigcup_{n \in \mathbf{N}} A_n \in \mathcal{B} \end{cases}$$

(iii) P は $\mathcal{B}$ から $[0, 1]$ への関数で次の性質を満たす.

$$\begin{cases} \text{(a)} & P(\Omega) = 1 \\ \text{(b)} & P(\emptyset) = 0 \\ \text{(c)} & \mathcal{B} \text{ の元 } A_n \ (n \in \mathbf{N}) \text{ が互いに交わらないならば} \\ & P(\bigcup_{n \in \mathbf{N}} A_n) = \sum_{n=1}^{\infty} P(A_n). \end{cases}$$

(i) にある集合 Ω を**標本空間** (sample space), (ii) にある集合 $\mathcal{B}$ は Ω の部分集合を元とする集合で **σ-加法族** (σ-field), (iii) にある関数 P を**確率測度** (probability measure) あるいは**確率** (probability) とよぶ. $\mathcal{B}$ の元を**可測事象** (measurable set) という. その命名の謂れは標本空間の部分集合 A が関数としての確率測度 P の定義域である σ-加法族 $\mathcal{B}$ の元であれば, 事象としての集合 A が起こる確率を確率測度 P のもとで $P(A)$ として測る (計算する) ことができるからである.

注意 2.3.1. (iii) にある性質 (c) を**完全加法性** (countably additive) あるいは **σ-加法性** (σ-additive) という. 特に, $A_n = \emptyset \ (n \geq N+1)$ なるときは, (iii) の性質 (b), (c) を用いて

$$P\left(\sum_{n=1}^{N} A_n\right) = \sum_{n=1}^{N} P(A_n)$$

となる. この性質は**有限加法性** (finitely additive) とよばれる. この意味で性質 (c) の完全加法性は前の節の $(P.3)$ という性質を強めた性質である.

注意 2.3.2. 確率測度 P を顧慮しない二つの組 $(\Omega, \mathcal{B})$ を**可測空間** (measurable space) とよぶ.

例 2.3.1 Ω が有限集合のときは, σ-加法族 $\mathcal{B}$ として, Ω の部分集合の全体 2^{Ω} を採用していた. 確率測度に関しては, 例 2.1.1, 例 2.1.2, 例 2.1.3 のモデル 1 とモデル 2 では等確率測度を採用した. しかし, 例 2.1.3 のモデル 3 では採用した確率測度は等確率測度ではない.

例 2.3.2 閉区間 $[0,1]$ を位相空間と見て, その開集合全体を含む最小の σ-加法族を**ボレル σ-加法族** (Borel σ-field; Émile Borel, 1871–1956) とよび, $\mathcal{B}([0,1])$ と記す. さらに, 区間 $[0,1]$ 上の**ルベーグ測度** (Lebesgue measure) を σ-加法族 $\mathcal{B}([0,1])$ 上で定義された関数 P と見ると, P は確率測度となる. 三

つ組 $([0,1], \mathcal{B}([0,1]), P)$ は一つの確率空間となる. 後の 3.6 節で, この確率空間の上にテント写像に付随する確率過程を構成する. 3.6 節, 4.5 節では, $[0,1]$ と同相な区間 $[0,2\pi]$ の上にブラウン運動に付随する確率過程を構成する.

例 2.3.3　区間 $[0,1)$ を位相空間と見て, その開集合全体を含む最小の σ-加法族をボレル σ-加法族とよび, $\mathcal{B}([0,1))$ と記す. これは, 前の例 2.3.2 の $\mathcal{B}([0,1])$ とは, $\mathcal{B}([0,1)) = \{A \cap [0,1); A \in \mathcal{B}([0,1])\}$ の関係がある. さらに, 例 2.3.2 の確率測度 P は $P(\{1\}) = 0$ となるので, P を $\mathcal{B}([0,1))$ に制限した測度は確率測度となる. これを同じ記号 P で記す. こうして, 一つの確率空間 $([0,1), \mathcal{B}([0,1)), P)$ が得られた. 確率論的には, この確率空間は例 2.3.2 の確率空間と本質的には同じと見なせるが, 基礎となる区間 $[0,1)$ は区間 $[0,1]$ とは位相的・解析的には異なる. 実際, 後の 3.2 節, 3.4 節で扱う無限試行の硬貨投げや酔っ払いの運動を構成する際に用いる 2 進展開は区間 $[0,1]$ よりも区間 $[0,1)$ の方が扱いやすくなる. その応用として, 3.3 節でベルヌーイ試行に付随する確率過程を確率空間 $([0,1), \mathcal{B}([0,1)), P)$ の上に構成する.

例 2.3.4　実数の集合 $\mathbf{R}$ が作る可測空間を紹介しよう. 集合 $\mathbf{R}$ を位相空間と見て, その開集合全体を含む最小の σ-加法族をボレル σ-加法族とよび, $\mathcal{B}(\mathbf{R})$ と記す. 二つの組 $(\mathbf{R}, \mathcal{B}(\mathbf{R}))$ は可測空間となる.

3

確 率 過 程

1.6 節で硬貨投げ, 宝くじ, サイコロ投げなどの「試行」を数学の中の「現象」として扱い, それを数学的に表現するものとして「モデル」を構成した. その試行における行為を数学としてあらわに表現したのが確率変数である. それを説明しよう. この段階で, 確率空間としての「モデル」に確率変数の集まりとしての確率過程が「モデル」とよばれることになる.

3.1 行為と確率変数

例 1.6.1 で見た硬貨投げのモデルの中で硬貨を投げるという行為と例 2.1.3 で扱ったくじのモデルの中でくじをひくという行為が, 数学の概念として, どのようにして確率変数として定式化されるかを見てみよう.

例 3.1.1 (硬貨投げ)　例 1.6.1 で見たように, 一つの硬貨を N 回投げるときのモデルは $\Omega = \Omega_1^N$ で与えられた. そこで, $\Omega_1 = \{H, T\}$. さらに, 例 2.1.1 で見たように, このモデルに等確率測度 P を (導入し) 考えることによって, 確率空間 $(\Omega, \mathcal{B}, P)$ を構成した. ここで, $\mathcal{B} \equiv 2^{\Omega_1}$. 各 n $(1 \leq n \leq N)$ に対して, Ω の元 $\omega = (x_1, x_2, \ldots, x_N)$ の n 番目の成分 x_n は n 回目に投げた硬貨の結果を表していた. n 番目に投げるという行為は次の関数 $X(n) : \Omega \to \Omega_1$ で表される.

$$X(n)(\omega) \equiv x_n \quad (1 \leq n \leq N). \tag{3.1}$$

n 回目に表が出る事象は $\{\omega \in \Omega; X(n)(\omega) = H\}$ として表現される. 関数 $X(n)$ の定義域がはっきりしているときは, この事象を簡潔に $(X(n) = H)$ と

書くと便利である. たとえば, 少なくとも1回は裏が出る事象は $(\bigcap_{n=1}^{N}(X(n) = H))^c$ と表現される. 例2.1.1で扱った2回だけ表が出る事象は $\{\omega \in \Omega; n(\{1 \leq k \leq N; X(k)(\omega) = H\}) = 2\}$ として表現される. このように, すべての事象は関数 $X(n)$ $(1 \leq n \leq N)$ を用いて表現できる.

例3.1.2 (くじ) 例2.1.3で扱ったくじのモデルの中で, 確率変数を説明するのにモデル2が一番適している. そこでの空間 Ω は, 有限集合 $S_1 = \{a_1, a_2, \ldots, a_8\}$ の直積集合 $S_1 \times S_1$ の部分集合で $\Omega = \{(x_1, x_2) \in S_1 \times S_1; x_1 \neq x_2\}$ であった. 各 n $(1 \leq n \leq 2)$ に対して, Ω の元 $\omega = (x_1, x_2)$ の n 番目の成分 x_n は n 回目にひいたくじの結果を表している. 式 (3.1) と同様に, n 番目にひくという行為は次の関数 $X(n) : \Omega \to S_1$ で表される.

$$X(n)((x_1, x_2)) \equiv x_n \quad (n = 1, 2). \tag{3.2}$$

上で導入した関数 $X(n)$ の特徴を抽出すると, 次の確率変数という概念になる. $(\Omega, \mathcal{B}, P)$ を任意の確率空間, $(S, \mathcal{F})$ を任意の可測空間とする. Ω から S への関数 $X : \Omega \to S$ が**確率変数** (random variable) であるとは

$$\text{任意の } F \in \mathcal{F} \text{ に対し}, X^{-1}(F) \in \mathcal{B} \tag{3.3}$$

が成り立つときをいう. 測度論のことばでは $\mathcal{B}$–可測関数のことである. ここで, 集合 $X^{-1}(F)$ は $\{\omega \in \Omega; X(\omega) \in F\}$ を意味し, 確率変数 X による集合 F の**逆像** (inverse image) という. このとき, 次で定義される関数 $P_X : \mathcal{F} \to [0,1]$

$$P_X(F) \equiv P(X^{-1}(F)) \qquad (F \in \mathcal{F}) \tag{3.4}$$

は確率測度となる. これを確率変数 X の**分布** (distribution) という.

問 3.1.1 式 (3.4) で定義された関数 P_X が確率測度となることを示せ.

3.2 確 率 過 程

$(\Omega, \mathcal{B}, P)$ を任意の確率空間, $(S, \mathcal{F})$ を任意の可測空間とする. さらに, T を実数 $\mathbf{R}$ の任意の部分集合とする.

T の元を添数 (パラメータ) とし, Ω 上で定義され S の値をとる確率変数の集まり $\mathbf{X} = \{X(t); t \in T\}$ を添数域 (parameter domain) T, 状態空間 (state space) S の Ω 上で定義された確率過程 (stochastic process) という. T の元を添数 (parameter), S の元を状態 (state) という.

添数域 T として, 実数全体, 無限区間 $[0, \infty)$, 有限区間 $[a, b]$ $(a < b)$ あるいはそれらの離散版である整数全体 $\mathbf{Z}$, 無限集合 $\{0, 1, 2, \ldots\}$, 有限集合 $\{l, l+1, \ldots, r\}$ $(l < r)$ を採用することが多い. 特に, $\mathbf{R}$ と $[0, \infty)$ を時間域 (time domain) とする確率過程を大域的 (global) な連続時間 (continuous time) の確率過程, $[a, b]$ を時間域とする確率過程を局所的 (local) な連続時間の確率過程という. 同様に, $\mathbf{Z}$ と $\{0, 1, 2, \ldots\}$ を時間域とする確率過程を大域的な離散時間 (discrete time) の確率過程, $\{l, l+1, \ldots, r\}$ を時間域とする確率過程を局所的な離散時間の確率過程という.

天下り的に確率過程の定義を与えたが, 本来の確率過程は, 時間とともに動く不思議な現象から何らかの情報・法則を探し出し, それを数学的な対象として定式化したものである. その法則の普遍的な性質を調べるのが確率過程の目的である. したがって, 確率過程の表し方として, 確率変数の集まりとしての表示 $\mathbf{X} = \{X(t); t \in T\}$ よりも, パラメータの順序を意識した表示 $\mathbf{X} = (X(t); t \in T)$ の方が適切である. このことは 3.3 節で述べる確率過程の標準表現のところで明らかになる.

さらに, 1.7 節で述べたように, 「先に与えられているのは酔っ払いの動きであり, 確率過程が先に与えられているのではない」, すなわち, 「データからモデルへ」の姿勢が大切であり, その後に, 「モデルから解析へ」が始まるのである.

例 3.2.1 (有限試行の硬貨投げ) 硬貨を N 回投げるモデルを考える. 例 2.3.1 で見たように. このモデルは等確率空間 $(\Omega, \mathcal{B}, P)$ として表現され, 例 3.1 の式 (3.1) で定義した確率変数 $X(n)$ の集まり $\mathbf{X} = \{X(n); 1 \le n \le N\}$ がこのモデルに付随する確率過程である. これが硬貨を N 回投げる試行・現象に付随する確率モデルである. 「データからモデルへ」の観点からは, 「どの結果も等確率で起こる」という性質・法則がモデル化の基本であった. それでは, この確率モデルがもつ別の法則を探してみよう. 等確率測度の定義式 (2.1) より, 任意の $a_n \in \Omega_1$ $(1 \le n \le N)$ に対して

$$P((X(1) = a_1) \cap (X(2) = a_2) \cap \cdots \cap (X(N) = a_N))$$
$$= P(X(1) = a_1) \cdot P(X(2) = a_2) \cdots P(X(N) = a_N)$$

が成り立つ. なぜなら, 上式と下式とも $1/2^N$ となるからである. これより, 次の定理を示すことができる.

定理 3.2.1. 任意の自然数 k $(1 \leq k \leq N)$ に対し, k 個の自然数 n_j $(1 \leq j \leq k)$, $1 \leq n_1 < n_2 < \cdots < n_k$, と同じ個数の Ω_1 の元 a_j $(1 \leq j \leq k)$ に対して

$$P((X(n_1) = a_1) \cap (X(n_2) = a_2) \cap \cdots \cap (X(n_k) = a_k))$$
$$= P(X(n_1) = a_1) \cdot P(X(n_2) = a_2) \cdots P(X(n_k) = a_k).$$

この性質を**独立性** (independent property) という.

例 3.2.2 (無限試行の硬貨投げ) 硬貨を無限回投げるモデルを考える. 例 2.3.3 で扱った確率空間 $([0,1), \mathcal{B}([0,1)), P)$ を再び取り上げる. $[0,1)$ の各元 x を 2 進展開して, 第 n 位の小数を x_n とする $(n \in \mathbf{N})$.

$$x = 0.x_1 x_2 \cdots = \sum_{n=1}^{\infty} \frac{x_n}{2^n} \qquad (x_n \in \{0,1\}). \tag{3.5}$$

上の 2 進展開でたとえば $\frac{1}{2^n}$ に対しては, $\frac{1}{2^n} = 0.\overset{n}{\overbrace{000 \cdots 001}} 000 \cdots = 0.\overset{n+1}{\overbrace{000 \cdots 000}} 111 \cdots$ のように, 二つの表現がある. このとき, 前半の表現を採用することによって, 各自然数 n に対し, 確率変数 $X(n) : [0,1) \to \{0,1\}$ を定義することができる.

$$X(n)(x) \equiv x_n. \tag{3.6}$$

ここでは, 数字 1, 0 がそれぞれ硬貨の表, 裏を表していた H, T を表現している. このとき, 次のことが成り立つ.

定理 3.2.2.

(i) $(X(n) = 1) = [\frac{1}{2^n}, \frac{2}{2^n}) \cup [\frac{3}{2^n}, \frac{4}{2^n}) \cup \cdots \cup [\frac{2^n - 1}{2^n}, 1)$ $\qquad (n \in \mathbf{N})$

(ii) $P(X(n) = 1) = P(X(n) = 0) = \frac{1}{2}$ $\qquad (n \in \mathbf{N})$

(iii) $\{X(n); n \in \mathbf{N}\}$ は独立性を満たす, すなわち, 任意の自然数 k に対し, k 個の自然数 $1 \le n_1 < n_2 < \cdots < n_k$, と同じ個数の $\{0,1\}$ の元 a_j $(1 \le j \le k)$ に対して

$$P((X(n_1) = a_1) \cap (X(n_2) = a_2) \cap \cdots \cap (X(n_k) = a_k))$$
$$= P(X(n_1) = a_1) \cdot P(X(n_2) = a_2) \cdots P(X(n_k) = a_k).$$

確率過程 $\mathbf{X} = \{X(n); n \in \mathbf{N}\}$ が無限試行の硬貨投げの確率モデルである.

例 3.2.3 (くじ) 例 3.1.2 で見たように, 例 2.1.3 のモデル 2 で構成した確率空間 $(\Omega, \mathcal{B}, P)$ には確率過程 $\mathbf{X} = \{X(n); n = 1, 2\}$ が付随している. この確率過程は独立性を満たさない.

例 3.2.4 (酔っ払い) 例 1.6.4 において, 各 d $(1 \le d \le 3)$ に対し, d 次元の酔っ払いのモデル Ω_d を酔っ払いの可能な軌跡の全体として表現した. 任意の非負の整数 n $(\in \mathbf{N}^*)$ に対して, Ω_d の元 ω の n 番目の成分 ω_n は酔っ払い ω の n ステップ後での位置を表している. 式 (3.1), (3.2) と同様に, n ステップ後での位置を表す関数 $X(n) : \Omega_d \to \mathbf{Z}^d$ が次で定義される.

$$X(n)((\omega_1, \omega_2, \dots)) \equiv \omega_n \qquad (n \in \mathbf{N}^*). \tag{3.7}$$

これら $X(n)$ $(n \in \mathbf{N}^*)$ はまだ Ω_d 上で定義された関数にすぎない. 空間 Ω_d 内の任意の確率測度 P を導入することによって, 各 $X(n)$ $(n \in \mathbf{N}^*)$ は Ω_d 上で定義された確率変数として見なされ, それらの集まり $\mathbf{X} = \{X(n); n \in \mathbf{N}^*\}$ は $\mathbf{Z}^d$ を状態空間とする確率過程となる. 問題はどのような確率測度 P を導入するかである.

それでは, 酔っ払いの動きを特徴付ける性質は何だろうか. 酔っ払いの「千鳥足」,「フラフラ」,「ジグザグ」ということの理想的な状態の性質は,「酔っ払いの動きはこれまでの動きには影響を受けず (独立に), 可能な位置に等確率で移動する」ということができる.

上で構成した $\mathbf{X} = \{X(n); n \in \mathbf{N}^*\}$ がそのような性質をもつように確率測度 P を後の 3.4 節で導入しよう.

例 3.2.5 (ブラウン運動) 例 1.6.5 において, ブラウン運動のモデル Ω を花

32   3. 確率過程

粉の中の微粒子の可能な軌跡の全体として表現した. 非負の実数 t に対して, Ω の元 w の t での値は花粉の中の微粒子 w の時刻 t での位置を表している. 式 (3.1), (3.2), (3.7) と同様に, t での位置を表す関数 $X(t) : \Omega \to V$ が次で定義される.

$$X(t)(w) \equiv \text{連続関数 } w \text{ の時刻 } t \text{ での値 } w(t) \quad (t \in [0, \infty)). \qquad (3.8)$$

酔っ払いのときと同様に, Ω 内にどのような確率測度 P を導入するかが問題である. これには物理学での長い研究が続き, アインシュタイン (Albert Einstein, 1879–1955) が 1905 年に発表したブラウン運動の理論の研究を受けて, ウイーナー (Norbert Wiener, 1894–1964) が 1923 年に Ω 内に確率測度を導入した. 現在この測度はウイーナー測度とよばれている. この確率測度 P のもとで, $\mathbf{X} = \{X(t); t \geq 0\}$ が確率過程となり, ブラウン運動とよばれる. これについては後の 4.5 節で紹介する.

注意 3.2.1. 実はバシュリエ (Louis Bachlier, 1870–1946) は 1900 年の博士論文の中で, 不規則に動く株価はその当時問題となり物理的に調べられていた「ブラウン運動」に従っているとして, **投機理論** (theory of speculation) を打ち立てていた. 詳しくは第 9 章の 9.2 節で触れる.

3.3 確率過程の標準表現

1.6 節で, 試行のモデルとしての空間は試行の結果の全体を採用すると述べた. 1.6 節のすべての例はそのようになっている. その考えに従うと, 無限試行の硬貨投げのモデルは次の無限直積空間あるいは数列空間

$$\Omega_\infty \equiv \{0, 1\}^\infty = \{(x_1, x_2, x_3, \cdots); x_n \in \{0, 1\} \ (n \in \mathbf{N})\} \qquad (3.9)$$

が採用される. さらに, $n (\in \mathbf{N})$ 回目に硬貨を投げる動作を表す関数 $\pi(n)$ は, 式 (3.1), (3.2), (3.7), (3.8) と同様に, 次のように定義されるのが適当である:

$$\pi(n)((x_1, x_2, x_3, \ldots)) \equiv x_n \qquad (n \in \mathbf{N}). \qquad (3.10)$$

しかし, 例 3.2.2 で確率空間 $([0, 1), \mathcal{B}([0, 1)), P)$ の上に無限試行の硬貨投げの

確率モデル $\mathbf{X} = \{X(n); n \in \mathbf{N}\}$ を構成した. この違いはどうなっているのであろうか. 今の場合, 簡単にいうと, 区間 $[0, 1)$ から Ω_∞ への写像 Φ を

$$\Phi(x) \equiv (X(1)(x), X(2)(x), X(3)(x), \cdots) \qquad (x \in [0, 1)) \qquad (3.11)$$

で定めたとき, これが確率変数になり, その分布が空間 Ω_∞ の上の確率測度, 式 (3.10) で定義された関数 $\pi(n)$ が確率変数となり, それらの集まり $\{\pi(n); n \in \mathbf{N}\}$ も**無限試行の硬貨投げの確率モデル**となる.

この点を正確に述べるには, 確率過程の標準表現の概念が必要となる. それを説明しよう. $\mathbf{X} = \{X(t); t \in T\}$ を確率空間 $(\Omega, \mathcal{B}, P)$ 上で定義された確率過程とする. T は添数域であり, 状態空間 S には σ-加法族 $\mathcal{F}$ が付随している. このとき, 次の空間 $W(T; S)$ を定義する.

$$W(T; S) \equiv \{w : T \to S; w \text{ は写像}\}. \qquad (3.12)$$

この空間 $W(T; S)$ は確率過程 $\mathbf{X}$ の添数域 T と状態空間 S のみに依存し, 確率過程 $\mathbf{X}$ の法則を支配する確率空間 $(\Omega, \mathcal{B}, P)$ には依存しないことを注意する. $W(T; S)$ の元 w は T から S への写像であるが, その値をすべてあらわに記すことによって, $w = (w(t); t \in T)$ のように有限次元あるいは無限次元のベクトルとして表現する. そこで, 各 $t \ (\in T)$ に対して, 式 (3.10) と同様に, $W(T; S)$ から S への写像 $\pi(t)$ を次で定義する.

$$\pi(t)(w) \equiv w(t) \qquad (w \in W(T; S)). \qquad (3.13)$$

これらの写像を用いて, 空間 $W(T; S)$ 内に σ-加法族 $\mathcal{B}(W(T; S))$ を導入する.

$$\mathcal{B}(W(T; S)) \equiv \{\pi(t)^{-1} F; t \in T, F \in \mathcal{F}\} \text{ を含む最小の } \sigma\text{-加法族.} \quad (3.14)$$

こうして, 可測空間 $(W(T; S), \mathcal{B}(W(T; S)))$ とその上で定義された関数の集まり $\pi = \{\pi(t); t \in T\}$ が構成されたことになる. 注意すべきことは, これらの構成のためには, 添数域の集合 T と状態の集合 S のみが必要で, 確率過程 $\mathbf{X} = \{X(t); t \in T\}$ の確率的構造を定める確率空間 $(\Omega, \mathcal{B}, P)$ は与えられてい

34   3. 確 率 過 程

る必要がないことである.

確率空間 $(\Omega, \mathcal{B}, P)$ の上で定義された確率過程 $\mathbf{X} = \{X(t); t \in T\}$ が与えら
れているときは, 式 (3.11) と同様に, Ω から $W(T; S)$ への写像 Φ を

$$\Phi(\omega) \equiv (X(t)(\omega); t \in T) \qquad (3.15)$$

で定める. このとき, 次のことを示すことができる.

定理 3.3.1. $\Phi : (\Omega, \mathcal{B}, P) \to (W(T; S), \mathcal{B}(W(T; S)))$ は確率変数である.

確率変数 Φ の分布 P_Φ を確率過程 $\mathbf{X}$ の分布とよぶ. 新しく得られた確率空
間 $(W(T; S), \mathcal{B}(W(T; S)), P_\Phi)$ の上で定義された関数の集まりである確率過
程 $\pi = (\pi(t); t \in T)$ を確率過程 $\mathbf{X}$ の**標準表現** (canonical representation) と
よぶ. 単に, 確率変数 Φ を確率過程 $\mathbf{X}$ の標準表現とよぶこともある.

確率過程は時間とともに変化する現象を表す数学的なモデルであることと
$W(T; S)$ の元を有限次元あるいは無限次元のベクトルとして表現できることを
考慮して, 確率過程 $\mathbf{X} = \{X(t); t \in T\}$ を $\mathbf{X} = (X(t); t \in T)$ と表現すること
がある. 同じ理由で, その標準表現 $\pi = \{\pi(t); t \in T\}$ を $\pi = (\pi(t); t \in T)$ と
書くことがある. 今後はこの記法を用いることにする.

式 (3.11) で与えた関数が無限試行の硬貨投げの確率過程の標準表現である.
そこでは, 時間域 T として, 自然数の全体 $\mathbf{N}$ を用いていた.

注意 3.3.1. 可測空間 $(W(T; S), \mathcal{B}(W(S; T)))$ とその上で定義された関数の
集まり $\pi = (\pi(t); t \in T)$ の構成において, 集合 T を時間域と**解釈**したが, 実数
の全体 $\mathbf{R}$ の部分集合である必要はない. たとえば, T が多次元ユークリッド空
間 $\mathbf{R}^d$ の部分集合の場合には, 空間 T の各点に確率変数が対応しているような
確率過程が考察の対象になり, **確率場** (random field) とよばれる. さらに, 選
挙予測の出口調査の「モデル」の構成にはこの**場** (field) の考えが大切になる.
詳しくは 5.6 節の例 5.6.1 で説明する.

3.4 酔っ払いの運動 (酔歩)

最初に, 1 次元の酔っ払いの運動の確率モデルを構成しよう. そのために, 例 3.2.2 で構成した無限試行の硬貨投げの確率モデル $\mathbf{X} = (X(n); n \in \mathbf{N})$ を用いる. 各 $n\ (\in \mathbf{N})$ に対し, 確率変数 $Y(n) : [0,1) \to \{-1,1\}$ を次で定義する.

$$Y(n) \equiv 2X(n) - 1. \tag{3.16}$$

定理 3.2.2 の (ii), (iii) より

$$P(Y(n) = 1) = P(Y(n) = -1) = \frac{1}{2} \qquad (n \in \mathbf{N}) \tag{3.17}$$

$$\{Y(n); n \in \mathbf{N}\} \text{ は独立性を満たす.} \tag{3.18}$$

各整数 $a\ (\in \mathbf{Z})$ と非負の整数 $n\ (\in \mathbf{N}^*)$ に対して, 確率変数 $S_a(n) : [0,1) \to \mathbf{Z}$ を次で定義する.

$$S_a(n) \equiv \begin{cases} a & (n = 0) \\ a + \sum_{k=1}^{n} Y(k) & (n = 1, 2, \ldots). \end{cases} \tag{3.19}$$

これらの確率変数の集まりである確率過程 $\mathbf{S}_a = (S_a(n); n \in \mathbf{N}^*)$ が a から出発する 1 次元の酔っ払いの運動の確率モデルである. 式 (3.17), (3.18) より, これは次の性質を満たすことが示される.

定理 3.4.1.

(i) $P(S_a(0) = a) = 1 \qquad (a \in \mathbf{Z})$

(ii) $P(S_a(n) - S_a(n-1) = 1) = P(S_a(n) - S_a(n-1) = -1) = \frac{1}{2}$

$$(a \in \mathbf{Z}, n \in \mathbf{N})$$

(iii) $\{S_a(n); n \in \mathbf{N}^*\}$ は加法性を満たす, すなわち, 任意の有限個の整数 $0 \le n_1 < n_2 < \cdots < n_k$ に対して

$$\{S_a(n_1), S_a(n_2) - S_a(n_1), \ldots, S_a(n_k) - S_a(n_{k-1})\} \text{ は独立である.}$$

36   3. 確 率 過 程

一般に, 任意の自然数 d に対して, d 次元の酔っ払いの運動の確率モデルを
構成しよう. 考える確率空間は, 1 次元のときと同じく, 例 3.2.2 の確率空間
$([0,1), \mathcal{B}([0,1)), P)$ である. $[0,1)$ の各元 x を $2d$ 進展開して, 第 n 位の小数
を x_n とする ($n \in \mathbf{N}$).

$$x = 0.x_1 x_2 \cdots = \sum_{n=1}^{\infty} \frac{x_n}{(2d)^n} \qquad (x_n \in \{0, 1, \ldots, 2d-1\}). \qquad (3.20)$$

このとき, 各自然数 n に対し, 確率変数 $X(n) : [0,1) \to \{0, 1, \ldots, 2d-1\}$
を次で定義する.

$$X(n)(x) \equiv x_n. \qquad (3.21)$$

このとき, 次のことが成り立つ.

定理 3.4.2.

(i) $P(X(n) = j) = \frac{1}{2d}$ $\qquad (n \in \mathbf{N}, 1 \le j \le 2d-1)$

(ii) $\{X(n); n \in \mathbf{N}\}$ は独立性を満たす.

次に, d 次元の格子空間 $\mathbf{Z}^d$ の正方向の単位ベクトルを $\{e_j; 1 \le j \le d\}$ と
する.

$$e_j \equiv (\overbrace{0, 0, \ldots, 0, 1}^{j}, 0, \ldots, 0) \ (j \text{ 成分のみが } 1) \qquad (1 \le j \le d). \qquad (3.22)$$

空間 $\mathbf{Z}^d$ の基本方向単位ベクトルの集合を $S \equiv \{\pm e_j; 1 \le j \le d\}$ とす
る. 任意の自然数 n を固定する. $[0,1)$ の直和分解 $(X(n) = 2k), (X(n) = 2k+1)$ $(0 \le k \le d-1)$ を用いて, 確率空間 $[0,1)$ の上の確率変数 $\xi(n)$ を次
で定義する.

$$\xi(n) \equiv \sum_{k=0}^{d-1} e_{k+1}\chi_{(X(n)=2k)} - \sum_{k=0}^{d-1} e_{2k+1}\chi_{(X(n)=2k+1)}. \qquad (3.23)$$

ここで, $[0,1)$ 内の部分集合 A に対し, χ_A は A の上で 1, A の補集合 A^c 上
で 0 をとる $[0,1)$ 上で定義された集合 A の定義関数を表す. これら確率変数
$\xi(n)$ は 1 次元のとき, 式 (3.17), (3.18) で定義された確率変数 $Y(n)$ に対応す
る ($n \in \mathbf{N}$). このとき, 次のことが成り立つ.

定理 3.4.3.

(i) $P(\xi(n) = e_j) = P(\xi(n) = -e_j) = \frac{1}{2d}$ $\quad (n \in \mathbf{N}, 1 \leq j \leq d)$

(ii) $\{\xi(n); n \in \mathbf{N}\}$ は独立性を満たす.

式 (3.19) と同様に, $\mathbf{Z}^d$ の元 a と $\mathbf{N}^*$ の元 n に対して, 確率変数 $S_a(n)$: $[0,1) \to \mathbf{Z}^d$ を次で定義する.

$$S_a(n) \equiv \begin{cases} a & (n = 0) \\ a + \sum_{k=1}^n \xi(k) & (n = 1, 2, \ldots). \end{cases} \tag{3.24}$$

これらの確率変数の集まりである確率過程 $\mathbf{S}_a = (S_a(n); n \in \mathbf{N}^*)$ が a から出発する d 次元の酔っ払いの運動の確率モデルである. 定理 3.4.2 と同様に, この確率モデルは次の性質を満たすことが示される.

定理 3.4.4.

(i) $P(S_a(0) = a) = 1$ $\quad (a \in \mathbf{Z}^d)$

(ii) $P(S_a(n) - S_a(n-1) = e_j) = P(S_a(n) - S_a(n-1) = -e_j) = \frac{1}{2d}$
$$(a \in \mathbf{Z}^d, n \in \mathbf{N}, 1 \leq j \leq d)$$

(iii) $\{S_a(n); n \in \mathbf{N}^*\}$ は加法性を満たす, すなわち, 任意の有限個の整数 $0 \leq n_1 < n_2 < \cdots < n_k$ に対して

$$\{S_a(n_1), S_a(n_2) - S_a(n_1), \ldots, S_a(n_k) - S_a(n_{k-1})\} \text{ は独立である.}$$

3.5 ベルヌーイ試行に付随する確率過程

例 3.2.2 で構成した無限試行の硬貨投げの確率過程 $\mathbf{X} = (X(n); n \in \mathbf{N})$ は確率空間 $([0,1), \mathcal{B}([0,1), P)$ で定義され, 表裏が公平に出る硬貨投げのモデルである. そこで, 確率測度 P はルベーグ測度である. 公平でない硬貨投げのモデルを構成しよう. このモデルは後の 4.6 節で紹介する連続関数を多項式で近似する定理の証明において用いられる.

その前に, 確率変数 $X(n)$ の幾何学的構造を調べてみよう. 定理 3.2.2(i) より, $(X(n) = 1) = [\frac{1}{2^n}, \frac{2}{2^n}) \cup [\frac{3}{2^n}, \frac{4}{2^n}) \cup \cdots \cup [\frac{2^n-1}{2^n}, 1), (X(n) = 0) =$

$[0, \frac{1}{2^n}) \cup [\frac{2}{2^n}, \frac{3}{2^n}) \cup [\frac{4}{2^n}, \frac{5}{2^n}) \cup \cdots \cup [\frac{2^n-2}{2^n}, \frac{2^n-1}{2^n})$ であった. これより, 次のことがわかる. 区間 $[0,1)$ を 2 等分して, 左側の半分の区間 $[0, \frac{1}{2})$ の上で値 0 を, 右側の半分の区間 $[\frac{1}{2}, 1)$ の上で値 1 をとる関数が $X(1)$ である. 次に, 上で得られた二つの区間をさらに 2 等分し, 各々の左側の区間 $[0, \frac{1}{2^2})$ と $[\frac{2}{2^2}, \frac{3}{2^2})$ の上で値 0 を, 各々の右側の区間 $[\frac{1}{2^2}, \frac{2}{2^2})$ と $[\frac{3}{2^2}, 1)$ の上で値 1 をとる関数が $X(2)$ である. この手続きを繰り返して, 関数 $X(3), X(4), \ldots, X(n)$ を幾何学的に構成することができる.

p を $0 < p < 1$ を満たす任意の実数とする. 任意の自然数 n を固定する. 上の分割法の考えを用いて, 区間 $[0,1)$ を $(1-p) : p$ の比率で二つの区間に分割し, 左側の半分の区間 $[0, 1-p)$ の上で値 0 を, 右側の半分の区間 $[1-p, 1)$ の上で値 1 をとる関数を $Z(1)$ とする. 次に, 上で得られた二つの区間をそれぞれ $(1-p) : p$ の比率で四つの区間に分割し, 各々の左側の区間 $[0, (1-p)^2)$ と $[1-p, 1-p^2)$ の上で値 0 を, 各々の右側の区間 $[(1-p)^2, 1-p)$ と $[1-p^2, 1)$ の上で値 1 をとる関数を $Z(2)$ とする. この手続きを繰り返して, 関数 $Z(3), Z(4), \ldots, Z(n)$ を構成する. すなわち, 区間 $[0,1)$ は 2^n 個の区間 $[a_{k-1}^{(n)}, a_k^{(n)})$ $(1 \le k \le 2^n)$, $0 = a_0^{(n)} < a_1^{(n)} < a_2^{(n)} < \cdots < a_{2^n-1}^{(n)} < a_{2^n}^{(n)} = 1$ $(n \ge 1)$, に分割され, 二つの集合 $(Z(n) = 1), (Z(n) = 0)$ は次で表現される.

$$\begin{cases} (Z(n) = 0) = [a_0^{(n)}, a_1^{(n)}) \cup [a_2^{(n)}, a_3^{(n)}) \cup \cdots \cup [a_{2^n-2}^{(n)}, a_{2^n-1}^{(n)}) \\ (Z(n) = 1) = [a_1^{(n)}, a_2^{(n)}) \cup [a_3^{(n)}, a_4^{(n)}) \cup \cdots \cup [a_{2^n-1}^{(n)}, 1). \end{cases} \tag{3.25}$$

ここで, $a_k^{(n)}$ $(1 \le k \le 2^n, n \ge 1)$ は次の漸化式を満たす.

$$a_1^{(1)} = 1 - p \tag{3.26}$$

$$a_{2(k-1)}^{(n+1)} = a_{k-1}^{(n)}, a_{2k}^{(n+1)} = a_k^{(n)}, a_{2(k+1)}^{(n+1)} = a_{k+1}^{(n)} \quad (k \text{ は奇数}) \tag{3.27}$$

$$\begin{cases} a_{2k-1}^{(n+1)} = a_{k-1}^{(n)} + (1-p)(a_k^{(n)} - a_{k-1}^{(n)}) & (k \text{ は奇数}) \\ a_{2k+1}^{(n+1)} = a_k^{(n)} + (1-p)(a_{k+1}^{(n)} - a_k^{(n)}) & (k \text{ は奇数}). \end{cases} \tag{3.28}$$

定理 3.2.2 を証明する方法を用いて, 次の定理を示すことができる.

定理 3.5.1.

(i) $P(Z(n) = 1) = p, P(Z(n) = 0) = 1 - p$ \qquad $(n \in \mathbf{N})$

(ii) $\{Z(n); n \in \mathbf{N}\}$ は独立性を満たす.

式 (3.19) と同じく, 各自然数 n に対し, 確率変数 $U(n) : [0,1) \to \mathbf{N}^*$ を定義する.

$$U(n) \equiv \sum_{k=1}^{n} Z(k) \qquad (n \in \mathbf{N}). \tag{3.29}$$

定理 3.4.1 と同じく, 次の定理を示すことができる.

定理 3.5.2.

(i) $P(U(n) = k) = \binom{n}{k} p^n (1-p)^{n-k} \qquad (0 \le k \le n, k \in \mathbf{N}^*, n \in \mathbf{N})$

(ii) $P(U(n) - U(n-1) = 1) = p, P(U(n) - U(n-1) = 0) = 1 - p \quad (n \in \mathbf{N})$

(iii) $\{U(n); n \in \mathbf{N}\}$ は加法性を満たす.

これらの確率変数の集まりである確率過程 $\mathbf{U} = (U(n); n \in \mathbf{N})$ をベルヌーイ試行 (Bernoulli trial; Jacques Bernoulli, 1654–1705) に付随する確率過程とよぶ.

問 3.5.1 定理 3.5.2 の (i) を第 1 章で述べたステップ 1 からステップ 3 の考えを用いて示せ.

3.6 テント写像に付随する確率過程

例 1.6.7 で扱ったテント写像から導かれる区間 $[0,1]$ 上の力学系 $\{\phi^n; n = 0, 1, 2, \ldots\}$ はカオス (chaos) であるといわれている. カオスとは「決定論的な力学系であるにもかかわらず, 初期値を決めたとしてもその力学系の軌跡の振る舞いは非常に複雑・不規則・不安定であり, 遠い将来の動きを完全に予測できない現象」のことといわれている[60].

しかし, 軌道が決定的な力学系に従っているならば, 将来の位置は初期条件によって完全に決まるのであるから, 上の表現には何か「トリック」がある. それが何であるかを見るために, テント写像に付随する確率過程を構成しよう. これからは例 2.3.2 の確率空間 $([0,1], \mathcal{B}([0,1]), P)$ の上で議論する. 任意の非負整数 n に対し, 確率変数 $X(n) : [0,1] \to [0,1]$ を次で定義する.

$$X(n)(x) \equiv \begin{cases} x & (n = 0) \\ \overbrace{\phi \circ \phi \circ \cdots \circ \phi}^{n}(x) & (n = 1, 2, \ldots). \end{cases} \tag{3.30}$$

これらの確率変数の集まりである $\mathbf{X} = (X(n); n \in \mathbf{N}^*)$ をテント写像 ϕ に付随する確率過程とよぶ.

本書のこの節の後半から, ルベーグ積分論 (theory of Lebesgue integrals) が必要である. 特に, 確率空間 $(\Omega, \mathcal{B}, P)$ で定義された複素数の値をとる確率変数 X に対し, それが可積分であるかあるいは非負の実数値をとるならば, X のルベーグ積分を定義できる. それを $E(X)$ と記し, 確率変数の平均値 (expectation, mean) とよぶ.

$$E(X) \equiv \int_{\Omega} X(\omega) \, dP(\omega).$$

これは, X が非負の実数値をとるならば正の無限大をとりうる可能性があり, X が可積分ならば有限な複素数の値をとる. $E(X)$ は X の分布 P_X の平均と一致する. さらに, 可積分な関数 f と $\mathcal{B}$ の元 A に対して, 可積分となる関数 $f\chi_A$ の平均値を

$$E(f; A) \equiv E(f\chi_A)$$

と記す. ここで, χ_A は集合 A の上で値 1, 集合 A の補集合の上で値 0 をとる関数を表し, 集合 A の定義関数あるいは指示関数 (indicator function) とよばれる. これまでにも, 注意 1.2.1 と式 (3.23) で現れていた.

テント写像 ϕ とルベーグ測度の間に次の関係がある.

定理 3.6.1. 任意の有界ボレル可測な関数 $f : [0,1] \to \mathbf{R}$ に対し

$$E(f(X(n))) = E(f(X(0))) = \int_0^1 f(x)dx \qquad (n \in \mathbf{N}^*).$$

示すべき等式を $(*_n)$ として, これを n に関する数学的帰納法で証明しよう. $n = 0$ のときの $(*_0)$ は成立する. ある非負の整数 n に対し, $(*_n)$ は成立したと仮定する. このとき

$$E(f(X(n+1))) = \int_0^1 f(X(n)(x))dx$$
$$= \int_0^{1/2} f(X(n)(2x))dx + \int_{1/2}^1 f(X(n)(2(1-x)))dx.$$

上式の右辺の第1項で変数変換 $y = 2x$, 第2項で変数変換 $y = 2(1-x)$ を施すことによって, 右辺の両項は $\frac{1}{2}\int_0^1 f(X(n)(y))dy$ となるので, $E(f(X(n+1))) = E(f(X(n)))$ が示される. したがって, 仮定より $(*_{n+1})$ が成り立つ. ゆえに, 数学的帰納法によって, すべての非負の整数 n に対し, $(*_n)$ が成り立つことが示された.

式 (3.30) に注意して, 定理 3.6.1 は次のようにも述べられる.

定理 3.6.2. 任意の有界ボレル可測な関数 $f : [0,1] \to \mathbf{R}$ に対し

$$E(f(\phi^n)) = E(f(X(0))) = \int_0^1 f(x)dx \qquad (n \in \mathbf{N}^*).$$

上の定理 3.6.2 において, $n = 1$ とし, 関数 f としてボレル集合 A の定義関数 χ_A をとることによって, 次のことが導かれる.

定理 3.6.3. 任意のボレル可測集合 A $(\in \mathcal{B}([0,1]))$ に対し

$$P(\phi^{-1}A) = P(A).$$

この定理 3.6.3 はルベーグ測度の制限として得られた確率 P がテント写像 ϕ の**不変測度** (invariant measure) であることを意味している. さらに, 次の定理は確率過程 **X** が確率測度 P のもとで**ホワイトノイズ性** (white noise property) を満たすことを主張している.

定理 3.6.4.

(i) $E(X(n)) = \frac{1}{2}$ $\qquad (n \in \mathbf{N}^*)$

(ii) $E((X(m) - \frac{1}{2})(X(n) - \frac{1}{2})) = \frac{1}{12}\delta_{m,n}$ $\qquad (m, n \in \mathbf{N}^*).$

ここで, 記号 $\delta_{m,n}$ は, $m = n$ のとき値 1 をとり, $m \neq n$ のとき値 0 をとる関数を表し, クロネッカーのデルタ (Leopold Kronecker, 1823–1891) とよば

れる. この定理 3.6.4 の (i) は定理 3.6.1 (i) において, $f(x) \equiv x$ なる関数を用いることによって従う. 定理 3.6.4 の (ii) を示そう. $m \geq n$ とする.

$$E((X(m) - 1/2)(X(n) - 1/2)) = E((X(m-n)(\phi^n) - 1/2)(\phi^n - 1/2))$$

となるので, 定理 3.6.1 (i) において $f(x) \equiv (X(m-n)(x) - 1/2)(X(0)(x) - 1/2)$ なる関数を用いることによって

$$E((X(m) - 1/2)(X(n) - 1/2)) = E((X(m-n) - 1/2)(X(0) - 1/2))$$

が示される. $m = n$ のとき, 直接計算によって

$$E((X(0) - 1/2)(X(0) - 1/2)) = \int_0^1 (x - 1/2)^2 dx = 1/12$$

が示される. 次に, $m > n$ とする. このとき

$$\begin{aligned}
&E((X(m-n) - 1/2)(X(0) - 1/2)) \\
&= \int_0^1 (X(m-n-1)(\phi(x)) - 1/2)(x - 1/2)dx \\
&= \int_0^{1/2} (X(m-n-1)(2x) - 1/2)(x - 1/2)dx \\
&\qquad + \int_{1/2}^1 (X(m-n-1)(2(1-x)) - 1/2)(x - 1/2)dx.
\end{aligned}$$

上式の下辺の第 1 項で変数変換 $y = 2x$, 第 2 項で変数変換 $y = 2(1-x)$ を施すことによって, 下辺の両項は相殺されることがわかる. したがって, 定理 3.6.4 の (ii) は示された.

3.7 ブラウン運動

例 1.6.5 で容器の中をジグザグに動く花粉の中の微粒子の運動であるブラウン運動を紹介し, それに関するアインシュタインの研究を受けて, ウイーナーが花粉の中の微粒子の軌跡の空間内にウイーナー測度とよばれる確率 P を導入したことを例 3.2.5 で述べた. この節では容器 V を 1 次元の実数空間 $\mathbf{R}$ に広げて, ウイーナーが構成したウイーナー過程とよばれる確率過程を構成しよう.

3.7 ブラウン運動　　　　43

注意 3.7.1. アインシュタインが考察したブラウン運動に付随する確率過程と
ウイーナー過程との関係については後で述べる. 現代確率論では, ウイーナー過
程をブラウン運動, アインシュタインが考察したブラウン運動をオルンシュタイ
ン・ウーレンベックのブラウン運動 (Leonard Salomon Ornstein, 1880–1941;
Geroge Eugene Uhelenbeck, 1900–1988) とよぶ.

アインシュタインのブラウン運動の研究から, ウイーナーは, **R** の各点 a に
対し, ある確率空間 $(\Omega, \mathcal{B}, P)$ の上で定義された確率過程 $\mathbf{B}_a = (B_a(t); t \geq 0)$
が点 a を出発点とする確率過程で, 次の性質を満たすものを構成することが大
切であることに気がついた.

(i) $B_a(0) = a$.

(ii) 確率過程 $\mathbf{B}_a$ の軌跡は連続である.

(iii) 任意の有限個の実数 $0 \leq t_0 < t_1 < \cdots < t_n$ に対し

$$\{B_a(t_k) - B_a(t_{k-1}); 1 \leq k \leq n\} \text{ は独立性を満たす.}$$

(iv) 任意の実数 $t > s \geq 0$ に対し

$$B_a(t) - B_a(s) \text{ の分布は平均 } 0, \text{ 分散 } t - s \text{ の正規分布である.}$$

上の性質 (i) は $P(\{\omega \in \Omega; B_a(0)(\omega) = a\}) = 1$ を意味し, 確率過程 $\mathbf{B}_a$ の
軌跡は点 a から出発することをいっている. 性質 (ii) は, $P(N) = 0$ となる
事象 $N(\in \mathcal{B})$ が存在して, N に属さない元 ω に対して, 軌跡 : $[0, \infty) \ni t \to$
$B_a(t)(\omega) \in \mathbf{R}$ は連続関数であることをいっている. 性質 (iii) は 3.4 節で扱っ
た酔歩のもつ加法性と同じである. 性質 (iv) は次のことを意味する. 任意のボ
レル集合 $A\ (\in \mathcal{B}(\mathbf{R}))$ に対し

$$P(\{\omega \in \Omega; B_a(t)(\omega) - B_a(s)(\omega) \in A\}) = \int_A g(t-s, 0, y) dy. \quad (3.31)$$

ここで, 関数 $g = g(u, x, y) : (0, \infty) \times \mathbf{R} \times \mathbf{R} \to (0, \infty)$ は次で定義される.

$$g(u, x, y) \equiv \frac{1}{\sqrt{2\pi u^2}} e^{-\frac{(y-x)^2}{2u^2}}. \quad (3.32)$$

この関数 g が次の**熱伝導方程式** (heat conductor equation) または**拡散方程**

44 　　　　　　　　　　　　3. 確　率　過　程

式 (diffusion equation) を満たすことに注意する.

$$\frac{\partial}{\partial u}g(u,x,y) = \frac{1}{2}\frac{\partial^2}{\partial x^2}g(u,x,y). \tag{3.33}$$

容器を 1 次元の実数空間 $\mathbf{R}$ に広げたときの, アインシュタインが考察したブラウン運動に付随する確率過程 $\mathbf{X}_a = (X_a(t); t \geq 0)$ の時間発展を定める運動方程式 (積分方程式) はウイーナー過程を用いて次のように表現される.

$$X_a(t) = a - \int_0^t \beta X_a(u)du + \alpha B_0(t) \quad (t \geq 0). \tag{3.34}$$

ここで, $\alpha > 0$, $\beta > 0$ は定数である. 方程式 (3.34) はランジュヴァン (Paul Langevin, 1872–1946) がアインシュタインのブラウン運動の研究を受けて導入したものであり, **ランジュヴァン方程式** (Langevin equation) とよばれる.

このランジュヴァン方程式が微分方程式に雑音を付け加えた方程式となることを説明しよう. 方程式 (3.34) は確率積分方程式であり, それを**微分形式的に**書いた

$$dX_a(t) = -\beta X_a(t)dt + \alpha dB_0(t) \quad (t \geq 0) \tag{3.35}$$

が**確率微分方程式** (stochastic differential equation) である. ただし, ブラウン運動 $(B_a(t); t \geq 0)$ のほとんどすべての道あるいはサンプルは有界変動ではないので, $dB_a(t)$ はルベーグ・スチルチェス測度としては定義できず, 伊藤の確率積分 (伊藤清, 1915–) として定義され, 数学的な意味をもつ. さらに**形式的に**

$$\frac{dX_a(t)}{dt} = -\beta X_a(t) + \alpha \frac{dB_a(t)}{dt} \quad (t \geq 0) \tag{3.36}$$

のように常微分方程式に確率的な非同次項 $\alpha\frac{dB_a(t)}{dt}$ が加わった方程式と書き直せる. 形式的であるといったのはブラウン運動 $(B_a(t); t \geq 0)$ のほとんどすべての軌跡あるいは道は微分可能でないので, $\frac{dB_a(t)}{dt}$ は確率変数としては定義できないからである. しかし, これも伊藤は**確率超関数** (random distribution) の概念を導入することによって数学的に正当化した.

次の章でウイーナー過程の構成法を紹介する. それらを通して, 収束という確率論で大切な概念を学ぶことにしよう.

4

中心極限定理

大数の法則と中心極限定理は確率論の基本的な極限定理であるが，実はこれらの極限定理は「データからモデルへ」の姿勢で時系列データの解析を行う際に，応用と理論の橋渡しを行う意味でも大切なものである．第 8 章の 8.3.3 項で重要な役割を果たす．本章では確率変数列のいろいろな収束の概念を紹介し，それらの応用として，ウイーナーによるブラウン運動の確率過程を構成する．

4.1 収 束

微積分学で数列と級数の収束の概念を習うが，本書でも例 3.2.2 の式 (3.5) で級数が現れていた．そこでは説明しなかったが，区間 $[0, 1)$ の任意の元 x に対して，数列 $(\sum_{k=1}^{n} \frac{x_k}{2^k}; n \in \mathbf{N})$ が x に収束することを用いていた．x を動かすことによって，式 (3.6) で導入された関数の列 $(X(n); n \in \mathbf{N}^*)$ の収束の観点から見ると，式 (3.5) は，区間 $[0, 1)$ の任意の元 x に対して

$$\sum_{n=1}^{\infty} \frac{X(n)(x)}{2^n} = X(0)(x) \qquad (各点収束) \qquad (4.1)$$

が成り立つと表現される．このように，関数列の収束を議論する段階までくると，上の収束は区間 $[0, 1)$ の中で一様に収束していることを示すことができる．

$$\sum_{n=1}^{\infty} \frac{X(n)}{2^n} = X(0) \quad (一様収束). \qquad (4.2)$$

さらに，区間 $[0, 1)$ の上にルベーグ測度 (確率となる) を入れて確率論的に考察することによって，関数列 $(X(n); n \in \mathbf{N}^*)$ の各点収束の概念を弱め，確率変

数列 $(X(n); n \in \mathbf{N}^*)$ の概収束という概念に達することができる. この節では, この収束を含めた4種類の収束の概念を紹介しよう.

X_n, X $(n \in \mathbf{N})$ を確率空間 $(\Omega, \mathcal{B}, P)$ 上で定義された実数 $\mathbf{R}$ の値をとる確率変数とする.

(i) 確率変数列 $(X_n; n \in \mathbf{N})$ が確率変数 X に**概収束**するとは

$$P(\{\omega \in \Omega; \lim_{n \to \infty} X_n(\omega) = X(\omega)\}) = 1 \tag{4.3}$$

が成り立つときをいう.

(ii) 確率変数列 $(X_n; n \in \mathbf{N})$ が確率変数 X に **p 次平均収束**するとは

$$X_n, X \text{ はすべてその } p \text{ 乗をとった確率変数は可積分である} \tag{4.4}$$

$$\lim_{n \to \infty} E\{(X_n - X)^p\} = 0 \tag{4.5}$$

が成り立つときをいう. ここで, p は1以上の正数である.

(iii) 確率変数列 $(X_n; n \in \mathbf{N})$ が確率変数 X に**確率収束**するとは, 任意の正数 ϵ に対し

$$\lim_{n \to \infty} P(\{\omega \in \Omega; |X_n(\omega) - X(\omega)| > \epsilon\}) = 0 \tag{4.6}$$

が成り立つときをいう.

(iv) 確率変数列 $(X_n; n \in \mathbf{N})$ が確率変数 X に**法則収束**するとは, 実数上で定義された任意の有界連続関数 f に対し

$$\lim_{n \to \infty} E(f(X_n)) = E(f(X)) \tag{4.7}$$

が成り立つときをいう.

上で紹介した確率変数列に関する4種類の収束の間の関係は次の図式で与えられる.

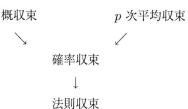

4.1 収　　　束　　　　47

注意 4.1.1. 確率変数列に関する 4 種類の収束の概念は多次元の確率変数列に
対しても定義される. この節では主として 1 次元の場合を扱うが, 多次元の場
合の確率収束と法則収束に関して, この節の後半と節末問題で触れる.

　以下, 上の強弱関係を示そう. はじめに, 概収束と p 次平均収束の概念はどち
らも確率収束の概念より強いことを示す.

定理 4.1.1. 確率変数列 $(X_n; n \in \mathbf{N})$ が確率変数 X に概収束するあるいは p
次平均収束するとき, 確率変数列 $(X_n; n \in \mathbf{N})$ は確率変数 X に確率収束する.

証明　ϵ を任意の正数とする. 確率変数列 $(X_n; n \in \mathbf{N})$ が確率変数 X に概収
束すると仮定する. このとき

$$P(\cup_{n \in \mathbf{N}}(\cap_{m \geq n}(|X_m - X| \leq \epsilon))) = 1$$

であるから, 補集合をとって

$$P(\cap_{n \in \mathbf{N}}(\cup_{m \geq n}(|X_m - X| > \epsilon))) = 0$$

が成り立つ. 各自然数 n に対し, $\mathcal{B}$ の元 A_n を $A_n \equiv \cup_{m \geq n}(|X_m - X| > \epsilon)$
とおく. $(|X_n - X| > \epsilon) \subset A_n$ であることを注意する. 集合列 $(A_n; n \in \mathbf{N})$ は
$n \to \infty$ のとき単調に減少して $\cap_{n \in \mathbf{N}} A_n$ に近づくので, $\lim_{n \to \infty} P(A_n) = 0$.
したがって, $\lim_{n \to \infty} P((|X_n - X| > \epsilon)) = 0$ が得られる. これは確率変数列
$(X_n; n \in \mathbf{N})$ が確率変数 X に確率収束することを意味する.

　次に, 確率変数列 $(X_n; n \in \mathbf{N})$ が確率変数 X に p 次平均収束すると仮定す
る. 次の不等式に注意する.

$$P(|X_n - X| > \epsilon) \leq \frac{1}{\epsilon^p} E(|X_n - X|^p). \tag{4.8}$$

これは次のようにして示される.

$$E(|X_n - X|^p) = \int_{\Omega} |X_n(\omega) - X(\omega)|^p \, dP(\omega)$$

$$\geq \int_{(|X_n - X| > \epsilon)} |X_n(\omega) - X(\omega)|^p \, dP(\omega)$$

$$\geq \epsilon^p P(|X_n - X| > \epsilon).$$

したがって, 式 (4.8) より, 確率変数列 $(X_n; n \in \mathbf{N})$ は確率変数 X に確率収束する.　　　　　　　　　　　　　　　　　　　　　　　　(証明終)

確率収束の概念は連続関数を施しても不変である. すなわち, 次のことを示そう.

定理 4.1.2. 確率変数列 $(X_n; n \in \mathbf{N})$ が確率変数 X に確率収束するとき, 任意の連続関数 f に対して, 確率変数列 $(f(X_n); n \in \mathbf{N})$ は確率変数 $f(X)$ に確率収束する.

証明　任意の正数 ϵ が与えられたとして, $P(|f(X_n) - f(X)| > \epsilon)$ を評価する.

δ を任意の正数とする. 正数 M を十分大きくとることによって

$$P(|X| > M) \leq \frac{\delta}{2} \tag{4.9}$$

が成り立つ.

関数 f は連続であるから, 有界閉区間 $[-M-1, M+1]$ では一様連続である. したがって, 1 より小さい正数 δ_1 が存在して

$$|x| \leq M+1, |y| \leq M+1, |x-y| < \delta_1 \Longrightarrow |f(x) - f(y)| < \epsilon \tag{4.10}$$

が成り立つ.

さて, 定理の証明に入ろう.

$$
\begin{aligned}
&P(|f(X_n) - f(X)| > \epsilon) \\
&\leq P((|f(X_n) - f(X)| > \epsilon) \cap (|X_n - X| < \delta_1)) \\
&\quad + P((|f(X_n) - f(X)| > \epsilon) \cap (|X_n - X| \geq \delta_1)) \\
&\leq P((|f(X_n) - f(X)| > \epsilon) \cap (|X_n - X| < \delta_1)) \\
&\quad + P(|X_n - X| \geq \delta_1).
\end{aligned}
$$

上の不等式の第 1 項を評価して

$$P((|f(X_n) - f(X)| > \epsilon) \cap (|X_n - X| < \delta_1))$$

$$\leq P((|f(X_n) - f(X)| > \epsilon) \cap (|X_n - X| < \delta_1) \cap (|X| < M))$$
$$+ P((|f(X_n) - f(X)| > \epsilon) \cap (|X_n - X| < \delta_1) \cap (|X| \geq M))$$
$$\leq P((|f(X_n) - f(X)| > \epsilon) \cap (|X_n - X| < \delta_1) \cap (|X| < M))$$
$$+ P(|X| \geq M).$$

上の不等式の第 1 項を評価すると, $\delta_1 < 1$ に注意して, 式 (4.10) より

$$P((|f(X_n) - f(X)| > \epsilon) \cap (|X_n - X| < \delta_1) \cap (|X| < M))$$
$$\leq P((|f(X_n) - f(X)| > \epsilon) \cap (|X_n - X|) < \delta_1) \cap (|X| < M)$$
$$\cap (|X_n| \leq M + 1)) = P(\emptyset) = 0$$

が得られる. したがって, 式 (4.10) より

$$P(|f(X_n) - f(X)| > \epsilon) \leq P(|X| \geq M) + P(|X_n - X| \geq \delta_1)$$
$$\leq \frac{\delta}{2} + P(|X_n - X| \geq \delta_1)$$

が得られる.

最後に, 確率変数列 $(X_n ; n \in \mathbf{N})$ が確率変数 X に確率収束することを用いて, 十分大きな自然数 n_0 をとることによって, これ以上のすべての自然数 n に対して

$$P(|X_n - X| > \epsilon) < \frac{\delta}{2}$$

が成り立つ. ゆえに, 次の不等式

$$P(|f(X_n) - f(X)| > \epsilon) < \delta \quad (n \geq n_0)$$

にたどり着き, 確率変数列 $(f(X_n) ; n \in \mathbf{N})$ は確率変数 $f(X)$ に確率収束することが証明された. (証明終)

次に, 同様の議論を踏んで, 確率収束は法則収束の概念より強いことを示そう.

定理 4.1.3. 確率変数列 $(X_n ; n \in \mathbf{N})$ が確率変数 X に確率収束するとき, 確率変数列 $(X_n ; n \in \mathbf{N})$ は確率変数 X に法則収束する.

50   4. 中心極限定理

証明 f を実数上で定義された任意の有界連続関数とする. 関数 f が有界であるから, 正数 c が存在して

$$|f(x)| \leq c \qquad (4.11)$$

が成り立つ. 任意の正数 ϵ が与えられたとする. 正数 M を十分大きくとることによって

$$P(|X| > M) \leq \frac{\epsilon}{6c} \qquad (4.12)$$

が成り立つ.

関数 f は連続であるから, 有界閉区間 $[-M-1, M+1]$ では一様連続である. したがって, 1 より小さい正数 δ が存在して

$$|x| \leq M+1, |y| \leq M+1, |x-y| < \delta \Longrightarrow |f(x) - f(y)| < \frac{\epsilon}{3} \qquad (4.13)$$

が成り立つ.

定理の証明に入ろう.

$$\begin{aligned}
|E(f(X_n) - f(X))| &\leq E(|f(X_n) - f(X)|) \\
&= E(|f(X_n) - f(X)|; (|X_n - X| < \delta)) \\
&\quad + E(|f(X_n) - f(X)|; (|X_n - X| \geq \delta)).
\end{aligned}$$

式 (4.11) を上の不等式の第 2 項に適用して

$$|E(f(X_n)-f(X))| \leq E(|f(X_n)-f(X)|; (|X_n-X| < \delta)) + 2cP(|X_n-X| \geq \delta)$$

が得られる. さらに, 上の不等式の第 1 項を評価すると, 式 (4.11) と $\delta < 1$ に注意して

$$\begin{aligned}
&E(|f(X_n) - f(X)|; (|X_n - X| < \delta)) \\
&\quad \leq E(|f(X_n) - f(X)|; (|X_n - X| < \delta) \cap (|X| \leq M)) \\
&\qquad + E(|f(X_n) - f(X)|; (|X_n - X| < \delta) \cap (|X| > M)) \\
&\quad \leq E(|f(X_n)-f(X)|; (|X_n-X| < \delta) \cap (|X| \leq M) \cap (|X_n| \leq M+1)) \\
&\qquad + 2cP(|X| > M)
\end{aligned}$$

が得られる. したがって, 式 (4.12), (4.13) より, 次の不等式が導かれる.

$$|E(f(X_n) - f(X))| \leq \frac{\epsilon}{3} + 2c\left(\frac{\epsilon}{6c}\right) + 2cP(|X_n - X| > \delta).$$

最後に, 確率変数列 $(X_n; n \in \mathbf{N})$ が確率変数 X に確率収束することを用いて, 十分大きな自然数 n_0 をとることによって, これ以上のすべての自然数 n に対して

$$2cP(|X_n - X| > \delta) < \frac{\epsilon}{3}$$

が成り立つ. ゆえに, 次の不等式

$$|E(f(X_n) - f(X))| < \epsilon \quad (n \geq n_0)$$

にたどり着き, 確率変数列 $(X_n; n \in \mathbf{N})$ は確率変数 X に法則収束することが証明された. (証明終)

次の定理は 8.3.3 項で時系列の定常性を検証する基準作りの式 (8.49) において用いられる.

定理 4.1.4. 確率変数列 $(X_n; n \in \mathbf{N})$ が確率変数 X に法則収束し, 確率変数列 $(Y_n; n \in \mathbf{N})$ が実数の定数 c に確率収束するとき, 次のことが成り立つ.

(i) $X_n + Y_n \longrightarrow X + c$ 法則収束 $(n \to \infty)$

(ii) $X_n Y_n \longrightarrow cX$ 法則収束 $(n \to \infty)$

(iii) $c \neq 0$ のとき, $X_n/Y_n \longrightarrow X/c$ 法則収束 $(n \to \infty)$.

最後に, 確率変数列の法則収束に関して注意しよう. 式 (4.7) は確率変数 X_n, X $(n \in \mathbf{N})$ の分布 P_{X_n}, P_X $(n \in \mathbf{N})$ を用いて

$$\lim_{n\to\infty} \int_{\mathbf{R}} f(x) \, P_{X_n}(dx) = \int_{\mathbf{R}} f(x) \, P_X(dx) \tag{4.14}$$

と書き直される. 式 (4.14) は確率 P_{X_n}, P_X に関する命題と見なせるので, 次のように, 一般の定義を与えることができる. P_n, Q $(n \in \mathbf{N})$ を d 次元ユークリッド空間 $\mathbf{R}^d$ が作る可測空間 $(\mathbf{R}^d, \mathcal{B}(\mathbf{R}^d))$ 上で定義された確率測度とする. 確率測度の列 $(P_n; n \in \mathbf{N})$ が確率測度 Q に**法則収束する**とは, $\mathbf{R}^d$ 上で定義された任意の有界連続関数 f に対し

$$\lim_{n \to \infty} \int_{\mathbf{R}^d} f(x) \, P_n(dx) = \int_{\mathbf{R}^d} f(x) \, Q(dx) \qquad (4.15)$$

が成り立つときをいう.

フーリエ変換の理論 (theory of Fourier transformation; Lean-Baptiste-Joseph Fourier, 1768–1830) を用いることにより, 法則収束は確率測度のフーリエ変換の収束と同値であることが示される.

定理 4.1.5. 確率測度の列 $(P_n; n \in \mathbf{N})$ が確率測度 Q に法則収束することは, 次のことと同値である. $\mathbf{R}^d$ の任意の元 ξ に対し

$$\lim_{n \to \infty} \int_{\mathbf{R}^d} e^{-i(\xi, x)} P_n(dx) = \int_{\mathbf{R}^d} e^{-i(\xi, x)} Q(dx).$$

ここで, $\mathbf{R}^d$ の元は縦ベクトルとして表現し, 二つの元 $\xi = {}^t(\xi_1, \xi_2, \ldots, \xi_d), x = {}^t(x_1, x_2, \ldots, x_d)$ に対し, (ξ, x) は二つの縦ベクトル ξ, x の内積 $(\xi, x) \equiv \sum_{k=1}^{d} \xi_k x_k$ として定義される.

確率測度 P に対して, そのフーリエ変換として関数 $\varphi_P : \mathbf{R}^d \longrightarrow \mathbf{C}$ を

$$\varphi_P(\xi) \equiv \int_{\mathbf{R}^d} e^{-i(\xi, x)} P(dx)$$

で定義する. この関数は確率測度 P の**特性関数** (characteristic function) とよばれ, 確率論とフーリエ解析の接点で現れ, 確率論では大事な関数である. 後の 4.3 節で特性関数の性質に関して詳しく説明する.

問 4.1.1 定理 4.1.4 の (i) を示せ.

問 4.1.2 定理 4.1.4 の (ii) を示せ.

問 4.1.3 定理 4.1.4 の (iii) を示せ.

問 4.1.4 定理 4.1.3 の多次元の場合を示せ.

4.2 確率分布の例

3.1 節で確率変数とその分布の概念を紹介した. 3.3 節では確率過程の標準表現を求める際に, 定理 3.3.1 で見たように, 確率過程を一般に無限次元の値をと

4.2 確率分布の例

る確率変数と見なして, 確率過程の分布が定義できることを紹介した. 確率分布は確率変数のとる値の空間である可測空間の上で定義された確率測度であるので, この節では確率変数をあらわに出さずに, 確率論と統計学で大切な確率測度の例をいくつか紹介しよう.

4.2.1 いろいろな確率分布

例 4.2.1 (デルタ分布) $(S, \mathcal{F})$ を任意の可測空間とする. S の各点 a に対し, $(S, \mathcal{F})$ 上の確率測度 $\delta_a : \mathcal{F} \longrightarrow [0, 1]$ を

$$
\delta_a(E) \equiv \begin{cases} 1 & (a \in E) \\ 0 & (a \notin E) \end{cases}
$$

で定義し, **デルタ分布** (δ distribution) あるいは**デルタ測度** (δ measure) とよぶ. 一点からなる集合 $\{a\}$ に集中している確率測度である.

例 4.2.2 (2 項分布) $S = \{0, 1, 2, \ldots, n\}$ とし, p を $0 \le p \le 1$ を満たす実数とする. σ-加法族 $\mathcal{F}$ として, S の部分集合全体が作る σ-加法族 2^S を採用する. この上で定義された確率測度 $Bi(p, n)$ を定義するには, 2.2 節で述べたように (今の場合, S が 2.2 節での Ω に当たる), S の各元 k に対し

$$
Bi(n, p)(\{k\}) \equiv \binom{n}{k} p^k (1-p)^{n-k}
$$

を定めればよい. これより定まる確率測度 $Bi(n, p)$ を **n 次の 2 項分布** (binomial distribution of degree n) とよぶ. 特に, $Bi(1, p)$ を**ベルヌーイ分布** (Bernoulli distribution) という. 定理 3.5.2 で見たように, 2 項分布 $Bi(n, p)$ は次のようなときに出現する. 2 種類の可能な結果 a, b がそれぞれ確率 $p, 1-p$ で起こる試行があるとする. この試行を同じ条件で独立に n 回繰り返したとき, a が k 回, b が $n-k$ 回起こる確率は $Bi(n, p)(\{k\})$ で与えられる.

例 4.2.3 (ポアソン分布) $S = \{0, 1, 2, \ldots\}$ とし, λ を正数とする. σ-加法族 $\mathcal{F}$ として, S の部分集合全体が作る σ-加法族 2^S を採用する. この上の確率測度 $Po(\lambda)$ を

$$
Po(\lambda)(E) \equiv \sum_{k \in E} e^{-\lambda} \frac{\lambda^k}{k!} \quad (E \in \mathcal{F})
$$

で定義し, **指数 λ のポアソン分布** (Poisson distribution of exponent λ; Siméon Denis Poisson, 1781–1840) とよぶ. 大量生産の不良品数, 遺伝子の突然変異数, 電話の呼び数, 単位時間当たりのガイガー計数管の読み数などリスクや安全性に関連する現象にポアソン分布が出現する.

例 4.2.4 (一様分布) $S = [a, b]$ $(a < b)$ を閉区間とし, σ-加法族 $\mathcal{F}$ として, S のボレル加法族 $\mathcal{B}(S)$ を採用する. この上の確率測度 U を

$$U(E) \equiv \int_E \frac{1}{b-a}\, dx \quad (E \in \mathcal{F})$$

で定義し, **一様分布** (uniform distribution) とよぶ.

例 4.2.5 (指数分布) $S = [0, \infty)$ を半無限区間とし, λ を正数とする. σ-加法族 $\mathcal{F}$ として, S のボレル加法族 $\mathcal{B}(S)$ を採用する. 確率測度 $E_x(\lambda)$ を

$$E_x(\lambda)(E) \equiv \int_E \lambda e^{-\lambda x}\, dx \quad (E \in \mathcal{F})$$

で定義し, **指数 λ の指数分布** (exponential distribution of exponent λ) とよぶ. 電球が偶発的に切れるまでの寿命の分布は指数分布に従う.

例 4.2.6 (ガウス分布・正規分布) $S = \mathbf{R}^d$ を d 次元ユークリッド空間とし, μ を S の元, V を正定値な d 次の正方行列とする. σ-加法族 $\mathcal{F}$ として, S のボレル加法族 $\mathcal{B}(S)$ を採用する. 確率測度 $N(\mu, V)$ を

$$N(\mu, V)(E) \equiv \int_E \frac{1}{(2\pi)^{d/2}(\det V)^{1/2}} e^{-\frac{(V^{-1}(x-\mu), x-\mu)}{2}}\, dx \quad (E \in \mathcal{F})$$

で定義する. ここで, $(V^{-1}(x - \mu), x - \mu)$ はベクトル $V^{-1}(x - \mu)$ (これはベクトル $x - \mu$ に行列 V^{-1} をかけたベクトル) とベクトル $x - \mu$ との内積である. この確率測度が**ガウス分布** (Gauss distribution) である. 数学者ガウス (Carl Friedrich Gauss, 1777–1855) が天文学の観測データの数理的分析を通して確立した誤差理論の前提に仮定されていたのがこの分布である. 後に, ゴルトン (Francis Galton, 1822–1911) が**正規分布** (normal distribution) と名付けた. その理由は, 4.8 節で紹介する中心極限定理「同じ確率分布 f をもつ独立な確率変数列の和を規格化した確率変数列は, f がどのようなものであってもある条件のもとで, ガウス分布 $N(0, I)$ に法則収束する」が教えてくれるよ

うに, ガウス分布は重要であるが「ふつうに」現れるという意味でゴルトンが「正規 (normal)」と名付けたものと思われる.

例 4.2.7 (χ^2 分布) $S = \mathbf{R}$ を 1 次元ユークリッド空間とし, $\{Z_1, Z_2, \ldots, Z_d\}$ を独立な確率変数の集まりで, 各 Z_j $(1 \leq j \leq d)$ は標準正規分布 $N(0, 1)$ に従うとする. このとき

$$\chi^2(d) \equiv \sum_{j=1}^{d} Z_j^2 \tag{4.16}$$

で定義された確率変数 χ^2 の分布を**自由度 d の χ^2 分布** (カイ 2 乗分布と読む) という.

4.2.1 項で与えられた分布が確率測度であることを見ておこう.

デルタ分布 δ_a デルタ分布 δ_a が測度であることは容易に示せる. さらに, $\delta(S) = 1$ も直ちにわかる.

2 項分布 $Bi(n, p)$ 2 項分布 $Bi(n, p)$ が測度であることは容易に示せる. $Bi(n, p)(S) = 1$ は 2 項定理より従う.

ポアソン分布 $Po(\lambda)$ ポアソン分布 $Po(\lambda)$ が測度であることは容易に示せる. $Po(\lambda)(S) = 1$ は指数関数 e^λ のべき級数展開 $e^\lambda = \sum_{k=0}^{\infty} \frac{\lambda^k}{k!}$ より従う.

一様分布 U 一様分布 U が測度であることは実質的にはルベーグ測度の完全加法性より従う. $U([a, b]) = 1$ は直ちに従う.

指数分布 $Ex(\lambda)$ 指数分布 $Ex(\lambda)$ が測度であることはルベーグ積分の単調収束定理より従う. $Ex(\lambda)([0, \infty)) = 1$ であることは $\int_0^\infty e^{-\lambda x} dx = 1/\lambda$ より従う.

正規分布 $N(\mu, V)$ 指数分布と同じく, 正規分布 $N(\mu, V)$ が測度であることはルベーグ積分の単調収束定理より従う. $N(\mu, V)(\mathbf{R}^d) = 1$ は節末問題とする.

χ^2 分布 $\chi^2(k)$ χ^2 分布が確率測度であることは問 3.1.1 より従う.

4.2.2 平 均 と 分 散

d 次元ユークリッド空間 $\mathbf{R}^d$ 上の確率測度 P が与えられたとする. P の平均ベクトル μ は, $\int_{\mathbf{R}^d} |x_n| \, dP(x) < \infty$ $(1 \leq n \leq d)$ のときに, 次のように定義される.

$$\mu \equiv {}^t\left(\int_{\mathbf{R}^d} x_1 \, dP(x), \int_{\mathbf{R}^d} x_2 \, dP(x), \ldots, \int_{\mathbf{R}^d} x_d \, dP(x)\right).$$

P の**分散行列** V は, $\int_{\mathbf{R}^d} |x_n|^2 \, dP(x) < \infty$ $(1 \leq n \leq d)$ のときに存在し, V の (j, k) 成分 V_{jk} は

$$V_{jk} \equiv \int_{\mathbf{R}^d} (x_j - \mu_j)(x_k - \mu_k) \, dP(x) \quad (1 \leq j, k \leq d)$$

として与えられる. ここで, μ_j は平均ベクトル μ の j 成分である $(1 \leq j \leq d)$.

4.2.1 項で与えられた確率分布の平均と分散を計算して, 以下の表 4.1 にまとめる.

表 **4.1** 確率分布の平均ベクトルと分散行列

	平均ベクトル	分散行列
デルタ分布 δ_a $(S = \mathbf{R}^d)$	a	0
2 項分布 $Bi(n, p)$	np	$np(1-p)$
ポアソン分布 $Po(\lambda)$	λ	λ
一様分布 U	$\frac{a+b}{2}$	$\frac{(b-a)^2}{12}$
指数分布 $E_x(\lambda)$	$\frac{1}{\lambda}$	$\frac{1}{\lambda^2}$
正規分布 $N(\mu, V)$	μ	V
χ^2 分布 $\chi^2(d)$	d	$2d$

上の表のいくつかを実際に計算してみよう.

<u>デルタ分布 δ_a</u> $\mathbf{R}^d$ の点 $a = {}^t(a_1, a_2, \ldots, a_d)$ に対し, デルタ分布 δ_a の平均ベクトルの j 成分 $(1 \leq j \leq d)$ は, その定義式より

$$\int_{\mathbf{R}^d} x_j \delta_a(dx) = a_j$$

となる. したがって, デルタ分布 δ_a の分散ベクトルの (j, k) 成分 $(1 \leq j, k \leq d)$ は次のように求められる.

$$\int_{\mathbf{R}^d} (x_j - a_j)(x_k - a_k)\delta_a(dx) = 0.$$

<u>2 項分布 $Bi(n, p)$</u> 2 項分布 $Bi(n, p)$ の平均ベクトルは, 標本空間 S を $S = \bigcup_{k=0}^n \{k\}$ と直和分解して

$$\int_S x Bi(n,p)(dx) = \int_{\cup_{k=0}^n \{k\}} x Bi(n,p) dx$$

$$= \sum_{k=0}^n \int_{\{k\}} x Bi(n,p) dx$$

$$= \sum_{k=0}^n k Bi(n,p)(\{k\})$$

$$= \sum_{k=1}^n k \binom{n}{k} p^k (1-p)^{n-k}$$

となる. さらに, 各 k $(1 \le k \le n)$ に対し, $k\binom{n}{k} = n\binom{n-1}{k-1}$ であるから

$$\int_S x Bi(n,p)(dx) = \sum_{k=1}^n n\binom{n-1}{k-1} p p^{k-1} (1-p)^{n-k}$$

$$= np \sum_{k=1}^n \binom{n-1}{k-1} p^{k-1} (1-p)^{n-k}$$

$$= np \sum_{j=0}^{n-1} \binom{n-1}{j} p^j (1-p)^{n-1-j}$$

$$= np Bi(n-1,p)(\{0,1,\dots,n-1\})$$

$$= np$$

となり, 2 項分布 $Bi(n,p)$ の平均ベクトルが np と求められた. 上の最後の 5 行目の計算は 2 項分布が確率測度であることを用いている.

2 項分布 $Bi(n,p)$ の分散ベクトルも, 標本空間 S を $S = \bigcup_{k=0}^n \{k\}$ と直和分解して

$$\int_S (x-np)^2 Bi(n,p)(dx) = \int_{\cup_{k=0}^n \{k\}} (x-np)^2 Bi(n,p) dx$$

$$= \sum_{k=0}^n \int_{\{k\}} (x-np)^2 Bi(n,p) dx$$

$$= \sum_{k=0}^n (k-np)^2 Bi(n,p)(\{k\})$$

$$= \sum_{k=0}^n (k-np)^2 \binom{n}{k} p^k (1-p)^{n-k}$$

となる. さらに, $(k - np)^2 = k^2 - 2(np)k + (np)^2$ と展開して

$$\int_S (x - np)^2 Bi(n, p)(dx)$$

$$= \sum_{k=0}^n k^2 \binom{n}{k} p^k (1-p)^{n-k} - 2(np) \sum_{k=0}^n k \binom{n}{k} p^k (1-p)^{n-k}$$

$$+ (np)^2 \sum_{k=0}^n \binom{n}{k} p^k (1-p)^{n-k}$$

$$= \sum_{k=0}^n k^2 \binom{n}{k} p^k (1-p)^{n-k} - 2(np)(Bi(n, p) \text{ の平均})$$

$$+ (np)^2 Bi(n, p)(S)$$

となる. 平均の計算結果より, 第 2 項は $-2(np)^2$. $Bi(n,p)(S) = 1$ より, 第 3 項は $(np)^2$. 一方, 第 1 項は平均を求めた計算を続けて行って

$$\sum_{k=0}^n k^2 \binom{n}{k} p^k (1-p)^{n-k}$$

$$= (np) \sum_{k=1}^n k \binom{n-1}{k-1} p^{k-1} (1-p)^{n-k}$$

$$= (np) \sum_{j=0}^{n-1} (j+1) \binom{n-1}{j} p^j (1-p)^{n-1-j}$$

$$= (np) \sum_{j=0}^{n-1} (j+1) \binom{n-1}{j} p^j (1-p)^{n-1-j}$$

$$= (np)(Bi(n-1, p) \text{ の平均}) + Bi(n-1, p)(\{0, 1, \ldots, n-1\})$$

$$= (np)((n-1)p + 1)$$

となる. したがって, 2 項分布 $Bi(n, p)$ の分散ベクトルは $(np)((n-1)p+1) - 2(np)^2 + (np)^2 = np(1-p)$ と求められる. p をパラメータとして, パラメータ p に関する微分をとることによって, 上の後半の部分を示すことができる. 節末問題とする.

ポアソン分布 $Po(\lambda)$　ポアソン分布 $Po(\lambda)$ の平均ベクトルも, 標本空間 S を $S = \bigcup_{k=0}^\infty \{k\}$ と直和分解して

$$\int_S xPo(\lambda)(dx) = \int_{\cup_{k=0}^{\infty}\{k\}} xPo(\lambda)(dx)$$

$$= \sum_{k=0}^{\infty} \int_{\{k\}} xPo(\lambda)(dx)$$

$$= \sum_{k=0}^{\infty} kPo(\lambda)(\{k\})$$

$$= \sum_{k=1}^{\infty} ke^{-\lambda}\frac{\lambda^k}{k!}$$

$$= e^{-\lambda}\lambda\sum_{k=1}^{\infty}\frac{\lambda^{k-1}}{(k-1)!}$$

$$= e^{-\lambda}\lambda\sum_{j=0}^{\infty}\frac{\lambda^j}{j!}$$

$$= e^{-\lambda}\lambda e^{\lambda}$$

$$= \lambda$$

と求められる. ポアソン分布 $Po(\lambda)$ の分散ベクトルを求めることは節末問題とする.

一様分布 U　一様分布 U の平均は

$$\int_{[a,b]} xU(dx) = \frac{1}{b-a}\int_{[a,b]} xdx$$

$$= \frac{1}{b-a}\frac{(b-a)^2}{2}$$

$$= \frac{b+a}{2}$$

と求められる. 一様分布 U の分散を求めることは節末問題とする.

指数分布 $Ex(\lambda)$　指数分布 $Ex(\lambda)$ の平均は

$$\int_{[0,\infty)} xEx(dx) = \lambda\int_0^{\infty} xe^{-\lambda x}dx$$

$$= \lambda\left([-xe^{-\lambda x}/\lambda]_0^{\infty} + \int_0^{\infty} e^{-\lambda x}/\lambda dx\right)$$

$$= \int_0^\infty e^{-\lambda x} dx$$
$$= 1/\lambda$$

と求められる. 指数分布 $Ex(\lambda)$ の分散を求めることは節末問題とする.

<u>正規分布 $N(\mu, V)$</u>　正規分布 $N(\mu, V)$ の平均ベクトルの j 成分 $(1 \le j \le d)$ は

$$\int_{\mathbf{R}^d} x_j N(\mu, V)(dx) = \frac{1}{(2\pi)^{d/2}(\det V)^{1/2}} \int_{\mathbf{R}^d} x_j e^{-\frac{(V^{-1}(x-\mu), x-\mu)}{2}} dx$$

を計算すればよい. 行列 V は正定値の対称行列であるから, ある直交行列 O が存在して

$$V = O^{-1} \begin{pmatrix} \alpha_1 & 0 & \cdots & 0 \\ 0 & \alpha_2 & \cdots & 0 \\ \vdots & \vdots & \ddots & \vdots \\ 0 & 0 & \cdots & \alpha_d \end{pmatrix} O$$

と対角化できる. そこで, α_j $(1 \le j \le d)$ は行列 V の正の固有値である. 特に, $\det V = \prod_{j=1}^d \alpha_j$. 上の平均を求める積分において, x から $y = O(x - \mu)$ という変数変換を行うと, $(V^{-1}(x-\mu), x-\mu) = \sum_{j=1}^d \alpha_j^{-1} y_j^2$ となることに注意して

$$\int_{\mathbf{R}^d} x_j N(\mu, V)(dx)$$
$$= \frac{1}{(2\pi)^{d/2}(\det V)^{1/2}} \int_{\mathbf{R}^d} ((O^{-1}y)_j + \mu_j) e^{-\frac{\sum_{n=1}^d \alpha_n^{-1} y_n^2}{2}} dy$$
$$= \frac{1}{(2\pi)^{d/2}(\det V)^{1/2}} \int_{\mathbf{R}^d} \mu_j e^{-\frac{\sum_{n=1}^d \alpha_n^{-1} y_n^2}{2}} dy$$
$$= \mu_j \int_{\mathbf{R}^d} N(\mu, V)(dx)$$
$$= \mu_j$$

と求められる. 上の 2 行目の計算は奇関数 $(O^{-1}y)_j e^{-\frac{\sum_{n=1}^d \alpha_n^{-1} y_n^2}{2}}$ の積分は 0 であることを用いている. さらに 3 行目の計算は y から $x = Oy + \mu$ という変数変換に戻ることにより成り立つ. 最後の 4 行目の計算は正規分布が確率測度

であることを用いている. それは節末問題 (問 4.2.1) として与えた.

$\underline{\chi^2\text{分布}\ \chi^2(d)}$　χ^2 分布 $\chi^2(d)$ の平均は次のように直ちに求められる.

$$\int_{\mathbf{R}} x \chi^2(d)(dx) = \sum_{j=1}^{d} E(Z_j^2)$$
$$= \sum_{j=1}^{d} \int_{\mathbf{R}} x^2 N(0,1)(dx)$$
$$= d$$

χ^2 分布 $\chi^2(d)$ の分散を求めることは節末問題とする.

問 4.2.1　$N(\mu, V)(\mathbf{R}^d) = 1$ を示せ.

問 4.2.2　恒等式 $\sum_{k=0}^{n} k \binom{n}{k} p^k (1-p)^{n-k} = np$ を p に関して微分して, $\sum_{k=0}^{n} k^2 \binom{n}{k} p^k (1-p)^{n-k} = (np)((n-1)p+1)$ を示せ.

問 4.2.3　前の問と同じく, λ に関する微分法を用いて, 恒等式 $\sum_{k=0}^{\infty} e^{-\lambda} \frac{\lambda^k}{k!}$ $= 1$ より, 次のことを示せ.

(i)　$\sum_{k=0}^{\infty} k e^{-\lambda} \frac{\lambda^k}{k!} = \lambda$

(ii)　$\sum_{k=0}^{\infty} k^2 e^{-\lambda} \frac{\lambda^k}{k!} = \lambda(\lambda+1)$

(iii)　ポアソン分布 $Po(\lambda)$ の分散$=\lambda$.

問 4.2.4　一様分布 U の分散を計算せよ.

問 4.2.5　区間 $[0,1]$ の上の一様分布 U に従う確率変数 X に対し, 確率変数 $-2\log(X)$ は指数 $1/2$ の指数分布 $Ex(1/2)$ に従うことを証明せよ.

問 4.2.6　指数分布 $Ex(\lambda)$ の分散を計算せよ.

問 4.2.7　正規分布 $N(\mu, V)$ の分散行列を計算せよ.

問 4.2.8　一次元正規分布 $N(\mu, \sigma^2)$ に対し, $\int_{\mathbf{R}} x^4 N(0,1)(dx) = 3$ を示せ.

問 4.2.9　問 4.2.7 を用いて, χ^2 分布 $\chi^2(d)$ の分散を計算せよ.

4.3 特 性 関 数

4.3.1 連 続 系

4.1 節で述べた確率測度の特性関数の基本的な性質を調べよう.

d 次元ユークリッド空間 $\mathbf{R}^d$ の上の確率測度 P に対して, その特性関数 φ_P とは

$$\varphi_P(\xi) \equiv \int_{\mathbf{R}^d} e^{-i(\xi,x)} P(dx)$$

で定義された多変数の関数 $\varphi_P : \mathbf{R}^d \longrightarrow \mathbf{C}$ のことである. 次のことを示すことができる.

定理 4.3.1. 確率測度 P の特性関数 φ_P は次の性質をもつ.

(i) φ_P は連続関数である.

(ii) φ_P は非負定符号関数である, すなわち, 任意有限個の $c_j \in \mathbf{C}$, $\xi_j \in \mathbf{R}^d$ $(1 \le j \le d)$ に対し, $\sum_{j,k=1}^{d} c_j \overline{c_k} \varphi_P(\xi_j - \xi_k) \ge 0$.

(iii) $\varphi_P(0) = 1$

(iv) $|\varphi_P(\xi)| \le 1 \quad (\xi \in \mathbf{R}^d)$

(v) $\overline{\varphi_P(\xi)} = \varphi_P(-\xi) \quad (\xi \in \mathbf{R}^d)$

(vi) $|\varphi_P(\xi + \eta) - \varphi_P(\xi)|^2 \le 2|1 - \varphi_P(\eta)| \quad (\xi, \eta \in \mathbf{R}^d)$.

デルタ分布, 2 項分布, ポアソン分布, 一様分布, 指数分布はそれぞれの標本空間 S の実数 $\mathbf{R}$ の中での補集合 S^c の測度は 0 であると定義して, 実数 $\mathbf{R}$ 上の確率測度と見なす. それによって, それらの分布の特性関数が定義される.

4.2.1 項で与えられた確率分布の特性関数を計算して, 以下の表 4.2 にまとめる.

表 4.2 確率分布の特性関数

	特性関数
$\delta_a \ (S = \mathbf{R}^d)$	$e^{-i(\xi,a)}$
2 項分布 $Bi(n,p)$	$(pe^{-i\xi} + 1 - p)^n$
ポアソン分布 $Po(\lambda)$	$e^{\lambda(e^{-i\xi}-1)}$
一様分布 U	$\frac{1}{b-a} \frac{e^{-i\xi b} - e^{-i\xi a}}{-i\xi}$
指数分布 $E_x(\lambda)$	$\frac{\lambda}{\lambda + i\xi}$
正規分布 $N(\mu, V)$	$e^{-i(\mu,\xi) - \frac{(V\xi,\xi)}{2}}$

上の表のいくつかを実際に計算してみよう.

<u>デルタ分布 δ_a</u>　デルタ分布 δ_a の特性関数は次のように求められる.

$$\int_{\mathbf{R}^d} e^{-i(\xi,x)} \delta_a(dx) = e^{-i(\xi,a)}.$$

<u>2 項分布 $Bi(n,p)$</u>　2 項分布 $Bi(n,p)$ の特性関数は, 標本空間 S を $S = \bigcup_{k=0}^{n}\{k\}$ と直和分解して

$$
\begin{aligned}
\int_{\mathbf{R}} e^{-i\xi x} Bi(n,p)(dx) &= \int_S e^{-i\xi x} Bi(n,p) dx \\
&= \int_{\bigcup_{k=0}^{n}\{k\}} e^{-i\xi x} Bi(n,p) dx \\
&= \sum_{k=0}^{n} \int_{\{k\}} e^{-i\xi x} Bi(n,p) dx \\
&= \sum_{k=0}^{n} e^{-i\xi k} Bi(n,p)(\{k\}) \\
&= \sum_{k=0}^{n} e^{-i\xi k} \binom{n}{k} p^k (1-p)^{n-k} \\
&= \sum_{k=0}^{n} \binom{n}{k} (pe^{-i\xi})^k (1-p)^{n-k} \\
&= ((pe^{-i\xi}) + (1-p))^n
\end{aligned}
$$

と求められる. 最後の 7 行目の計算は 2 項定理を用いた.

<u>正規分布 $N(\mu,V)$</u>　正規分布 $N(\mu,V)$ の特性関数は

$$
\begin{aligned}
&\int_{\mathbf{R}^d} e^{-i(\xi,x)} N(\mu,V)(dx) \\
&= \frac{1}{(2\pi)^{d/2}(\det V)^{1/2}} \int_{\mathbf{R}^d} e^{-i(\xi,x)} e^{-\frac{(V^{-1}(x-\mu),x-\mu)}{2}} dx
\end{aligned}
$$

として与えられる. 前の 4.2.2 項の変数変換 $(y = O(x-\mu))$ を行って

$$
\begin{aligned}
&\int_{\mathbf{R}^d} e^{-i(\xi,x)} N(\mu,V)(dx) \\
&= \frac{1}{(2\pi)^{d/2}(\det V)^{1/2}} \int_{\mathbf{R}^d} e^{-i(\xi,O^{-1}y+\mu)} e^{-\frac{\sum_{j=1}^{d} \alpha_j^{-1} y_j^2}{2}} dy \\
&= e^{-i(\xi,\mu)} \frac{1}{(2\pi)^{d/2}(\det V)^{1/2}} \int_{\mathbf{R}^d} e^{-i(O\xi,y)} e^{-\frac{\sum_{j=1}^{d} \alpha_j^{-1} y_j^2}{2}} dy
\end{aligned}
$$

$$= e^{-i(\xi,\mu)}\frac{1}{(2\pi)^{d/2}(\det V)^{1/2}}\prod_{j=1}^{d}\int_{\mathbf{R}} e^{-i(O\xi)_j y_j} e^{-\frac{\alpha_j^{-1}y_j^2}{2}}\, dy_j$$

となる. さらにこの積分を計算するには次の公式を用いる. 任意の正の実数 α と実数 β に対し

$$\int_{\mathbf{R}} e^{-i\beta y-\frac{1}{2\alpha}y^2}\, dy = \sqrt{2\pi\alpha}\, e^{-\frac{\alpha\beta^2}{2}}. \tag{4.17}$$

この証明は正則関数に対するコーシーの積分公式 (Augustin Louis Cauchy, 1789–1857) を用いて行われるが, 節末問題として与えた. この公式を用いると, 正規分布の特性関数は

$$\int_{\mathbf{R}^d} e^{-i(\xi,x)} N(\mu,V)(dx) = e^{-i(\xi,\mu)}\frac{1}{(2\pi)^{d/2}(\det V)^{1/2}}\prod_{j=1}^{d}\left(\sqrt{2\pi\alpha_j}\, e^{-\frac{\alpha_j(O\xi)_j^2}{2}}\right)$$

となる. O は直交行列であるから, $\sum_{j=1}^{d}\alpha_j(O\xi)_j^2 = (OV\xi, O\xi) = (V\xi,\xi)$ となる. $\det V = \prod_{j=1}^{d}\alpha_j$ であるから

$$\int_{\mathbf{R}^d} e^{-i(\xi,x)} N(\mu,V)(dx) = e^{-i(\xi,\mu)} e^{-\frac{(V\xi,\xi)}{2}} \tag{4.18}$$

となり, 正規分布の特性関数が求まった.

特性関数を特徴付ける性質は定理 4.3.1 の (i), (ii), (iii) である. すなわち, 次のボッホナーの定理 (Salomon Bochner, 1899–1982) を紹介しよう.

定理 4.3.2. (ボッホナーの定理) 多変数の関数 $f : \mathbf{R}^d \longrightarrow \mathbf{C}$ が次の性質 (i), (ii), (iii) を満たすとする.

 (i) f は連続関数である.

 (ii) f は非負定符号関数である, すなわち, 任意個数の $c_j \in \mathbf{C}, \xi_j \in \mathbf{R}^d$ ($1 \le j \le d$) に対し, $\sum_{j,k=1}^{d} c_j \overline{c_k} f(\xi_j - \xi_k) \ge 0$.

 (iii) $f(0) = 1$.

このとき, 可測空間 $(\mathbf{R}^d, \mathcal{B}(\mathbf{R}^d))$ 上に確率測度 P で $f = \varphi_P$ を満たすものが唯一つ存在する.

この定理の応用として, **退化した正規分布** (degenerate normal distribution) を紹介しよう. 正規分布 $N_{\mu,V}$ が退化しているとは, 行列 V が逆行列をもたな

いことをいう. 退化した正規分布は直接定義できない. しかし, その特性関数の形は $\varphi_{N_{\mu,V}}(\xi) = e^{-i(\mu,\xi) - \frac{(V\xi,\xi)}{2}}$ となるので, この関数は退化した行列 V に対しても定義できることが最初のポイントである. そこで, $\mathbf{R}^d$ の任意の元 μ と非負正定値の d 次の正方行列 V に対し, 多変数の関数 $f : \mathbf{R}^d \longrightarrow \mathbf{C}$ を

$$f(\xi) \equiv e^{-i(\mu,\xi) - \frac{(V\xi,\xi)}{2}}$$

で定める. この関数は定理 4.3.2 の性質 (i) と (iii) を満たすことはすぐに示される. 問題は性質 (ii) である. この性質を満たすことを示すために, 各自然数 n に対して, 関数 $f_n : \mathbf{R}^d \longrightarrow \mathbf{C}$ を

$$f_n(\xi) \equiv e^{-i(\mu,\xi) - \frac{((V + \frac{1}{n}I)\xi,\xi)}{2}}$$

で定義する. 行列 $V + \dfrac{I}{n}$ は正定値の行列であるから, 定理 4.3.1 の一意性と定理 4.3.2 から, 関数 f_n は定理 4.3.2 の性質 (ii) を満たす. 一方, 任意の実数 ξ に対し, $\lim_{n \to \infty} f_n(\xi) = f(\xi)$ が成り立つので, 関数 f も定理 4.3.2 の性質 (ii) を満たすことがわかる. したがって, 定理 4.3.2 より, 次の定理が成り立つ.

定理 4.3.3. $\mathbf{R}^d$ の任意の元 μ と非負正定値の d 次の正方行列 V に対し, 可測空間 $(\mathbf{R}^d, \mathcal{B}(\mathbf{R}^d))$ 上に確率測度 P で

$$e^{-i(\mu,\xi) - \frac{(V\xi,\xi)}{2}} = \varphi_P(\xi) \quad (\xi \in \mathbf{R}^d)$$

を満たすものが唯一つ存在する.

注意 4.3.1. 上の定理では正数 n に対し, 非負正定値の行列 V に正定値の行列 $(1/n)I$ を加えて変換した正定値の行列 $V + (1/n)I$ を考えることが大切であった. 基本的には同じ考えがウェイト変換として 7.2 節の式 (7.51) で用いられている.

定理 4.3.3 で定まる確率測度を $N_{\mu,V}$ と表す. この確率測度は, 平均ベクトルが μ, 分散行列が V であることが示されるので, 退化した場合を含めて, 平均ベクトルが μ, 分散行列が V の正規分布とよばれる.

可測空間 $(\mathbf{R}^d, \mathcal{B}(\mathbf{R}^d))$ 上のデルタ分布 δ_a は平均ベクトルが a, 分散行列が 0 (零行列) の退化した正規分布と見なすことができる.

4.3.2 離　　散　　系

4.3.1 項では, d 次元ユークリッド空間 $\mathbf{R}^d$ の上の確率測度に対する特性関数について基本的な性質を述べた. ここでは, 区間 $[-\pi, \pi)$ 上の確率測度に対しては, 離散集合 $\mathbf{Z}$ の上の特性関数が対応することを述べよう.

可測空間 $([-\pi, \pi), \mathcal{B}([-\pi, \pi)))$ の上の任意の確率測度 P に対し, その特性関数 $\varphi_P : \mathbf{Z} \longrightarrow \mathbf{C}$ は

$$\varphi_P(\xi) \equiv \int_{[-\pi, \pi)} e^{-i\xi x} P(dx)$$

で定義される. 定理 4.3.1 と同じく, 次のことを示すことができる.

定理 4.3.4. 確率測度 P の特性関数 φ_P は次の性質をもつ.

(i) φ_P は非負定符号関数である, すなわち, 任意有限個の $c_j \in \mathbf{C}, \xi_j \in \mathbf{Z}$ $(1 \leq j \leq d)$ に対し, $\sum_{j,k=1}^{d} c_j \overline{c_k} \varphi_P(\xi_j - \xi_k) \geq 0$.

(ii) $\varphi_P(0) = 1$

(iii) $|\varphi_P(\xi)| \leq 1 \quad (\xi \in \mathbf{Z})$

(iv) $\overline{\varphi_P(\xi)} = \varphi_P(-\xi) \quad (\xi \in \mathbf{Z})$.

逆に, 定理 4.3.2 (ボッホナーの定理) に対応するものとして, 次のヘルグロッツの定理 (Gustav Herglotz, 1881–1953) がある.

定理 4.3.5. (ヘルグロッツの定理) 関数 $f : \mathbf{Z} \longrightarrow \mathbf{C}$ が次の性質 (i), (ii) を満たすとする.

(i) f は非負定符号関数である, すなわち, 任意個数の $c_j \in \mathbf{C}, \xi_j \in \mathbf{R}^d$ $(1 \leq j \leq d)$ に対し, $\sum_{j,k=1}^{d} c_j \overline{c_k} f(\xi_j - \xi_k) \geq 0$.

(ii) $f(0) = 1$.

このとき, 可測空間 $([-\pi, \pi), \mathcal{B}([-\pi, \pi)))$ 上の確率測度 P で $f = \varphi_P$ を満たすものが唯一つ存在する.

問 4.3.1 ポアソン分布 $Po(\lambda)$ の特性関数を求めよ.

問 4.3.2 一様分布 U の特性関数を求めよ.

問 4.3.3 指数分布 $Ex(\lambda)$ の特性関数を求めよ.

問 4.3.4 公式 (4.17) を示せ.

4.4 独　立　性

例 3.2.1 (有限試行の硬貨投げ) の定理 3.2.1, 例 3.2.2 (無限試行の硬貨投げ) の定理 3.2.2 において, 確率変数の集まりが独立性を満たすことを示した. この節では, 3.2 節で述べた一般の確率過程に対し. それを生成する確率変数の集まりが独立性を満たすことの定義を与えよう.

$(S, \mathcal{F})$ を任意の可測空間, T を任意の時間域 (実数の部分集合) とし, $\mathbf{X} = (X(t); t \in T)$ を T を時間域, S を状態空間とする確率空間 $(\Omega, \mathcal{B}, P)$ 上で定義された確率過程とする. 確率過程 $\mathbf{X} = (X(t); t \in T)$ あるいは確率変数の集まり $\{X(t); t \in T\}$ が**独立性** (independent property) を満たすとは, 任意の自然数 k $(1 \leq k \leq n(T))$ に対し, k 個の T の元 t_j $(1 \leq j \leq k), t_1 < t_2 < \cdots < t_k,$ と同じ個数の S の元 a_j $(1 \leq j \leq k)$ に対して

$$P((X(t_1) = a_1) \cap (X(t_2) = a_2) \cap \cdots \cap (X(t_k) = a_k))$$
$$= P(X(t_1) = a_1) \cdot P(X(t_2) = a_2) \cdots P(X(t_k) = a_k) \quad (4.19)$$

が成り立つときをいう.

次の定理はルベーグ積分の基本的なもので, **平均値の加法性**とよばれる.

定理 4.4.1. (平均値の加法性) $\{X_j; 1 \leq j \leq d\}$ を確率空間 $(\Omega, \mathcal{B}, P)$ で定義された実数の値をとる可積分な確率変数の d 個の集まりとする. このとき

$$E\left(\sum_{j=1}^{d} X_j\right) = \sum_{j=1}^{d} E(X_j).$$

次の定理は独立性の変換に関する遺伝性を保証するもので非常に役に立つ.

定理 4.4.2. (独立性の遺伝性) $(S_j, \mathcal{F}_j)$ $(j = 1, 2)$ を任意の可測空間, T を任意の時間域とし, $\mathbf{X} = (X(t); t \in T)$ を T を時間域, S_1 を状態空間とする確率空間 $(\Omega, \mathcal{B}, P)$ 上で定義された確率過程とする. さらに, 各 t $(\in T)$ に対し, $(S_1, \mathcal{F}_1)$ から $(S_2, \mathcal{F}_2)$ への可測写像 f_t が与えられているとする. このとき,

確率変数の集まり $\{X(t); t \in T\}$ が独立性を満たすならば, 確率変数の集まり $\{f_t(X(t)); t \in T\}$ も独立性を満たす.

この定理の証明は節末問題とする. この応用例として, 3.4 節の式 (3.18) を示そう. $\mathbf{X} = (X(n); n \in \mathbf{N})$ を無限試行の硬貨投げの確率過程とする. 各 $X(n)$ は確率空間 $[0, 1)$ から可測空間 $\{0, 1\}$ への確率変数である. $\{0, 1\}$ から $\{1, -1\}$ への関数 f を $f(x) \equiv 2x - 1$ として導入することによって, 式 (3.16) で定義した $Y(n)$ は $f(X(n))$ と書き直せる. したがって, 定理 4.4.2 を適用して, 式 (3.18) が示される.

次に, 確率変数の集まりの独立性をそれらの確率分布と**特性関数の乗法性** (multiplicative property) で特徴付ける.

定理 4.4.3. $\{X_j; 1 \le j \le d\}$ を確率空間 $(\Omega, \mathcal{B}, P)$ で定義された実数の値をとる確率変数の d 個の集まりとする. このとき, 次の (i), (ii), (iii) は同値である.

(i) $\{X_j; 1 \le j \le d\}$ は独立性を満たす.

(ii) $P_{(X_1, X_2, \ldots, X_d)} = P_{X_1} \times P_{X_2} \times \cdots \times P_{X_d}$, すなわち, d 個の任意のボレル集合 B_j $(1 \le j \le d)$ に対し

$$P((X_1 \in B_1) \cap (X_2 \in B_2) \cap \cdots \cap (X_d \in B_d))$$
$$= P(X_1 \in B_1) P(X_2 \in B_2) \cdots P(X_d \in B_d).$$

(iii) d 個の実数 ξ_j $(1 \le j \le d)$ に対し

$$\varphi_{P_{(X_1, X_2, \ldots, X_d)}}(\xi_1, \xi_2, \ldots, \xi_d) = \varphi_{P_{X_1}}(\xi_1) \varphi_{P_{X_2}}(\xi_2) \cdots \varphi_{P_{X_d}}(\xi_d),$$

すなわち

$$\int_{\mathbf{R}^d} e^{-i \sum_{j=1}^d \xi_j x_j} P_{(X_1, X_2, \ldots, X_d)}(dx_1 \times dx_2 \times \cdots \times dx_d)$$
$$= \int_{\mathbf{R}} e^{-i\xi_1 x_1} P_{X_1}(dx_1) \int_{\mathbf{R}} e^{-i\xi_2 x_2} P_{X_2}(dx_2) \cdots \int_{\mathbf{R}} e^{-i\xi_d x_d} P_{X_d}(dx_d).$$

この定理 4.4.3 の応用として, 確率変数の集まりが独立性を満たすとき, それ

4.4 独 立 性 69

らの平均値の乗法性と分散の加法性に関する定理を導くことができる.

定理 4.4.4. (平均値の乗法性) $\{X_j; 1 \le j \le d\}$ を確率空間 $(\Omega, \mathcal{B}, P)$ で定義された複素数の値をとる確率変数の d 個の集まりで独立性を満たすとする.

(i) もしすべての確率変数 X_j $(1 \le j \le d)$ が非負の実数値をとるならば

$$E(X_1 X_2 \cdots X_d) = E(X_1)E(X_2) \cdots E(X_d).$$

(ii) もしすべての確率変数 X_j $(1 \le j \le d)$ が可積分ならば

$$E(X_1 X_2 \cdots X_d) = E(X_1)E(X_2) \cdots E(X_d).$$

独立性よりある意味で弱い概念として直交性がある. 実数の値をとり, 2 乗可積分な確率変数の集まり $\{X_j; 1 \le j \le d\}$ が**直交性** (orthogonal property) を満たすとは

$$E(X_j X_k) = 0 \quad (j \ne k)$$

が成り立つときをいう. 次の定理を示そう.

定理 4.4.5. $\{X_j; 1 \le j \le d\}$ を実数の値をとり, 2 乗可積分な確率変数の集まりとする. さらに, 各確率変数 X_j の平均 $E(X_j)$ は 0 とする $(1 \le j \le d)$.

(i) $\{X_j; 1 \le j \le d\}$ が独立性を満たせば, 直交性を満たす.

(ii) d 次元の確率変数 $(X_1, X_2, \ldots, X_d)$ の分布が正規分布 $N(0, V)$ であるとする. $\{X_j; 1 \le j \le d\}$ が直交性を満たせば, 独立性を満たす.

証明 (i) は定理 4.4.4 の (ii) より従う. (ii) を示すには, 定理 4.4.3 より, d 個の実数 ξ_j $(1 \le j \le d)$ に対し

$$\int_{\mathbf{R}^d} e^{-i \sum_{j=1}^d \xi_j x_j} P_{(X_1, X_2, \ldots, X_d)}(dx_1 \times dx_2 \times \cdots \times dx_d)$$
$$= \int_{\mathbf{R}} e^{-i\xi_1 x_1} P_{X_1}(dx_1) \int_{\mathbf{R}} e^{-i\xi_2 x_2} P_{X_2}(dx_2) \cdots \int_{\mathbf{R}} e^{-i\xi_d x_d} P_{X_d}(dx_d)$$

を示せばよい. ところが, 問 4.2.6 で見たように, 正規分布 $N(\mu, V)$ の分散行列 V の (j, k) 成分 V_{jk} は $E((X_j - E(X_j))(X_k - E(X_k)))$ $(1 \le j, k \le d)$ で

ある. 今の場合, $V_{jk} = \delta_{j,k}V_{jj}$ となる. したがって

$$\int_{\mathbf{R}^d} e^{-i\sum_{j=1}^d \xi_j x_j} P_{(X_1, X_2, \ldots, X_d)}(dx_1 \times dx_2 \times \cdots \times dx_d)$$

$$= \int_{\mathbf{R}^d} e^{-i\sum_{j=1}^d \xi_j x_j} N(\mu, V)(dx)$$

$$= e^{-\frac{(V\xi, \xi)}{2}}$$

$$= \prod_{j=1}^d e^{-\frac{V_{jj}\xi_j^2}{2}}$$

$$= \prod_{j=1}^d \int_{\mathbf{R}} e^{-i\xi_j x_j} N(0, V_{jj})(dx_j)$$

$$= \prod_{j=1}^d \int_{\mathbf{R}} e^{-i\xi_j x_j} P_{X_j}(dx_j)$$

が成り立つ. (証明終)

確率空間 $(\Omega, \mathcal{B}, P)$ で定義された実数の値をとる確率変数 X で, その 2 乗 X^2 が可積分であるとする. このとき, X の**分散** (variance) $V(X)$ を

$$V(X) \equiv \int_{\mathbf{R}} (X(\omega) - E(X))^2 \, dP(\omega)$$

で定義する. $V(X)$ は X の分布 P_X の分散と一致する.

定理 4.4.6. (**分散の加法性**) $\{X_j; 1 \leq j \leq d\}$ を確率空間 $(\Omega, \mathcal{B}, P)$ で定義された実数の値をとる確率変数の d 個の集まりで独立性を満たすとする. さらに, すべての確率変数 $X_j \ (1 \leq j \leq d)$ は 2 乗可積分であるとする. このとき

$$V\left(\sum_{j=1}^d X_j\right) = \sum_{j=1}^d V(X_j).$$

この定理の条件である独立性を直交性にゆるめることができる. これは節末問題とする.

最後に, 確率変数の集まりの独立性はそれらの確率収束した極限に対しても遺伝することを主張する定理を紹介する. この定理は次の 4.5 節で重要な役割を果たす. 特に, 補題 4.5.3, 補題 4.5.4 と定理 4.5.1 で用いられる.

4.5 ブラウン運動の構成 *71*

定理 4.4.7. $\{X_{jn}; 1 \leq j \leq d, n \in \mathbf{N}\}$ を確率空間 $(\Omega, \mathcal{B}, P)$ で定義された実数の値をとる無限個の確率変数の集まりで, 各 $n(\in \mathbf{N})$ に対し, 確率変数の集まり $\{X_{jn}; 1 \leq j \leq d\}$ は独立性を満たすとする. 各 j $(1 \leq j \leq d)$ に対し, 確率変数列 $(X_{jn}; n \in \mathbf{N})$ が確率変数 X_j に確率収束するならば, 確率変数の集まり $\{X_j; 1 \leq j \leq d\}$ は独立性を満たす.

問 4.4.1 定理 4.4.2 を証明せよ.

問 4.4.2 $\{X_j; 1 \leq j \leq d\}$ を確率空間 $(\Omega, \mathcal{B}, P)$ で定義された実数の値をとる確率変数の d 個の集まりで, すべての確率変数 X_j $(1 \leq j \leq d)$ は 2 乗可積分であるとする. これらが直交性をもてば, 定理 4.4.6 の結論が成り立つことを証明せよ.

問 4.4.3 定理 4.4.7 を証明せよ.

4.5 ブラウン運動の構成

時間域が $[0, 2\pi]$ のときのウイーナー過程を構成しよう. そのためにいくつかの補題を準備する. まず, 定理 3.2.2 を一般化して, 次の補題を示そう.

補題 4.5.1. 任意の確率空間 $(\Omega, \mathcal{B}, P)$ の上で定義された確率変数列 Z_n $(n \in \mathbf{N})$ が

(i) $\{Z_n; n \in \mathbf{N}\}$ は独立性を満たす,

(ii) $P(Z_n = 1) = P(Z_n = 0) = \frac{1}{2}$

を満たすとする. このとき, 次の確率変数列からなる級数

$$S \equiv \sum_{n=1}^{\infty} \frac{Z_n}{2^n}$$

は概収束し, それは $[0, 1]$ 上の一様分布に従う確率変数である.

証明 はじめに, S を定める級数 $\sum_{n=1}^{\infty} \frac{Z_n}{2^n}$ が概収束することを示す. ほとんどすべての $\omega \in \Omega$ に対し, $|Z_n(\omega)| \leq 1$ であることを注意する. このとき, $\sum_{n=1}^{N} |\frac{Z_n(\omega)}{2^n}| \leq \sum_{n=1}^{N} \frac{1}{2^n}$ となるから, 微積分学の優級数定理より, 級数 $\sum_{n=1}^{\infty} \frac{Z_n}{2^n}$ は絶対収束する. したがって, 収束する.

f を区間 $[0,1]$ 上で定義された連続関数とする. $(X(n); n \in \mathbf{N})$ を例 3.2.2 で構成した無限試行の硬貨投げの確率過程とする. このとき, 条件 (i), (ii) より

$$\int_\Omega f(S(\omega)) \, dP(\omega) = \lim_{N \to \infty} \int_\Omega f\left(\sum_{n=1}^N \frac{Z_n(\omega)}{2^n}\right) dP(\omega)$$

$$= \lim_{N \to \infty} \int_{[0,1]} f\left(\sum_{n=1}^N \frac{X(n)(\omega)}{2^n}\right) d\omega$$

$$= \int_{[0,1]} f(\omega) \, d\omega$$

が成り立つ. これは, 確率変数 S が $[0,1]$ 上の一様分布に従うことを示している. (証明終)

補題 4.5.2. 任意の確率空間 $(\Omega, \mathcal{B}, P)$ の上で定義された二つの確率変数 X, Y が

(i) $\{X, Y\}$ は独立性を満たす,

(ii) 確率変数 X, Y はともに $[0,1]$ 上の一様分布に従う

を満たすとする. このとき

$$Z \equiv \sqrt{-2 \log X} \cos(2\pi Y)$$

は標準正規分布に従う確率変数である.

証明 f を $\mathbf{R}$ 上で定義された有界ボレル関数とする. 確率変数 Z の分布を P_Z とすると, 示すべきことは

$$\int_{\mathbf{R}} f(z) \, dP_Z(z) = \int_{\mathbf{R}} f(z) \frac{1}{\sqrt{2\pi}} e^{-\frac{z^2}{2}} \, dz$$

である. 左辺の積分は

$$\int_{\mathbf{R}} f(z) \, dP_Z(z) = \int_0^1 \int_0^1 f(\sqrt{-2\log x} \cos(2\pi y)) \, dx dy$$

となる. 変数 (x, y) から変数 (r, θ) への変数変換：$x = e^{-\frac{r^2}{2}}, y = \frac{\theta}{2\pi}$ を行うことによって, 上式の右辺の積分は

$$\int_0^1 \int_0^1 f(\sqrt{-2\log x}\cos(2\pi y))\ dxdy = \frac{1}{2\pi}\int_0^\infty \int_0^{2\pi} f(r\cos\theta)re^{-\frac{r^2}{2}}\ drd\theta$$

となる. さらに, 変数 (r,θ) から変数 (z,w) への変数変換：$(z,w) = (r\cos\theta, r\sin\theta)$ を行うことによって, 上式の右辺の積分は

$$\frac{1}{2\pi}\int_0^\infty \int_0^{2\pi} f(r\cos\theta)re^{-\frac{r^2}{2}}\ drd\theta = \frac{1}{2\pi}\int_{-\infty}^\infty \int_{-\infty}^\infty f(z)e^{-\frac{z^2+w^2}{2}}\ dzdw$$
$$= \frac{1}{\sqrt{2\pi}}\int_{-\infty}^\infty f(z)e^{-\frac{z^2}{2}}\ dz$$

となる. 上の最後の計算で次の公式を用いた.

$$\frac{1}{\sqrt{2\pi}}\int_{\mathbf{R}} e^{-\frac{w^2}{2}}\ dw = 1.$$

この公式は問 4.2.1 で示されている. これによって, 補題 4.5.2 を示すことができた. (証明終)

$\mathbf{X} = (X(n); n \in \mathbf{N})$ を例 3.2.2 で構成した無限試行の硬貨投げの確率過程とする. これは確率空間 $(\Omega, \mathcal{B}, P) = ([0,1), \mathcal{B}([0,1)), dx)$ の上で定義されていた. 確率変数の列 Z_{mn} $(m \in \mathbf{N}^*, n \in \mathbf{N})$ を次のように定義する.

$$Z_{mn} \equiv X\left(\frac{(m+1)(m+2)+(n-1)(n+2m)}{2}\right). \tag{4.20}$$

これを図式化すると

$$(Z_{01}, Z_{02}, Z_{03}, Z_{04}, \ldots) = (X(1), X(2), X(4), X(7), \ldots)$$
$$(Z_{11}, Z_{12}, Z_{13}, Z_{14}, \ldots) = (X(3), X(5), X(8), X(12), \ldots)$$
$$(Z_{21}, Z_{22}, Z_{23}, Z_{24}, \ldots) = (X(6), X(9), X(13), X(15), \ldots)$$
$$\cdots = \cdots$$

さらに, 各 n $(\in \mathbf{N}^*)$ に対し, 確率変数 S_n を次で定義する.

$$S_n \equiv \sum_{k=1}^\infty \frac{Z_{nk}}{2^k}. \tag{4.21}$$

このとき, 定理 4.4.7 と補題 4.5.1 より, 次の補題を示すことができる.

74   4. 中心極限定理

補題 4.5.3. 各 S_n $(n \in \mathbf{N}^*)$ は $[0,1]$ 上の一様分布に従い, その集まり $\{S_n; n \in \mathbf{N}^*\}$ は独立性を満たす.

さらに, 各 n $(n \in \mathbf{N}^*)$ に対し, 確率変数 Y_n を

$$Y_n \equiv \sqrt{-2 \log S_{2n-1}} \cos(2\pi S_{2n}) \tag{4.22}$$

で定義する. このとき, 定理 4.4.7 と補題 4.5.2 より, 次の補題を示すことができる.

補題 4.5.4. 各 Y_n $(n \in \mathbf{N}^*)$ は標準正規分布に従い, その集まり $\{Y_n; n \in \mathbf{N}^*\}$ は独立性を満たす.

以上の準備のもとで, 次の定理を示すことができる.

定理 4.5.1. 各 t $(\in [0, 2\pi])$ に対し, 確率変数 $B(t)$ を

$$B(t) \equiv \frac{t}{\sqrt{\pi}} Y_0 + \sum_{n=0}^{\infty} \left(\sum_{k=2^n+1}^{2^{n+1}} \sqrt{\frac{2}{\pi}} \frac{\sin kt}{k} Y_k \right)$$

で定義する. このとき, 確率過程 $\mathbf{B} = (B(t); 0 \le t \le 2\pi)$ はウイーナー過程である.

この定理の証明を詳しく知りたい方は文献 16 を参照して頂きたい.

後の 5.8.2 項の正規乱数の発生法で用いるために, 補題 4.5.2 を補足する.

問 4.5.1 補題 4.5.2 と同じ設定で別の確率変数 W を $W \equiv \sqrt{-2 \log X} \sin(\pi Y)$ で定義する. このとき, 次の (i), (ii) を示せ.

(i) W は標準正規分布に従う.

(ii) 確率変数の集まり $\{Z, W\}$ は独立である.

4.6 大 数 の 法 則

この節では, 現実の時系列データの解析を行うにあたって, 応用と理論の橋渡しを行う大数の法則を紹介する. 例 3.2.2 の無限試行の硬貨投げの確率過程に対して, ベルヌーイが証明したのが次の定理である.

4.6 大 数 の 法 則　　　　　75

定理 4.6.1. $\mathbf{X} = (X(n); n \in \mathbf{N})$ を無限試行の硬貨投げの確率過程とする.

(i) 確率変数列 $(\frac{1}{n} \sum_{k=1}^{n} X_k; n \in \mathbf{N})$ は $\frac{1}{2}$ に確率収束する.

(ii) 確率変数列 $(\frac{1}{n} \sum_{k=1}^{n} X_k; n \in \mathbf{N})$ は $\frac{1}{2}$ に概収束する.

定理 4.1.1 より, 確率収束の概念は概収束の概念より弱いので, (i), (ii) はそれぞれ**大数の弱法則** (weak law of large numbers), **大数の強法則** (strong law of large numbers) とよばれる.

確率変数 $(\frac{1}{n} \sum_{k=1}^{n} X_k; n \in \mathbf{N})$ は, n 回硬貨を投げたときに表が出る相対頻度を表している. この相対頻度が $\frac{1}{2}$ という真の平均に近づくことを主張しているのが大数の法則である.

この節ではもっと一般の設定のもとで大数の法則を証明する. $(\Omega, \mathcal{B}, P)$ を任意の確率空間とし, この節で扱う確率変数はこの確率空間の上で定義され, 実数の値をとるものとする.

4.1 節の式 (4.8) で示したことを一般化して, 次のチェビシェフの不等式 (Pafnutiĭ L'vovich Chebyshev, 1821–1894) を示すことができる.

定理 4.6.2. (チェビシェフの不等式) X を 2 乗可積分な確率変数とする. このとき, 任意の正数 δ に対して

$$P(|X| \geq \delta) \leq \frac{1}{\delta^2} E(|X|^2).$$

これの応用として, 大数の弱法則を証明しよう. そのために, 三つの補題を準備する. 最初の補題は微積分学で学ぶ $\epsilon - \delta$ 論法が威力を発揮する有名なものである.

補題 4.6.1. 数列 $(x_n; n \in \mathbf{N})$ は実数 x に収束するならば

$$\lim_{n \to \infty} \frac{\sum_{j=1}^{n} x_j}{n} = x.$$

証明 ϵ を任意の正数とする. 数列 $(x_n; n \in \mathbf{N})$ は実数 x に収束するので, 整数 n_0 が存在し, それ以上の任意の自然数 n に対し, $|x_n - x| < \epsilon/2$ が成り立つ. このとき

$$\left|\frac{\sum_{j=1}^{n} x_j}{n} - x\right| = \left|\frac{\sum_{j=1}^{n}(x_j - x)}{n}\right|$$

$$\leq \frac{\sum_{j=1}^{n_0-1}|x_j - x|}{n} + \frac{\sum_{j=n_0}^{n}|x_j - x|}{n}$$

$$\leq \frac{(n_0-1)\max_{1\leq j\leq n_0-1}|x_j - x|}{n} + \frac{\epsilon}{2}\frac{n - n_0 + 1}{n}$$

$$\leq \frac{(n_0-1)\max_{1\leq j\leq n_0-1}|x_j - x|}{n} + \frac{\epsilon}{2}$$

が成り立つ. さらに, 自然数 n_1 を n_0 より大きくとり, それ以上の任意の自然数 n に対し, $(n_0-1)\max_{1\leq j\leq n_0-1}|x_j - x|/n < \epsilon/2$ が成り立つようにとれる. したがって, 上式より, n_1 以上の任意の自然数 n に対し

$$\left|\frac{\sum_{j=1}^{n} x_j}{n} - x\right| < \epsilon$$

が成り立つ. これより, 補題 4.6.1 が示された.   (証明終)

補題 4.6.1 の証明と同じ方針を用いて, これを一般化した次の補題を示そう.

補題 4.6.2. 数列 $(x_n; n \in \mathbf{N})$ は実数 x に収束し, 数列 $(c_n; n \in \mathbf{N})$ は各 c_n が正数で級数 $(\sum_{j=1}^{n} c_j; n \in \mathbf{N})$ が無限大に増大するとする. このとき

$$\lim_{n\to\infty} \frac{\sum_{j=1}^{n} c_j x_j}{\sum_{j=1}^{n} c_j} = x.$$

証明 ϵ を任意の正数とする. 数列 $(x_n; n \in \mathbf{N})$ は実数 x に収束するので, 整数 n_0 が存在し, それ以上の任意の自然数 n に対し, $|x_n - x| < \epsilon/2$ が成り立つ. このとき

$$\left|\frac{\sum_{j=1}^{n} c_j x_j}{\sum_{j=1}^{n} c_j} - x\right| = \left|\frac{\sum_{j=1}^{n} c_j(x_j - x)}{\sum_{j=1}^{n} c_j}\right|$$

$$\leq \frac{\sum_{j=1}^{n_0-1} c_j|x_j - x|}{\sum_{j=1}^{n} c_j} + \frac{\sum_{j=n_0}^{n} c_j|x_j - x|}{\sum_{j=1}^{n} c_j}$$

$$\leq \frac{(n_0-1)\max_{1\leq j\leq n_0-1} c_j|x_j - x|}{\sum_{j=1}^{n} c_j} + \frac{\epsilon}{2}\frac{\sum_{j=n_0}^{n} c_j}{\sum_{j=1}^{n} c_j}$$

$$\leq \frac{(n_0 - 1) \max_{1 \leq j \leq n_0 - 1} c_j |x_j - x|}{\sum_{j=1}^{n} c_j} + \frac{\epsilon}{2}$$

が成り立つ. さらに, 正項級数 $(\sum_{j=1}^{n} c_j; n \in \mathbf{N})$ が無限大に増大するので, 自然数 n_1 を十分大ききくとり, $(n_0 - 1) \max_{1 \leq j \leq n_0 - 1} c_j |x_j - x| / (\sum_{j=1}^{n} c_j) < \epsilon/2$ が成り立つようにとれる. したがって, 上式より, n_1 以上の任意の自然数 n に対し

$$\left| \frac{\sum_{j=1}^{n} c_j x_j}{\sum_{j=1}^{n} c_j} - x \right| < \epsilon$$

が成り立つ. これより, 補題 4.6.2 が示された. (証明終)

補題 4.6.2 の応用として, 次のクロネッカーの補題 (Leopold Kronecker, 1823–1891) を示そう.

補題 4.6.3. (クロネッカーの補題) $(x_n; n \in \mathbf{N}), (b_n; n \in \mathbf{N})$ を任意の実数列で, 各 b_n は正数で単調に無限大に増大するとする. このとき, もし級数 $\sum_{n=1}^{\infty} \frac{x_n}{b_n}$ が収束するならば

$$\lim_{n \to \infty} \frac{\sum_{j=1}^{n} x_j}{b_n} = 0.$$

証明 数列 $(S_n; n \in \mathbf{N}^*)$ を $S_0 \equiv 0, S_n \equiv \sum_{j=1}^{n} x_j / b_j$ $(n \in \mathbf{N})$ とおく. 仮定より, この数列はある実数 S に収束する (この極限 S を $\sum_{n=1}^{\infty} x_n / b_n$ とも書くのであった). $x_n = b_n (S_n - S_{n-1})$ であるから

$$\sum_{j=1}^{n} x_j = \sum_{j=1}^{n} b_j (S_j - S_{j-1})$$
$$= \sum_{j=1}^{n-1} (b_j - b_{j+1}) S_j + b_n S_n$$

となる. したがって

$$\frac{\sum_{j=1}^{n} x_j}{b_n} = S_n - \frac{\sum_{j=1}^{n-1} (b_{j+1} - b_j) S_j}{b_n}$$

が得られる. 各自然数 j に対し, S_j の係数 $b_{j+1} - b_j$ は非負でその部分和は

$\sum_{j=1}^{n-1}(b_{j+1}-b_j)=b_n-b_1$ となり, $\lim_{n\to\infty}S_n=S, \lim_{n\to\infty}b_n=\infty$ が成り立つので

$$\lim_{n\to\infty}\frac{\sum_{j=1}^{n-1}(b_{j+1}-b_j)S_j}{b_n}=S$$

となる. したがって, 補題 4.6.2 を適用して, $\lim_{n\to\infty}\sum_{j=1}^{n}x_j/b_n=0$ が示された.　　　　　　　　　　　　　　　　　　　　　　　　　　　　　　(証明終)

以上の準備のもとで, 大数の弱法則を証明しよう.

定理 4.6.3. (大数の弱法則) $\{X_n; n\in\mathbf{N}\}$ を 2 乗可積分な確率変数の集まりで独立性を満たすとする. このとき, もしも $\lim_{n\to\infty}E(X_n)=a, \sum_{n=1}^{\infty}\frac{V(X_n)}{n^2}<\infty$ ならば

$$\lim_{n\to\infty}\frac{\sum_{j=1}^{n}X_j}{n}=a \quad (\text{確率収束}).$$

証明 ϵ を任意の正数とする. このとき, 任意の自然数 n に対し

$$P\left(\left|\frac{\sum_{j=1}^{n}X_j}{n}-a\right|>\epsilon\right)$$

$$=P\left(\left|\frac{\sum_{j=1}^{n}(X_j-E(X_j))}{n}+\left(\frac{\sum_{j=1}^{n}E(X_j)}{n}-a\right)\right|>\epsilon\right)$$

$$\leq P\left(\left|\frac{\sum_{j=1}^{n}(X_j-E(X_j))}{n}\right|>\frac{\epsilon}{2}\right)+P\left(\left|\frac{\sum_{j=1}^{n}E(X_j)}{n}-a\right|>\frac{\epsilon}{2}\right)$$

が成り立つ. 上式の下辺の第 1 項に定理 4.6.2 に適用し, 定理 4.4.6 を用いて

$$P\left(\left|\frac{\sum_{j=1}^{n}(X_j-E(X_j))}{n}\right|>\frac{\epsilon}{2}\right)\leq\left(\frac{2}{\epsilon n}\right)^2\sum_{j=1}^{n}V(X_j)$$

$$\leq\left(\frac{2}{\epsilon n}\right)^2\sum_{j=1}^{\infty}V(X_j)$$

が成り立つ. したがって, $\lim_{n\to\infty}P(|\sum_{j=1}^{n}(X_j-E(X_j))/n|>\epsilon/2)=0$ が成り立つ. さらに, 補題 4.6.2 で $b_n\equiv n$ とおいて, $\lim_{n\to\infty}\sum_{j=1}^{n}E(X_j)/n=a$ である. これは概収束でもあるから, 定理 4.1.1 を適用して, 確率収束する, すなわち, $\lim_{n\to\infty}P(|\sum_{j=1}^{n}E(X_j)/n-a|>\epsilon/2)=0$ が成り立つ.

ゆえに, $\lim_{n\to\infty} P(|\sum_{j=1}^{n} X_j/n - a| > \epsilon) = 0$ が成り立ち, 定理 4.6.3 が示された.   (証明終)

例 4.6.1 (硬貨投げ)   大数の弱法則 (定理 4.6.3) の応用として, 定理 4.6.1 の (i) を証明しよう. $\mathbf{X} = (X(n); n \in \mathbf{N})$ を無限試行の硬貨投げの確率過程とする. この確率過程は独立性を満たし, $E(X(n)) = 1/2, V(X(n)) = 1/4$ である. したがって, 定理 4.6.3 より, 定理 4.6.1 の (i) が示される.

例 4.6.2 (連続関数の多項式による近似定理)   大数の弱法則の別の応用として, 連続関数の多項式による近似定理を証明しよう. f を区間 $[0,1]$ で定義された実数の値をとる任意の連続関数とする. f に付随したベルンシュタインの多項式 (Sergeǐ Natanovich Bernstein, 1880–1968) の列 $(p_n; n \in \mathbf{N})$ を次で定める.

$$p_n(x) \equiv \sum_{k=0}^{n} f\left(\frac{k}{n}\right) \binom{n}{k} x^k (1-x)^{n-k}.$$

ベルンシュタインの多項式の定義より, 任意の自然数 n に対し, $p_n(0) = f(0), p_n(1) = f(1)$ であることを注意する. したがって, $\lim_{n\to\infty} p_n(0) = f(0), \lim_{n\to\infty} p_n(1) = f(1)$ が成り立つ. $0,1$ 以外の点に関する収束に関して, 次の定理が成り立つ.

定理 4.6.4. (連続関数の多項式近似定理) 多項式の列 $(p_n; n \in \mathbf{N})$ は連続関数 f に区間 $[0,1]$ 内で一様収束する.

証明   開区間 $(0,1)$ の任意の元 p をとる. この p に対し, 3.5 節で構成したベルヌーイ試行に付随する確率過程 $\mathbf{U} = (U(n); n \in \mathbf{N})$ を用いる. 以下の証明は本書で繰り返し強調した第 1 章のステップ 1 からステップ 3 の考えを用いて行われる. 関数 f は閉区間 $[0,1]$ で連続であるから, ある正数 c が存在して, $|f(x)| \leq c \ (\forall x \in [0,1])$ が成り立つ.

n を任意の自然数とし, 確率空間 $[0,1)$ を確率変数 $U(n)$ の逆像を用いて直和分解する: $[0,1) = \cup_{k=0}^{n}(U(n) = k)$. したがって, 定理 3.5.2 (i) に注意して, 確率変数 $f(U(n)/n)$ を積分すると

$$\int_{[0,1)} f(U(n)/n)(\omega)dP(\omega) = \sum_{k=0}^{n} \int_{(U(n)=k)} f(U(n)/n)(\omega)dP(\omega)$$

$$= \sum_{k=0}^{n} f(k/n) P(U(n) = k)$$
$$= p_n(p).$$

したがって, 任意の正数 δ に対し, 確率空間 $[0,1)$ を $[0,1) = (|U(n)/n-p| < \delta) \cup (|U(n)/n - p| \geq \delta)$ と直和分解して

$$|p_n(p) - f(p)| = \left| \int_{[0,1)} f(U(n)/n)(\omega) dP(\omega) - f(p) \right|$$
$$= \left| \int_{[0,1)} (f(U(n)/n)(\omega) - f(p)) dP(\omega) \right|$$
$$\leq \int_{[0,1)} |f(U(n)/n)(\omega) - f(p)| dP(\omega)$$
$$= \int_{(|U(n)/n-p|<\delta)} |f(U(n)/n)(\omega) - f(p)| dP(\omega)$$
$$+ \int_{(|U(n)/n-p|\geq\delta)} |f(U(n)/n)(\omega) - f(p)| dP(\omega)$$
$$\leq 2cP(|U(n)/n - p| \geq \delta) + \max_{0 \leq x,y \leq 1; |x-y|<\delta} |f(x) - f(y)|$$

が成り立つ.

定理 3.5.2 (i) より, 確率変数 $U(n)$ は 2 項分布 $Bi(n,p)$ に従うので, その平均は np, 分散は $np(1-p)$ である. したがって, 上式の第 1 項に大数の弱法則の証明で用いた定理 4.6.2 (チェビシェフの不等式) を適用して

$$P(|U(n)/n - p| \geq \delta) = P(|(U(n) - np)/n| \geq \delta)$$
$$\leq \frac{p(1-p)}{n\delta^2}$$
$$\leq \frac{1}{4n\delta^2}$$

が成り立つ. そこで, $p(1-p) \leq 4$ という不等式を用いて, p に依存しない評価式を出した. したがって

$$|p_n(p) - f(p)| \leq \frac{c}{2n\delta^2} + \max_{0 \leq x,y \leq 1; |x-y|<\delta} |f(x) - f(y)|$$

が得られる. 関数 f は閉区間 $[0,1]$ で連続であるから, 一様連続でもある. ゆえに, 任意の正数 ϵ に対し, ある正数 δ が存在して, $\max_{0 \le x, y \le 1; |x-y| < \delta} |f(x) - f(y)| < \epsilon/2$ が成り立つ. したがって

$$|p_n(p) - f(p)| \le \frac{c}{2n\delta^2} + \frac{\epsilon}{2}$$

が成り立つ. δ は自然数 n に依存しないので, 十分大きな自然数 n_0 がとれて, それ以上の自然数 n に対し, $c/(2n\delta^2) \le \epsilon/2$ が成り立つ. 結局, このような自然数 n に対し

$$|p_n(p) - f(p)| < \epsilon$$

となる. これで, 定理 4.6.4 が証明された. (証明終)

次に, 大数の弱法則よりも強い大数の強法則を証明しよう. そのために, 定理 4.6.2 を精密化した次のコルモゴロフの不等式を第 1 章で述べた考え (ステップ 1 からのステップ 3) に基づいて示そう.

定理 4.6.5. (コルモゴロフの不等式) $\{X_j; 1 \le j \le n\}$ を 2 乗可積分な確率変数の集まりで独立性を満たすとする. このとき, 任意の正数 ϵ に対して

$$P\left(\max_{1 \le j \le n} \left| \sum_{k=1}^{j} (X_k - E(X_k)) \right| \ge \epsilon \right) \le \frac{1}{\epsilon^2} \sum_{j=1}^{n} V(X_j).$$

証明 各 j $(1 \le j \le n)$ に対し, 確率変数 S_j, T_j を

$$S_j \equiv \sum_{k=1}^{j} (X_k - E(X_k)), \quad T_j \equiv \sum_{k=j+1}^{n} (X_k - E(X_k))$$

で定める. 特に, $T_n = 0$ であり, $E(S_j) = E(T_j) = 0$ $(1 \le j \le n)$ であることを注意する.

第 1 章で述べたステップ 1 は問題とする事象をしっかりとつかまえることであった. 今の場合の対象は次の事象 A である.

$$A \equiv (\max_{1 \le j \le n} |S_j| \ge \epsilon).$$

82   4. 中心極限定理

この事象の確率 $P(A)$ を計算することがステップ 2 であり, そのために, 事象 A の一つの直和分解を求めるのがステップ 3 であった. 今の場合は, 各 j $(1 \leq j \leq n)$ に対し, 事象 A_j を

$$A_j \equiv (|S_1| < \epsilon, |S_2| < \epsilon, \ldots, |S_{j-1}| < \epsilon, |S_j| \geq \epsilon)$$

で定義すると, A_j $(1 \leq j \leq n)$ は A の一つの直和分解を与える. したがって

$$P(A) = \sum_{j=1}^{n} P(A_j).$$

各 j $(1 \leq j \leq n)$ を固定する. 次の不等式に注意する.

$$P(A_j) \leq \frac{1}{\epsilon^2} \int_{A_j} |S_j|^2 \, dP.$$

一方, 定理 4.4.2 より, 確率変数の集まり $\{S_j \chi_{A_j}, T_j\}$ は独立性を満たす. したがって, 定理 4.4.4 より, $E(S_j \chi_{A_j} T_j) = E(S_j \chi_{A_j}) E(T_j) = 0$ となる. ゆえに, $S_j + T_j = S_n$ に注意して

$$
\begin{aligned}
P(A_j) &\leq \int_{A_j} |S_j|^2 \, dP + 2E(S_j \chi_{A_j} T_j) + E(T_j^2 \chi_{A_j}) \\
&\leq \int_{A_j} |S_j + T_j|^2 \, dP \\
&= \int_{A_j} |S_n|^2 \, dP.
\end{aligned}
$$

A_j $(1 \leq j \leq n)$ が A の直和分解であるから, j に関して足し合わせて

$$
\begin{aligned}
P(A) &\leq \frac{1}{\epsilon^2} \int_{A} |S_n|^2 \, dP \\
&\leq \frac{1}{\epsilon^2} \int_{\Omega} |S_n|^2 \, dP \\
&= \frac{1}{\epsilon^2} V(S_n).
\end{aligned}
$$

したがって, 定理 4.6.5 が証明された.   (証明終)

$\mathcal{B}$ の元の事象からなる列 $(A_n; n \in \mathbf{N})$ を考える. その上極限集合 $\limsup A_n$

と下極限集合 $\liminf A_n$ を

$$\limsup A_n \equiv \cap_{n=1}^{\infty}(\cup_{m\geq n}A_m)$$

$$\liminf A_n \equiv \cup_{n=1}^{\infty}(\cap_{m\geq n}A_m)$$

で定義する. これらの集合は

$$\limsup A_n = \{\omega \in \Omega; 無限に多くの整数\ n\ が存在し, \omega \in A_n\}$$

$$\liminf A_n = \{\omega \in \Omega; ある整数が存在しそれ以上の整数\ n\ に対し, \omega \in A_n\}$$

という意味がある. したがって, $\liminf A_n \subset \limsup A_n$ の関係がある. さらに, $(\limsup A_n)^c = \liminf A_n^c, (\liminf A_n)^c = \limsup A_n^c$ の関係も成り立つ. ここで, 一般の集合 A に対して, A^c は集合 A の補集合, すなわち, $A^c = \{x \in \Omega; x\ 集合\ A\ に属さない\}$ として定義される. 上極限集合, 下極限集合に関する次のボレル・カンテリの補題 (Francesco Paolo Cantelli, 1875–1966) を証明しよう.

定理 4.6.6. (ボレル・カンテリの補題) $\{A_n; n \in \mathbf{N}\}$ を $\mathcal{B}$ の元の集まりとする.

 (i) もし $\sum_{n=1}^{\infty} P(A_n) < \infty$ ならば, そのとき $P(\liminf A_n^c) = 1$

 (ii) さらに, $\{\chi_{A_n}; n \in \mathbf{N}\}$ が独立性を満たし, $\sum_{n=1}^{\infty} P(A_n) = \infty$ ならば, そのとき $P(\limsup A_n) = 1$.

証明 (i) 任意の自然数 n に対し, $\limsup A_n \subset \cup_{m\geq n}A_m$ であるから, $P(\limsup A_n) \leq P(\cup_{m\geq n}A_m) \leq \sum_{m=n}^{\infty} P(A_m)$. n を無限にとばすことによって, 仮定より, $P(\limsup A_n) = 0$ が従う. したがって, この補集合をとって, $P(\liminf A_n^c) = 1$ が示される.

 (ii) 下極限集合の定義より, $P(\liminf A_n^c) \leq \sum_{n=1}^{\infty} P(\cap_{m\geq n}A_m^c)$ となることを注意する. 任意の自然数 n を固定し, それより大きな任意の自然数 k をとる. $\cap_{m\geq n}A_m^c \subset \cap_{m=n}^{k}A_m^c$ であるから, $P(\cap_{m\geq n}A_m^c) \leq P(\cap_{m=n}^{k}A_m^c)$. 一方, 確率変数の集まり $\{\chi_{A_m^c}; 1 \leq m \leq k\}$ は独立性を満たすので, 定理 4.4.4 より

$$P(\cap_{m=n}^{k}A_m^c) = E(\chi_{A_m^c}\chi_{A_{m+1}^c} \cdots \chi_{A_k^c})$$

$$= E(\chi_{A_m^c})E(\chi_{A_{m+1}^c})\cdots E(\chi_{A_k^c})$$
$$= P(A_m^c)P(A_{m+1}^c)\cdots P(A_k^c)$$

が成り立つ. 不等式 $1-x \le e^{-x}$ $(0 \le x \le 1)$ を用いて, $P(A_m^c) = 1-P(A_m) \le e^{-P(A_m)}$. したがって

$$P(\cup_{m=n}^k A_m^c) \le e^{-\sum_{m=n}^k P(A_m)}$$

が成り立つ. $\sum_{n=1}^\infty P(A_n) = \infty$ であるから, k を無限にとばすことによって, $P(\cup_{m=n}^\infty A_m^c) = 0$ が従う. これはすべての n に成り立つので, $P(\liminf A_n^c) = 0$ が示された. (証明終)

注意 4.6.1. 定理 4.6.6 における命題 (ii) は独立性を満たさないときは成り立たない. その例を与えよう. 確率空間 $([0,1), \mathcal{B}([0,1)), dx)$ 内で考え, その中の事象列 $(A_n; n \in \mathbf{N})$ として, $A_n \equiv [0,1/n)$ をとる. $P(A_2 \cap A_3) = P(A_3) = 1/3, P(A_3)P(A_3) = (1/2)(1/3) = 1/6$ となるから, $\{A_n; n \in \mathbf{N}\}$ は独立性を満たさない. このとき, $P(A_n) = 1/n$ であるから, $\sum_{n=1}^\infty P(A_n) = \infty$. しかし, A_n は n とともに単調に減少して集合 $\{0\}$ に近づく. したがって, $\limsup A_n = \{0\}$ であるから, $P(\limsup A_n) = 0$ となる. これは定理 4.6.6 における命題 (ii) が成り立たないことを意味する.

定理 4.6.7. $(X_n; n \in \mathbf{N})$ を確率変数列とし, その集まり $\{X_n; n \in \mathbf{N}\}$ は独立性を満たし, $\sum_{n=1}^\infty V(X_n) < \infty$ が成り立つとする. このとき

$$\sum_{n=1}^\infty (X_n - E(X_n)) \quad (概収束).$$

証明 各自然数 n に対し, $S_n \equiv \sum_{j=1}^n (X_j - E(X_j))$ とおく. $l > m$ を満たす任意の自然数 l, m に対し, 定理 4.4.6 より

$$E((S_l - S_m)^2) = \sum_{j=m+1}^l V(X_j).$$

仮定より, 単調に無限大に増大する自然数の列 $(p_n; n \in \mathbf{N})$ が存在して

$$\sum_{j=p_n+1}^{\infty} V(X_j) < \left(\frac{1}{2^n}\right)^3$$

が成り立つ. そこで, 各自然数 n に対し, 事象 A_n を $A_n \equiv (\sup_{k \geq p_n} |S_k - S_{p_n}| > 1/2^n)$ として定義する. さらに, p_n より大きな自然数 l に対し, 事象 A_{nl} を $A_{nl} \equiv (\sup_{l \geq k \geq p_n} |S_k - S_{p_n}| > 1/2^n)$ とおくと, 事象列 $(A_{nl}; l \geq p_n)$ は単調に増大して事象 A_n に近づくので

$$P(A_n) = \lim_{l \to \infty} P(A_{nl})$$

が成り立つ. 定理 4.6.5 を確率変数の集まり $\{X_j; p_n + 1 \leq j \leq l\}$ に適用して

$$P(A_{nl}) \leq (2^n)^2 \sum_{j=p_n+1}^{l} V(X_j).$$

したがって, $P(A_n) \leq 1/2^n$ となるので, $\sum_{n=1}^{\infty} P(A_n) < \infty$. したがって, 定理 4.6.6 より, $P(\liminf A_n^c) = 1$ が成り立つ. 以下において, 事象 $\liminf A_n^c$ の任意の元 ω に対し, 数列 $(S_n(\omega); n \in \mathbf{N})$ はコーシー列となることを示せばよい. 実数全体の集合の完備性より, コーシー列は必ず収束するからである.

事象 $\liminf A_n^c$ の中の任意の元 ω をとる. 任意の正数 ϵ が与えられたとする. このとき, ある自然数 n_0 が存在して, これ以上の任意の自然数 n に対し, $\omega \in A_n^c$, すなわち

$$\sup_{k \geq p_n} |S_k(\omega) - S_{p_n}(\omega)| \leq \frac{1}{2^n}$$

が成り立つ. さらに, 自然数 n_1 を十分大きくとって, $n_1 \geq n_0, 2/2^{n_1} < \epsilon$ が成り立つようにできる. したがって, $p_{n_1} \leq j, k$ を満たす任意の自然数 j, k に対し

$$|S_j(\omega) - S_k(\omega)| \leq |S_j(\omega) - S_{p_n}(\omega)| + |S_k(\omega) - S_{p_n}(\omega)|$$
$$\leq \frac{2}{2^n} < \epsilon$$

が成り立つ. これは数列 $(S_n(\omega); n \in \mathbf{N})$ がコーシー列であることを意味している. (証明終)

定理 4.6.8. (大数の強法則 (1)) $\{X_n; n \in \mathbf{N}\}$ を 2 乗可積分な確率変数の集

まりで独立性を満たすとする. さらに, $(b_n; n \in \mathbf{N})$ を各 b_n が正数で単調に無限大に増大する実数列とする. このとき, もしも $\sum_{n=1}^{\infty} \frac{V(X_n)}{b_n^2} < \infty$ ならば

$$\lim_{n \to \infty} \frac{\sum_{j=1}^{n}(X_j - E(X_j))}{b_n} = 0 \quad (\text{概収束}).$$

証明 $Y_n \equiv X_n/b_n$ とおく. $V(Y_n) = V(X_n)/b_n^2$ に注意して, 仮定より, $\sum_{n=1}^{\infty} V(Y_n) < \infty$. したがって, 定理 4.6.7 より, 確率変数列 $(\sum_{j=1}^{n}(X_j - E(X_j))/b_j; n \in \mathbf{N})$ は概収束する. これに補題 4.6.3 を適用して, 定理 4.6.8 が成り立つ. (証明終)

定理 4.6.9. (大数の強法則 (2)) $\{X_n; n \in \mathbf{N}\}$ を 2 乗可積分な確率変数の集まりで独立性を満たすとする. このとき, もしも $\lim_{n \to \infty} E(X_n) = a$, $\sum_{n=1}^{\infty} \frac{V(X_n)}{n^2} < \infty$ ならば

$$\lim_{n \to \infty} \frac{\sum_{j=1}^{n} X_j}{n} = a \quad (\text{概収束}).$$

証明 定理 4.6.8 より, 確率変数列 $(\sum_{j=1}^{n}(X_j - E(X_j))/n; n \in \mathbf{N})$ は 0 に概収束する. これに補題 4.6.1 を適用して, 定理 4.6.9 が成り立つ. (証明終)

例 4.6.3 (硬貨投げ) 大数の強法則 (定理 4.6.9) の応用として, 定理 4.6.1 の (ii) を証明しよう. $\mathbf{X} = (X(n); n \in \mathbf{N})$ を無限試行の硬貨投げの確率過程とする. この確率過程は独立性を満たし, $E(X(n)) = 1/2, V(X(n)) = 1/4$ である. したがって, 定理 4.6.9 より, 定理 4.6.1 の (ii) が示される.

この節で扱ってきた確率変数はすべて 2 乗可積分であった. この節の最後に, 可積分な確率変数からなる集まりに対しては, 同分布という条件のもとで, 大数の強法則が成り立つことを示そう. これは第 5 節の 5.6.3 項で推定量の一致性の性質で必要となる.

定理 4.6.10. (大数の強法則 (3)) $\{X_n; n \in \mathbf{N}\}$ を可積分な確率変数の集まりで独立性を満たすとする. さらに, 各確率変数 X_n $(n \in \mathbf{N})$ の分布は n によらず等しいとする. このとき

$$\lim_{n \to \infty} \frac{\sum_{j=1}^{n} X_j}{n} = E(X_1) \quad (\text{概収束}).$$

4.6 大数の法則　　87

証明　各自然数 n に対し, 確率変数 Y_n を次のように定義する.

$$Y_n \equiv \begin{cases} X_n & (|X_n| \leq n) \\ 0 & (|X_n| > n). \end{cases}$$

独立性の遺伝性の定理 4.4.2 より, $\{Y_n; n \in \mathbf{N}\}$ は 2 乗可積分な確率変数の集まりで独立性を満たすことを注意する. 次のことを示そう.

$$\sum_{n=1}^{\infty} \frac{V(Y_n)}{n^2} < \infty.$$

これは次のように証明される. 確率変数 $|X_n|$ の確率分布を ν とする. これは n に依存しないことを注意する.

$$\begin{aligned} \sum_{n=1}^{\infty} \frac{V(Y_n)}{n^2} &= \sum_{n=1}^{\infty} \frac{E(Y_n^2)}{n^2} \\ &= \sum_{n=1}^{\infty} \frac{(n+1)^2}{n^2} \frac{E(Y_n^2)}{(n+1)^2} \\ &\leq 4 \sum_{n=1}^{\infty} \frac{E(Y_n^2)}{(n+1)^2} \\ &= 4 \sum_{n=1}^{\infty} \frac{\int_{[0,n]} x^2 \nu(dx)}{(n+1)^2} \end{aligned}$$

が得られる. 関数 $g : [0,\infty) \to [0,\infty)$ を

$$g(y) \equiv \int_{[0,y]} x^2 \nu(dx)$$

で定義する. このとき, 関数 g は単調増大であることに注意して

$$\begin{aligned} \sum_{n=1}^{\infty} \frac{V(Y_n)}{n^2} &\leq 4 \sum_{n=1}^{\infty} \int_{[n,n+1)} \frac{g(y)}{y^2} dy \\ &\leq 4 \int_0^{\infty} \frac{1}{y^2} \left(\int_{[0,y]} x^2 \nu(dx) \right) dy. \end{aligned}$$

ルベーグ積分の積分の順序交換を保証するフビニの定理 (Guido Fubini, 1879–1943) を用いて

$$\sum_{n=1}^{\infty} \frac{V(Y_n)}{n^2} = 4 \int_0^{\infty} x^2 \left(\int_{[x,\infty)} \frac{1}{y^2} dy \right) \nu(dx)$$

$$= 4 \int_0^{\infty} x^2 \left(\frac{1}{x} \right) \nu(dx)$$

$$= 4 \int_0^{\infty} x \nu(dx)$$

$$= 4E(|X_1|) < \infty$$

が成り立つ.

したがって, 定理 4.6.9 を確率変数の集まり $\{Y_n ; n \in \mathbf{N}\}$ に適用できて, 次の大数の法則が成り立つ.

$$\lim_{n \to \infty} \frac{\sum_{j=1}^{n} (Y_j - E(Y_j))}{n} = a \quad (\text{概収束}). \tag{4.23}$$

次のことを示そう.

$$\lim_{n \to \infty} \frac{\sum_{k=1}^{n} E(Y_k)}{n} = E(X_1). \tag{4.24}$$

各確率変数 X_n の分布を μ とする $(n \in \mathbf{N})$. このとき

$$\frac{\sum_{k=1}^{n} E(Y_k)}{n} = \frac{1}{n} \sum_{k=1}^{n} \int_{[-k,k]} x\mu(dx)$$

$$= \int_{\mathbf{R}} h_n(x)\mu(dx)$$

となる. ここで, 被積分関数 h_n は $h_n(x) \equiv x \sum_{k=1}^{n} \chi_{[-k,k]}(x)/n$ である. $|h_n(x)| \le |x|, \lim_{n \to \infty} h_n(x) = 1 \quad (\forall x \in \mathbf{R})$ である. $\int_{\mathbf{R}} |x|\mu(dx) < \infty$ に注意して, ルベーグ積分の収束定理を用いて, 式 (4.24) が成り立つ.

最後に, 次のことを示そう.

$$P(\liminf(X_n = Y_n)) = 0. \tag{4.25}$$

$$\sum_{n=1}^{\infty} P(X_n \ne Y_n) = \sum_{n=1}^{\infty} P(|X_n| > n)$$

$$= \sum_{n=1}^{\infty} \nu((n, \infty))$$

$$\leq \sum_{n=1}^{\infty} \int_{[n,n+1)} \nu((y, \infty)) dy$$

$$\leq \int_{(0,\infty)} \nu((y, \infty)) dy$$

$$= \int_{(0,\infty)} \left(\int_{(y,\infty)} \nu(dx) \right) dy$$

$$= \int_{(0,\infty)} \left(\int_{(0,x)} dy \right) \nu(dx)$$

$$= \int_{(0,\infty)} x \nu(dx)$$

$$= E(|X_1|) < \infty$$

が成り立つ. したがって, ボレル・カンテリの補題 (定理 4.6.6) より, 式 (4.23) が示された.

三つの式 (4.23), (4.24), (4.25) より, 定理 4.6.10 が証明された.　　(証明終)

注意 4.6.2. 確率変数の集まり $\{X_n; n \in \mathbf{N}\}$ が同分布をもつとは, 各確率変数 X_n $(n \in \mathbf{N})$ の分布は n によらず等しいときをいう.

4.7 少 数 の 法 則

二つの値をとる確率変数列に対して, 大数の法則が成り立つ前提と異なり, 2 値の片方 (たとえば a) が起こる確率が小さいときは, a が起こる回数を表す確率変数列はポアソン分布に法則収束することを主張するのが**少数の法則** (law of small numbers) である. 正しく定式化すると, 次のようになる.

定理 4.7.1. (**少数の法則**)　$(X_{nj}; n \in \mathbf{N}, 1 \leq j \leq m_n)$ を確率空間 $(\Omega, \mathcal{B}, P)$ 上で定義され, 0 と 1 の値しかとらない (2 重の添数をもつ) 確率変数列とし, $P(X_{nj} = 1) = p_{nj}$ とする. 次の条件が成り立つとする.

(i) 各自然数 n に対し, $\{X_{nj}; 1 \leq j \leq m_n\}$ は独立性を満たす

(ii) $\lim_{n\to\infty} \max_{1\le j\le m_n} p_{nj} = 0$

(iii) $\lim_{n\to\infty} \sum_{j=1}^{m_n} p_{nj} = \lambda$.

このとき, 確率変数列 $(\sum_{j=1}^{m_n} X_{nj}; n \in \mathbf{N})$ はポアソン分布 $Po(\lambda)$ に法則収束する.

これを証明するために二つの補題を準備する. 二つ目の補題は次の節の中心極限定理を証明する際にも用いられる.

補題 4.7.1. $|z| < \frac{1}{2}$ を満たす任意の複素数 z に対し, $|\theta_z| \le 2$ を満たす実数 θ_z が存在して, 次の式が成り立つ.

$$\log(1+z) = z + \theta_z z^2.$$

証明 $|z| < 1/2$ を満たす任意の複素数 z を固定し, 区間 $[0,1]$ で定義され複素数の値をとる関数 f を $f(t) \equiv \log(1+zt)$ で定める. この関数は 2 階連続的微分可能であるから, 中間値の定理より, $0 < \theta < 1$ を満たす実数 θ が存在して, $f(1) = f(0) + f'(0) + f''(\theta)/2$ が成り立つ. 今の場合, $f'(t) = z/(1+zt)$, $f''(t) = -z^2/(1+zt)^2$ であるから, $\log(1+z) = z - z^2/2(1+\theta z)^2$ が成り立つ. したがって, $\theta_z \equiv -1/2(1+\theta z)^2$ とおくと, $|1+\theta z| \ge 1 - |\theta||z| \ge 1 - 1/2 = 1/2$ であるから, $|\theta_z| \le 2$ が従い, 補題 4.7.1 が示された. (証明終)

補題 4.7.2. α_{nj} $(n \in \mathbf{N}, 1 \le j \le m_n), \alpha$ を次の条件を満たす任意の複素数とする.

(i) $\lim_{n\to\infty} \max_{1\le j\le m_n} |\alpha_{nj}| = 0$

(ii) $\sup_{n\in\mathbf{N}} \sum_{j=1}^{m_n} |\alpha_{nj}| < \infty$

(iii) $\lim_{n\to\infty} \sum_{j=1}^{m_n} \alpha_{nj} = \alpha$.

このとき

$$\lim_{n\to\infty} \prod_{j=1}^{m_n} (1 + \alpha_{nj}) = e^{\alpha}.$$

証明 仮定 (i) より, 自然数 n_0 を大きくとり, それ以上の任意の自然数 n に対し, $|\alpha_{nj}| < \frac{1}{2}$ $(1 \le j \le m_n)$ が成り立つ. したがって, そのような複素数 α_{nj}

に補題 4.7.1 を適用して, $|\theta_{nj}| \leq 2$ を満たす実数 θ_{nj} が存在して

$$\log(1 + \alpha_{nj}) = \alpha_{nj} + \theta_{nj}\alpha_{nj}^2 \quad (n \geq n_0, 1 \leq j \leq m_n)$$

が成り立つ. したがって, 次の式が成り立つ.

$$\prod_{j=1}^{m_n}(1 + \alpha_{nj}) = \prod_{j=1}^{m_n} e^{\log(1+\alpha_{nj})}$$
$$= \prod_{j=1}^{m_n} e^{\alpha_{nj} + \theta_{nj}\alpha_{nj}^2}$$
$$= e^{\sum_{j=1}^{m_n} \alpha_{nj}} e^{\sum_{j=1}^{m_n} \theta\alpha_{nj}^2}.$$

さらに

$$\left|\sum_{j=1}^{m_n} \theta_{nj}\alpha_{nj}^2\right| \leq 2 \max_{1 \leq j \leq m_n} |\alpha_{nj}| \sup_{1 \leq j \leq m_n} \sum_{j=1}^{m_n} |\alpha_{nj}|$$

であるから, 仮定 (ii), (iii) より, $\lim_{n\to\infty} \sum_{j=1}^{m_n} \theta_{nj}\alpha_{nj}^2 = 0$ となる. したがって, 仮定 (i) を再び用いて, $\lim_{n\to\infty} \prod_{j=1}^{m_n}(1 + \alpha_{nj}) = e^\alpha$ が成り立つ. (証明終)

定理 4.7.1 の証明　ポアソン分布 $Po(\lambda)$ の特性関数 $\varphi_{Po(\lambda)}(\xi)$ は $e^{\lambda(e^{-i\xi}-1)}$ であるから, 定理 4.1.5 より

$$\lim_{n\to\infty} E(e^{-i\xi\sum_{j=1}^{m_n} X_{nj}}) = e^{\lambda(e^{-i\xi}-1)} \tag{4.26}$$

を示せばよい. 定理 4.4.2 と定理 4.4.3 より

$$E(e^{-i\xi\sum_{j=1}^{m_n} X_{nj}}) = \prod_{j=1}^{m_n} E(e^{-i\xi X_{nj}})$$

が成り立つ. 各確率変数 X_{nj} は $\{0,1\}$ の値しかとらず, $P(X_{nj} = 1) = p_{nj}$ であるから

$$E(e^{-i\xi\sum_{j=1}^{m_n} X_{nj}}) = \prod_{j=1}^{m_n}(p_{nj}e^{-i\xi} + (1 - p_{nj}))$$
$$= \prod_{j=1}^{m_n}(1 + \alpha_{nj})$$

が成り立つ. ここで, $\alpha_{nj} \equiv p_{nj}(e^{-i\xi} - 1)$.

これらの複素数 α_{nj} $(n \in \mathbf{N}, 1 \le j \le m_n)$ と複素数 $\alpha \equiv \lambda(e^{-i\xi} - 1)$ が補題 4.7.2 の条件 (i), (ii), (iii) を満たすことを検証すれば, 定理 4.7.1 が示される.

補題 4.7.2 の条件 (i) の検証. $|\alpha_{nj}| \le 2p_{nj}$ であるから, $\max_{1 \le j \le m_n} |\alpha_{nj}| \le 2\max_{1 \le j \le m_n} p_{nj}$. 定理 4.7.1 の仮定 (ii) より, $\lim_{n \to \infty} \max_{1 \le j \le m_n} |\alpha_{nj}| = 0$ が成り立つ.

補題 4.7.2 の条件 (ii) の検証. $|\alpha_{nj}| \le 2p_{nj}$ であるから, $\sum_{j=1}^{m_j} |\alpha_{nj}| \le 2\sum_{j=1}^{m_j} p_{nj}$. したがって, 定理 4.7.1 の仮定 (iii) より, $\sup_{1 \le j \le m_n} \sum_{j=1}^{m_j} |\alpha_{nj}| < \infty$ が成り立つ.

補題 4.7.2 の条件 (iii) の検証. $\sum_{j=1}^{m_j} \alpha_{nj} = (\sum_{j=1}^{m_j} p_{nj})(e^{-i\xi} - 1)$ であるから, 定理 4.7.1 の仮定 (iii) より, $\lim_{n \to \infty} \sum_{1 \le j \le m_n} \alpha_{nj} = \alpha$ が成り立つ.

(証明終)

4.8 中心極限定理

大数の法則, 少数の法則と並んで確率論の基本的な極限定理である中心極限定理を紹介しよう.

例 3.2.2 の無限試行の硬貨投げの確率過程に対する中心極限定理がド・モアブル (Abraham de Moivre, 1667–1754) とラプラス (Pierre Simon Laplace, 1749–1827) によって証明された.

定理 4.8.1. $\mathbf{X} = (X(n); n \in \mathbf{N})$ を無限試行の硬貨投げの確率過程とする. 確率変数列 $(\sum_{k=1}^{n}(X_k - \frac{1}{2})/\sqrt{n/4}; n \in \mathbf{N})$ は標準正規分布 $N(0, 1)$ に法則収束する.

この定理は, 確率変数 $\sum_{k=1}^{n} X_k$ の分布は 2 項分布であるが, それを標準化した確率変数の列 $(\sum_{k=1}^{n}(X_k - \frac{1}{2})/\sqrt{n/4}; n \in \mathbf{N})$ の分布は, 硬貨を無限回投げれば, 正規分布に近づくことを主張している. この性質は 2 項分布に限らず一般の分布の場合にも成り立つことを主張するのが中心極限定理である. 中心極限定理は大数の法則と同様に現実の時系列データの解析を行うに当たって, 応

用と理論の橋渡しを行う.

この節ではもっと一般の設定のもとで中心極限定理を証明する. $(\Omega, \mathcal{B}, P)$ を任意の確率空間とし, $(X_n; n \in \mathbf{N})$ を実数の値をとる確率変数列で, 各 X_n は2乗可積分であるとする. このとき, 各自然数 n に対し, 確率変数 S_n を

$$S_n \equiv \sum_{j=1}^{n} X_j$$

で定義し, その平均値と分散を

$$M_n \equiv E(S_n)$$
$$V_n \equiv V(S_n)$$

とおく. $V_n \neq 0$ の仮定のもとで, S_n を規格化する.

$$T_n \equiv \frac{S_n - M_n}{\sqrt{V_n}}.$$

確率変数 T_n の平均は 0, 分散は 1 であることを注意する.

定理 4.8.2. (中心極限定理) 次の条件を仮定する.

(i) 各 X_n の3乗をとった確率変数 X_n^3 は可積分である

(ii) $\{X_n; n \in \mathbf{N}\}$ は独立性を満たす

(iii) $C_n \equiv \sum_{k=1}^{n} E(|X_k - E(X_k)|^3)$ とおくとき

$$\begin{cases} \lim_{n\to\infty} V_n = \infty \\ \lim_{n\to\infty} \dfrac{V(X_n)}{V_n} = 0 \\ \lim_{n\to\infty} \dfrac{C_n^2}{V_n^3} = 0. \end{cases}$$

このとき, 確率変数 $(T_n; n \in \mathbf{N})$ は標準正規分布 $N(0,1)$ に法則収束する.

この証明のために, 次の補題を準備しよう.

補題 4.8.1. 連続関数 $\theta : \mathbf{R} \longrightarrow \{z \in \mathbf{C}; |z| \leq 1\}$ が存在して, 次の等式が成り立つ.

$$e^{i\xi} = 1 + i\xi - \frac{\xi^2}{2} + \frac{\xi^3}{6}\theta(\xi) \quad (\xi \in \mathbf{R}).$$

証明 微積分の基本原理より

$$e^{i\xi} = 1 + i\xi \int_0^1 e^{i\xi t}dt \quad (\xi \in \mathbf{R})$$

が成り立つことを注意する. 上式の右辺の被積分関数に ξ の代わりに ξt として上の公式を適用して

$$e^{i\xi} = 1 + i\xi \int_0^1 \left(1 + i\xi t \int_0^1 e^{i\xi ts}ds \right) dt$$
$$= 1 + i\xi - \xi^2 \int_0^1 t \left(\int_0^1 e^{i\xi ts}ds \right) dt$$

が得られる. さらに, 右辺の被積分関数に ξ の代わりに ξts として再び上の公式を適用して

$$e^{i\xi} = 1 + i\xi - \xi^2 \int_0^1 t \left(\int_0^1 \left(1 + i\xi ts \int_0^1 e^{i\xi tsu}du \right) ds \right) dt$$
$$= 1 + i\xi - \frac{\xi^2}{2} - i\xi^3 \int_0^1 t^2 \left(\int_0^1 s \left(\int_0^1 e^{i\xi tsu}du \right) ds \right) dt$$

が得られる. そこで, 関数 $\theta : \mathbf{R} \longrightarrow \mathbf{C}$ を

$$\theta(\xi) \equiv -6i \int_0^1 t^2 \left(\int_0^1 s \left(\int_0^1 e^{i\xi tsu}du \right) ds \right) dt$$

で定義する. この関数は連続であることは直ちに (ルベーグ積分の有界収束定理を用いて) わかる. さらに, $|\theta(\xi)| \le 6 \int_0^1 t^2 (\int_0^1 sds)dt = 1$ であるから, 補題 4.8.1 が示された. (証明終)

以上の準備のもとで, 中心極限定理 (定理 4.8.2) を証明しよう.

定理 4.8.2 の証明 正規分布 $N(0,1)$ の特性関数 $\varphi_{N(0,1)}(\xi)$ は $e^{-\xi^2/2}$ であるから, 定理 4.1.5 より

$$\lim_{n\to\infty} E(e^{i\xi T_n}) = e^{-\frac{\xi^2}{2}} \tag{4.27}$$

を示せばよい. 定理 4.4.2 と定理 4.4.3 より

$$E(e^{i\xi T_n}) = \prod_{j=1}^{n} E(e^{i\xi \frac{X_j - E(X_j)}{\sqrt{V_n}}})$$

が成り立つ. 各 j $(1 \leq j \leq n)$ に対して, 補題 4.8.1 より

$$e^{i\xi \frac{X_j - E(X_j)}{\sqrt{V_n}}} = 1 + i\xi \frac{X_j - E(X_j)}{\sqrt{V_n}} - \frac{\xi^2}{2} \frac{(X_j - E(X_j))^2}{V_n}$$
$$+ \frac{\xi^3}{6} \frac{(X_j - E(X_j))^3}{V_n^{3/2}} \theta \left(\frac{X_j - E(X_j)}{\sqrt{V_n}} \right)$$

であるから, 積分をとって

$$E(e^{i\xi \frac{X_j - E(X_j)}{\sqrt{V_n}}}) = 1 - \frac{\xi^2}{2} \frac{V(X_j)}{V_n} + \frac{\xi^3}{6V_n^{3/2}} E \left(\theta \left(\frac{X_j - E(X_j)}{\sqrt{V_n}} \right) \right)$$
$$= 1 + \alpha_{nj}$$

が成り立つ. ここで, 複素数 α_{nj} は次で与えられる.

$$\alpha_{nj} \equiv -\frac{\xi^2}{2} \frac{V(X_j)}{V_n} + \frac{\xi^3}{6V_n^{3/2}} E \left(\theta \left(\frac{X_j - E(X_j)}{\sqrt{V_n}} \right) \right).$$

これらの複素数 α_{nj} $(n \in \mathbf{N}, 1 \leq j \leq n)$ と複素数 $\alpha \equiv -\xi^2/2$ が補題 4.7.2 の条件 (i), (ii), (iii) を満たすことを検証すれば, 定理 4.8.2 が示される.

補題 4.7.2 の条件 (i) の検証；各自然数 n に対して

$$\max_{1 \leq j \leq n} |\alpha_{nj}| \leq \frac{\xi^2}{2} \frac{\max_{1 \leq j \leq n} V(X_j)}{V_n} + \frac{|\xi|^2}{6} \frac{C_n}{V_n^{3/2}}$$

が成り立つ. 仮定 $\lim_{n \to \infty} C_n^2/V_n^3 = 0$ であるから, 上式の右辺の第 2 項は n を無限にとばすことによって, 0 に近づく. 一方, 上式の右辺の第 1 項もまた n を無限にとばすことによって, 0 に近づくことを示そう. ϵ を任意の正数とする. 仮定より, 十分大きい自然数 n_0 が存在して, $n_0 \leq n$ を満たすすべての自然数 n に対して, $V(X_n)/V_n < \epsilon$ が成り立つ. V_n は n について単調増大であるから

$$\frac{\max_{1 \leq j \leq n} V(X_j)}{V_n} \leq \frac{\max_{1 \leq j \leq n_0 - 1} V(X_j)}{V_n} \frac{\max_{n_0 \leq j \leq n} V(X_j)}{V_j}$$
$$\leq \frac{\max_{1 \leq j \leq n_0 - 1} V(X_j)}{V_n} \epsilon$$

が成り立つ. さらに, 仮定 $\lim_{n \to \infty} V_n = \infty$ であるから, n を n_0 より大きくとって, $\max_{1 \leq j \leq n_0 - 1} V(X_j)/V_n < \epsilon$ となるようにできる. したがって, そのような n に対して, $\max_{1 \leq j \leq n} V(X_j)/V_n < \epsilon$ となる. これは, $\lim_{n \to \infty} \max_{1 \leq j \leq n} V(X_j)/V_n = 0$ を意味するから, 補題 4.7.2 の条件 (i) は検証された.

補題 4.7.2 の条件 (ii) の検証；各自然数 n に対して

$$\sum_{j=1}^{n} |\alpha_{nj}| \leq \frac{\xi^2}{2} + \frac{\xi^3}{6} \frac{C_n}{V_n^{3/2}}$$

であるから, 仮定より, $\sum_{j=1}^{n} |\alpha_{nj}| < \infty$ が成り立つ.

補題 4.7.2 の条件 (iii) の検証；各自然数 n に対して

$$\sum_{j=1}^{n} \alpha_{nj} = -\frac{\xi^2}{2} + \frac{\xi^3}{6} \frac{E(\theta((X_j - E(X_j))/\sqrt{V_n}))}{V_n^{3/2}}$$

となる. 上で見たように, $|E(\theta((X_j - E(X_j))/\sqrt{V_n}))| \leq C_n/V_n^{3/2}$ に注意して, 仮定 $\lim_{n \to \infty} C_n^2/V_n^3 = 0$ より, $\lim_{n \to \infty} \sum_{j=1}^{n} \alpha_{nj} = \xi^2/2$ が成り立つ.

以上より, 式 (4.27) が示され, 定理 4.8.2 が証明された. (証明終)

定理 4.8.2 の条件が成り立つ典型的な場合として, 次の定理が成り立つ.

定理 4.8.3. 実数の値をとる確率変数の集まり $\{X_n; n \in \mathbf{N}\}$ が独立性を満たし, 同分布をもつとする. その確率分布が有限な 3 次のモーメントをもてば, 確率変数列 $(T_n; n \in \mathbf{N})$ は標準正規分布 $N(0,1)$ に法則収束する.

問 4.8.1 定理 4.8.3 を証明せよ.

5

時系列解析と統計学

その挙動が時間とともに変化する現象を実験での観察あるいは調査を行って得られるデータが時系列データである．時系列データを数学的に定式化したのが確率過程であり，時系列データの背後に潜む情報を探究することが時系列解析の目的である．有限個のデータから生成される時系列データにどのような確率過程を当てはめるかに関しては，本来不可能なことである．なぜなら，確率過程を決める分布は無限次元的な量であるのに，使えるデータは有限個しかないからである．しかし，データから取り出したい情報を数学的に計算できる近似式が求まれば，有限個のデータの範囲でもその近似式の途中のもので何かしらの情報を抜き出せたかを判定することができる．そこに威力を発揮するのが統計学である．

本章では，「データからモデルへ」を実践する際に適用する理論の前提条件を「検証」することを憲法とする「実験数学」を説明する．その際，「データからモデルへ」の「から」を般若心経の「空即是色」の「即是」と捉え，実験数学における「検証」が道元 (1200–1253) の説く「修行」としての「只管打坐」に当たることを説明する．「検証」という「修行」を行うことによって，数学を実証科学として生き返らせることを実践するのが「実験数学」である．

「実験数学」として「データからモデルへ」を実践する立場から，統計学の中で大切な推定と仮説検定を紹介する．最後に，互いに独立で同一の分布に従う確率変数の系列 (確率過程) の実現値と見なしうる時系列が乱数であるが，そのいろいろな構成法について紹介する．第 6 章，第 7 章で紹介する退化した確率過程を非退化な確率過程に変換するウェイト変換と第 8 章で行うその時系列データへの応用において，乱数は大切なものである．

5.1 データと時系列

データ (data) とはある現象の観測・実験, 対象の観察・調査あるいは試行の実行などから得られる資料の集まり (一つのときもある) のことで, 観測値ともよばれる. 太陽の黒点数, 大山猫の捕獲数, 日経平均株価, 人の身長・体重, 点数で付けられた試験の成績のように数値で表現されるデータを量的データ, ATGC の文字が並ぶ DNA の塩基配列, 天気の晴れ・雨・雪, 優・良・可・不可でつけられた試験の成績のように数値ではなく文字で表現されるデータを質的データという. 2種類以上あるデータを単独に見たデータを 1 次元あるいは 1 変量データ, 単独ではなくまとめて見た組のデータを多次元あるいは多変量データという.

$$
\text{データ} \begin{cases} \text{量的データ} \begin{cases} \text{1 次元あるいは 1 変量} \\ \text{多次元あるいは多変量} \end{cases} \\ \text{質的データ} \begin{cases} \text{1 次元あるいは 1 変量} \\ \text{多次元あるいは多変量} \end{cases} \end{cases} \tag{5.1}
$$

時間とともに変化するデータは時系列データといわれる. 時系列データのある時刻での値はデータである. 時系列データは有限個 (たとえば $N+1$ 個) の実数あるいは文字 x_n $(0 \leq n \leq N)$ を用いて $(x_n; 0 \leq n \leq N)$ のようにベクトル表示あるいは関数表示できる. それを単に**時系列** (time series) ということがある.

$$
\text{時系列} = (x_n; 0 \leq n \leq N). \tag{5.2}
$$

注意 5.1.1. 上で述べた時系列は離散時間をもつ場合であるが, 連続時間をもつ場合を扱うことがある. さらに, 上で述べた時系列の時間の集合は有限であるが, 無限である場合を扱うことがある. これらに関しては次節で詳しく述べる. 本書では, 上記に述べた有限な離散時間をもつ時系列を主として扱う. 現場ではこのような時系列を研究しなければならないからである.

試験の成績などに対してはデータの全体の分布の状況がわかるように**度数分布表** (frequency table) を作る (表 5.1). それをグラフにしたものが**ヒストグラム** (柱状グラフ, histogram) である (図 5.1).

表 5.1 試験の成績の度数分布表

階級	階級値	度数	相対度数	累積度数	相対累積度数
0 点以上 10 点未満	5	0	0	0	0
10 点以上 20 点未満	15	3	0.15	3	0.15
20 点以上 30 点未満	25	0	0	3	0.15
30 点以上 40 点未満	35	0	0	3	0.15
40 点以上 50 点未満	45	3	0.15	6	0.30
50 点以上 60 点未満	55	4	0.2	10	0.50
60 点以上 70 点未満	65	2	0.1	12	0.60
70 点以上 80 点未満	75	1	0.05	13	0.65
80 点以上 90 点未満	85	5	0.25	18	0.90
90 点以上 100 点以下	95	2	0.1	20	1.0

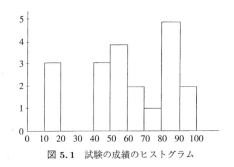

図 5.1 試験の成績のヒストグラム

量的な時系列は時間とともに観測値が変化するという「動」の側面をもっているので，その動きの様子を見るために，1.6 節の図 1.3, 図 1.4, 図 1.6 のように，グラフで動きの軌跡を描くことが大切である．

5.2 確率過程と時系列

3.2 節で確率過程の定義を与え，3.3 節で確率過程の標準表現について述べた．

5. 時系列解析と統計学

表 5.2 太陽のウォルフ黒点数 1700 年–1999 年 (理科年表 平成 13 年)

	0	1	2	3	4	5	6	7	8	9
1700	5	11	16	23	36	58	29	20	10	8
1710	3	0	0	2	11	27	47	63	60	39
1720	28	26	22	11	21	40	78	122	103	73
1730	47	35	11	5	16	34	70	81	111	101
1740	73	40	20	16	5	11	22	40	60	80.9
1750	83.4	47.7	47.8	30.7	12.2	9.6	10.2	32.4	47.6	54.0
1760	62.9	85.9	61.2	45.1	36.4	20.9	11.4	37.8	69.8	106.1
1770	100.8	81.6	66.5	34.8	30.6	7.0	19.8	92.5	154.4	125.9
1780	84.8	68.1	38.5	22.8	10.2	24.1	82.9	132.0	130.9	118.1
1790	89.9	66.6	60.0	46.9	41.0	21.3	16.0	6.4	4.1	6.8
1800	14.5	34.0	45.0	43.1	47.5	42.2	28.1	10.1	8.1	2.5
1810	0.0	1.4	5.0	12.2	13.9	35.4	45.8	41.1	30.1	23.9
1820	15.6	6.6	4.0	1.8	8.5	16.6	36.3	49.6	64.2	67.0
1830	70.9	47.8	27.5	8.5	13.2	56.9	121.5	138.3	103.2	85.7
1840	64.6	36.7	24.2	10.7	15.0	40.1	61.5	98.5	124.7	96.3
1850	66.5	64.5	54.1	39.0	20.6	6.7	4.3	22.7	54.8	93.8
1860	95.8	77.2	59.1	44.0	47.0	30.5	16.3	7.3	37.6	74.0
1870	139.0	111.2	101.6	66.2	44.7	17.0	11.3	12.4	3.4	6.0
1880	32.3	54.3	59.7	63.7	63.5	52.2	25.4	13.1	6.8	6.3
1890	7.1	35.6	73.0	85.1	78.0	64.0	41.8	26.2	26.7	12.1
1900	9.5	2.7	5.0	24.4	42.0	63.5	53.8	62.0	48.5	43.9
1910	18.6	5.7	3.6	1.4	9.6	47.4	57.1	103.9	80.6	63.6
1920	37.6	26.1	14.2	5.8	16.7	44.3	63.9	69.0	77.8	64.9
1930	35.7	21.2	11.1	5.7	8.7	36.1	79.7	114.4	109.6	88.8
1940	67.8	47.5	30.6	16.3	9.6	33.2	92.6	151.6	136.3	134.7
1950	83.9	69.4	31.5	13.9	4.4	38.0	141.7	190.2	184.8	159.0
1960	112.3	53.9	37.5	27.9	10.2	15.1	47.0	93.8	105.9	105.5
1970	104.5	66.6	68.9	38.2	34.5	15.5	12.6	27.5	92.5	155.4
1980	154.6	140.5	115.9	66.6	45.9	17.9	13.4	29.2	100.2	157.6
1990	142.6	145.7	94.3	54.6	29.9	17.5	8.6	21.5	64.3	93.2

少し抽象的すぎたかもしれない. しかし, この概念は, 時間とともに不規則に変化する時系列を数学的に定式化し, その時系列の背後にある構造を調べるためには大切であることを説明しよう.

確率変数の集まりとしての確率過程が時間とともに変化する現象から得られる時系列の数学的モデルである. 確率変数のとる値が時系列データ, その標本・道・軌跡が時系列である. 詳しく述べよう. $\mathbf{X} = (X(t); t \in T)$ を確率空間

5.2 確率過程と時系列 101

表 5.3 大山猫の捕獲数 1821 年–1934 年[12]

	0	1	2	3	4	5	6	7	8	9
1820		269	321	585	871	1475	2821	3928	5943	4950
1830	2577	523	98	184	279	409	2285	2685	3409	1824
1840	409	151	45	68	213	546	1033	2129	2536	957
1850	361	377	225	360	731	1638	2725	2871	2119	684
1860	299	236	245	552	1623	3311	6721	4245	687	255
1870	473	358	784	1594	1676	2251	1426	756	299	201
1880	229	469	736	2042	2811	4431	2511	389	73	39
1890	49	59	188	377	1292	4031	3495	587	105	153
1900	387	758	1307	3465	6991	6313	3794	1836	345	382
1910	808	1388	2713	3800	3091	2985	3790	674	81	80
1920	108	229	399	1132	2432	3574	2935	1537	520	485
1930	662	1000	1590	2657	3396					

$(\Omega, \mathcal{B}, P)$ の上で定義され, 添数域 T をもち, 可測空間 $(S, \mathcal{F})$ を状態空間にする確率過程とする. Ω の中の固定された元 ω に対し, $(X(t)(\omega); t \in T)$ が式 (3.12) で定義された確率過程 $\mathbf{X}$ の標準表現空間 $W(T; S)$ の元であり, 確率過程 $\mathbf{X}$ の標本点 ω における標本・道・軌跡であり, 時系列の例を与える.

今まで確率過程の例として, 有限試行の硬貨投げ (例 3.2.1), 無限試行の硬貨投げ (例 3.2.2), くじ (例 3.2.3), 酔っ払い (例 3.2.4, 詳しくは 3.4 節), ブラウン運動 (例 3.2.5, 詳しくは 3.7 節と 4.5 節), ベルヌーイ試行に付随する確率過程 (3.5 節), テント写像に付随する確率過程 (3.6 節) の例を紹介した. 有限試行の硬貨投げ (図 5.2) とくじは有限な離散時間をもつ時系列を生成し, 無限試行の硬貨投げ, 酔っ払い (図 5.3) とテント写像は無限な離散時間をもつ時系列を生成し, ブラウン運動 (図 5.4) は無限な連続時間をもつ時系列を与える.

上図の時系列には, それを標本とする確率過程が付随している. 図 1.3 の太陽のウォルフ黒点数の時系列のグラフと図 1.4 のカナダのマッケンジー河の周囲で捕獲された大山猫の捕獲数の時系列グラフの動きを見たとき, ほぼ 11 年の周期 (山から山, 谷から谷) がある. 動物の生息に太陽が必要であるから, 太陽の黒点数の時系列から大山猫の捕獲数の時系列への**因果関係** (causal relation, causality) があるだろうかという疑問が起こる. 今の場合, 因果関係は時系列のグラフを眼で見ただけではわからない情報である. 詳しい情報は表 5.2 と表 5.3

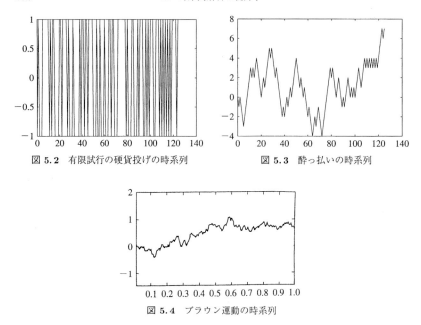

図 5.2 有限試行の硬貨投げの時系列
図 5.3 酔っ払いの時系列
図 5.4 ブラウン運動の時系列

のように与えられている．これらの時系列の背後にどのような確率過程が潜んでいるであろうか．それを調べる方法を与えるのが時系列解析である．

5.3 実験数学と般若心経

　時系列データの背後に潜む情報を探究することが時系列解析の目的である．「モデル」を情報の一つの表現として理解して，時系列解析を展開する姿勢として「データからモデルへ」「モデルからデータへ」の二つがあることを本書で何度も述べてきた．

　日本数学会編集による数学辞典には，「通常，時系列解析とは一つの定常過程または n 次元定常過程またはこれらの周辺の確率過程から得られた標本をもとに行う統計的解析を指して言う場合が多い」とある．これは，「モデルからデータへ」の姿勢のもとに数学から応用への順方向の時系列解析の目的の説明である．時間とともに変動する現象を暗示する「データ」からその背後にある未知

の情報としての「モデル」を探究する「データからモデルへ」という本来の時系列解析の目的の説明が欠けている.

太陽の黒点数の時系列と大山猫の時系列の間の因果関係を調べるとき,天下り的にモデルを立てたのでは,そこから出てくる主張には客観性がない.それゆえ,「データからモデルへ」の姿勢の大切さがある.「モデルからデータへ」「データからモデルへ」のどの姿勢で時系列解析を行う際にも,時系列解析の研究結果である「モデル」(の解析結果) を使って,「データ」の統計的処理を客観的に行うことが大切である.そのためには,適用する理論の前提とする仮定を明確にし,それを「検証」することが大切である.

般若心経の教えと対比させて,「モデルからデータへ」「データからモデルへ」の意味を考えてみよう.般若心経の中に「色不異空 空不異色」「色即是空 空即是色」という有名な言葉がある.「即是」の理解・解釈が難しいところであるが,私には道元がいう「只管打坐」が「即是の成立条件」のように思われる.すなわち,「空」と「色」は通常の (仏教を離れた) 理解では別物であるが,「只管打坐」という座禅の修行をすることによって,「色は空になるが,空はまた色になる」と主張し,両者は「色即是空 空即是色」のように一体化あるいは切り離せないものになると教えているように思われる.

時系列解析の目的はデータの背後に潜む情報を探究することであるから,「データ」を「空」,「モデル」を「色」に対応させたとき,「データからモデルへ」「モデルからデータへ」にある「から」は数学の論理の基本である「仮定あるいは仮説の検証」を意味する.この「検証」がなければ「モデルからデータへ」は「色即是空」に当たり,「天下りに立てたモデルは空である」となるが,「検証」を通して「データからモデルへ」は「空即是色」に当たり,時系列解析の目的がかなえられるのである.

「モデル」を「データ」に適用するあるいは「データ」から「モデル」を抽出するには,モデルの拠ってきた理論の仮説を「検証」することが大切である.それを憲法とするのが実験数学であり,通常いわれている応用数学と異なるところである.「検証」が道元のいう「只管打坐」に当たり,実験数学における「修行」である.その「修行」によって,時間とともに変動する現象を表現あるいは暗示する「データ」からその背後にある未知の情報としての「モデル」を探究

できる. 数学の理論として存在する「モデル」は時系列解析の世界では存在せず, 「モデル」の拠ってくる理論の仮定の「検証」があってはじめて活躍するのである. これが「色即是空 空即是色」の自然科学・実証科学としての理解である. その意味で, 「モデルからデータへ」と「データからモデルへ」は一体化し「モデルからデータへ データからモデルへ」となり両方の姿勢は同じになる.

「検証」という「修行」を行うことによって, 数学が実証科学として生き返ってくると思われる. それを目指すのが実験数学であり, それを支える心が「空即是色 色即是色」である.

5.4 統　計　学

物理学, 化学, 生物などの実証的な自然科学の目的は, ある現象の観測・実験あるいはある対象の観察から得られた「データ」から, 何かしらの「情報」を取り出すこと, すなわち, 「データから情報へ」である. ガウスの誤差理論などに見られるように, 17世紀, 18世紀の数学にはそのような実証的科学の側面があった. モデルを情報の一つとして, 「データから情報へ」を「データからモデルへ」として, その復活を目指しているのが前節で述べた実験数学である.

与えられた「データ」から有用な「情報」を取り出す方法論を与えるのが統計学である. そこには「部分から全体へ」「標本から母集団へ」の考え方が基本にある. それは, 「部分」「標本」としての「データ」が正しく選ばれ, 対象の観察を重ねれば, 「全体」「母集団」の中にガウスの誤差理論で説明されるような理論的確率的分布 (頻度分布) などの法則性が「情報」として見いだされ, その法則性を確定するのが統計学の役割であり, それが論理上可能であるという考え方である. 新聞社が行う選挙予測の出口調査の場合, 「母集団」はある選挙区の有権者全体であり, その選挙区のさまざまな投票所で投票を終えた人を何人か無作為に選び, 投票の結果を聞いた「データ」が「標本」である.

近代統計学は大きく**記述統計学** (descriptive statistics) と**統計的推測** (statistical inference) の2分野に分けられる. 記述統計学は官公庁で作成される統計や国勢調査のように, 対象の観察あるいは調査によって得られたデータを「信頼できる」ように整理する方法論を与えるものである. 得られたデータから情

報を取り出す「理論的な」方法を与えるのが統計的推測である.「信頼できる」「理論的な」という意味を数学的に与え, 保証するのが確率論であり, 中心極限定理が重要な (その名が示すように中心的な) 道具として使われる.

母集団に対する**推定** (estimation) と**仮説検定** (hypothesis test) を理論の柱とする統計的推測理論を建設したのが統計学の父とよばれるフィッシャー (Ronald Aylmyer Fischer, 1890–1962) であり, 彼は推定・仮説検定の方法論の上に分散分析・実験計画法を建設した. このように, 統計的推測は確率論に基づく数学的根拠とともに, 広い応用範囲と妥当性をもっている.

したがって, 統計学は実験数学には欠かせないものである. 次節で, 時系列データの背後に潜む情報を探究する時系列解析にどのような統計学が使われるのかを説明しよう.

5.5 代表的な指標

5.5.1 1次元データ

N 個の 1 次元の量的なデータが与えられ, それを $x_1, x_2, \ldots, x_N$ とする.

a. 代表値

量的なデータに付随する数量的概念で分布の特徴を示す指標として代表値がある. その中で平均, メディアン, モード, 分散, 標準偏差, モーメントが有名である.

平均 (mean) とは次で与えられる**算術平均** (arithmetic mean) $\bar{x}$ のことである.

$$\bar{x} \equiv \frac{\sum_{n=1}^{N} x_n}{N}. \tag{5.3}$$

観測値のとりうる値が $v_1, v_2, \ldots, v_M$, それぞれの**度数** (frequency) が $f_1, f_2, \ldots, f_M$ のとき, 平均は

$$\bar{x} = \frac{\sum_{k=1}^{M} f_k v_k}{f_1 + f_2 + \cdots + f_M} \tag{5.4}$$

となる.

観測値を小さいものから順番に並び替えたときの中央の値を**メディアン (中位数, 中央値)** (median) という. 観測値 $x_1, x_2, \ldots, x_N$ を小さい順に並べたもの

を $x_{(1)}, x_{(2)}, \ldots, x_{(N)}$ とするとき, N が奇数 $N = 2n+1$ のとき, メディアンは $x_{(n+1)}$, N が偶数 $N = 2n$ のとき, 中央は一つに決まらないので, メディアンは $\frac{x_{(n)} + x_{(n+1)}}{2}$ とする. 分位点とは観測値を小さいものの順に並び替えたとき, 小さい方から $100p\%$ $(0 \le p \le 1)$ のところにある値のことで, $100p$ パーセンタイルあるいは $100p$ 分位点 (percentile) という. メディアンは 50% 分位点である.

データのヒストグラムの峰に対応する値を**モード (最頻値)**(mode) という.

b. 散らばりの尺度

観測値がどのように散らばっているかを示す指標として, レンジ, 四分位偏差, 平均偏差, 標準偏差, 分散がある.

レンジ (range) は次で定義される量 R のことである.

$$R \equiv \max\{x_1, x_2, \ldots, x_N\} - \min\{x_1, x_2, \ldots, x_N\}. \tag{5.5}$$

四分位偏差 (quartile deviation) は次で定義される量 Q のことである.

$$Q \equiv \frac{Q_3 - Q_1}{2}. \tag{5.6}$$

ここで, Q_1, Q_3 はそれぞれ第 1 四分位点 (25% 分位点), 第 3 四分位点 (75% 分位点) である.

平均偏差 (mean variation) は次で定義される量 d である.

$$d \equiv \frac{|x_1 - \bar{x}| + |x_2 - \bar{x}| + \cdots + |x_N - \bar{x}|}{N}. \tag{5.7}$$

標本標準偏差 (sample standard deviation) は次で定義される量 s である.

$$s \equiv \left(\frac{(x_1 - \bar{x})^2 + (x_2 - \bar{x})^2 + \cdots + (x_N - \bar{x})^2}{N - 1} \right)^{1/2}. \tag{5.8}$$

標本分散 (sample variance) は s^2 のことである.

$$s^2 \equiv \frac{(x_1 - \bar{x})^2 + (x_2 - \bar{x})^2 + \cdots + (x_N - \bar{x})^2}{N - 1}. \tag{5.9}$$

平均はデータの 1 次の多項式, 分散はデータの 2 次の多項式である. これを任意次数に拡張したものとして, 次の **p 次のモーメント** (moment of degree p) μ_p $(p \in \mathbf{N})$ がある.

$$\mu_p \equiv \frac{\sum_{n=1}^{N} x_n^p}{N}. \tag{5.10}$$

5.5 代表的な指標

c. 変　換

与えられたデータ $x_1, x_2, \ldots, x_N$ を次のデータ $\tilde{x}_1, \tilde{x}_2, \ldots, \tilde{x}_N$ に変換する.

$$\tilde{x}_n \equiv \frac{x_n - \bar{x}}{s} \quad (1 \leq n \leq N). \tag{5.11}$$

新しいデータ $\tilde{x}_1, \tilde{x}_2, \ldots, \tilde{x}_N$ の平均は 0, 標準偏差は 1 である. このデータの変換のことを**標準化** (standardization) あるいは**規格化** (normalization) とよぶ.

一方, データ $x_1, x_2, \ldots, x_N$ を次のデータ $T_1, T_2, \ldots, T_N$ に変換する.

$$T_n \equiv 10\tilde{x}_n + 50. \tag{5.12}$$

新しいデータ $T_1, T_2, \ldots, T_N$ の平均は 50, 標準偏差は 10 である. このデータの変換のことを**偏差値変換** (deviation value transformation) とよぶ. 偏差値は受験の世界で有名な概念だが, 教育学や心理学において用いられる.

5.5.2　2次元データ

N 個の 2 次元の量的なデータ $^t(x_1, y_1), {}^t(x_2, y_2), \ldots, {}^t(x_N, y_N)$ が与えられたとする. このとき, 二つの 1 次元のデータ $x_n \ (1 \leq n \leq N)$, $y_n \ (1 \leq n \leq N)$ の間の相互関係が興味ある研究対象となる.

a.　散布図と相関係数

平面に点 $(x_n, y_n) \ (1 \leq n \leq N)$ をプロットした図が**散布図** (scattergram) である. この上で各点がバラバラに散らばれば, 二つの 1 次元のデータ $x_n \ (1 \leq n \leq N)$, $y_n \ (1 \leq n \leq N)$ には関係がなく, 各点の散らばり方がある傾向をもてば, 二つの 1 次元のデータ $x_n \ (1 \leq n \leq N)$, $y_n \ (1 \leq n \leq N)$ には関係がありそうであることがわかる. 特に, 各点が直線上に散らばっている場合は, **相関関係がある**という. 相関の程度を定量的に計る指標として, ピアソン (Karl Peason, 1867–1936) によって導入された**積率相関係数** (moment correlation coefficient) があり, 単に**相関係数** (correlation coeficient) とよばれる. 二つのデータ $x_n \ (1 \leq n \leq N)$, $y_n \ (1 \leq n \leq N)$ の間の相関係数 r_{xy} は次で定義される.

$$r_{xy} \equiv \frac{\sum_{n=1}^{N}(x_n - \bar{x})(y_n - \bar{y})}{\sqrt{\sum_{n=1}^{N}(x_n - \bar{x})^2}\sqrt{\sum_{n=1}^{N}(y_n - \bar{y})^2}}. \tag{5.13}$$

シュワルツの不等式より, $|r_{xy}| \leq 1$ であることが示される. 特に, $r_{xy} = 1$ のときは, 二つの 1 次元のデータ x_n $(1 \leq n \leq N)$, y_n $(1 \leq n \leq N)$ の間には**正の完全相関**があり, $r_{xy} = -1$ のときは, 二つの 1 次元のデータ x_n $(1 \leq n \leq N)$, y_n $(1 \leq n \leq N)$ の間には**負の完全相関**があるという.

b. 偏相関係数

二つの 1 次元のデータ x_n $(1 \leq n \leq N)$, y_n $(1 \leq n \leq N)$ の間の相関係数が大きいとき, 一般に強い相関関係があるといえるが, **見かけ上の相関** (spurious correlation) があるので注意する必要がある. すなわち, 別の 1 次元のデータ z_n $(1 \leq n \leq N)$ があり, 二つのデータ z_n $(1 \leq n \leq N)$, x_n $(1 \leq n \leq N)$ の間の相関と二つのデータ z_n $(1 \leq n \leq N)$, y_n $(1 \leq n \leq N)$ の間の相関が高い場合, 二つのデータ x_n $(1 \leq n \leq N)$, y_n $(1 \leq n \leq N)$ の間の相関も高いことがある. このような場合, 第三のデータ z_n $(1 \leq n \leq N)$ の影響を除いた二つのデータ x_n $(1 \leq n \leq N)$, y_n $(1 \leq n \leq N)$ の間の相関を計る量として, 次で定義される**偏相関係数** (partial correlation coefficient) $r_{xy \cdot z}$ がある.

$$r_{xy \cdot z} \equiv \frac{r_{xy} - r_{xz} r_{yz}}{\sqrt{(1 - r_{xz}^2)(1 - r_{yz}^2)}}. \tag{5.14}$$

c. 因果関係

相関係数が大きいとき, 一般に強い相関関係があるといえるが, 必ずしも**因果関係** (causality) があることを意味しない. 因果関係は相関係数では測れない複雑な関係である. 因果関係は時系列データの間の関係で時間の推移と関係する概念である.

d. 時系列の相関行列関数

二つの 1 次元のデータ x_n $(1 \leq n \leq N)$, y_n $(1 \leq n \leq N)$ が時系列データである場合を考えよう. 時間の推移に関わる概念として, 遅れ n の相関係数 $r_{xx}(n), r_{xy}(n), r_{yx}(n), r_{yy}(n)$ を

$$r_{xx}(n) \equiv \frac{\sum_{k=1}^{N-n}(x_k - \bar{x})(x_{k+n} - \bar{x})/(N-n)}{\sum_{k=1}^{N}(x_k - \bar{x})^2/N}$$

$$r_{xy}(n) \equiv \frac{\sum_{k=1}^{N-n}(x_k - \bar{x})(y_{k+n} - \bar{y})/(N-n)}{\sqrt{\sum_{k=1}^{N}(x_k - \bar{x})^2/N}\sqrt{\sum_{k=1}^{N}(y_k - \bar{y})^2/N}}$$

5.5 代表的な指標

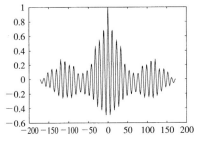
図 5.5 太陽の黒点数の時系列の自己相関関数

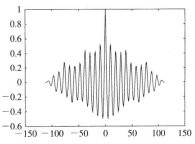
図 5.6 大山猫の捕獲数の時系列の自己相関関数

$$r_{yx}(n) \equiv \frac{\sum_{k=1}^{N-n}(y_k - \bar{y})(x_{k+n} - \bar{x})/(N-n)}{\sqrt{\sum_{k=1}^{N}(x_k - \bar{x})^2/N}\sqrt{\sum_{k=1}^{N}(y_k - \bar{y})^2/N}}$$

$$r_{yy}(n) \equiv \frac{\sum_{k=1}^{N-n}(y_k - \bar{y})(y_{k+n} - \bar{y})/(N-n)}{\sum_{k=1}^{N}(y_k - \bar{y})^2/N}$$

で定める. 関数 $r_{xx} = (r_{xx}(n); 1 \leq n \leq N)$, $r_{yy} = (r_{yy}(n); 1 \leq n \leq N) : \{1, 2, \ldots, N\} \longrightarrow \mathbf{R}$ をそれぞれ時系列 $x = (x_n; 1 \leq n \leq N)$, $y = (y_n; 1 \leq n \leq N)$ の自己相関関数 (autocorrelation function) とよび, 関数 $r_{xy} = (r_{xy}(n); 1 \leq n \leq N)$, $r_{yx} = (r_{yx}(n); 1 \leq n \leq N) : \{1, 2, \ldots, N\} \longrightarrow \mathbf{R}$ をそれぞれ時系列 x と y, y と x の相互相関関数 (mutual correlation function) とよぶ. さらに, 時系列 x と y の相関行列関数 (correlation matrix function) $r^{xy} : \{1, 2, \ldots, N\} \longrightarrow M(2; \mathbf{R})$ を次で定義する.

$$R^{xy}(n) \equiv \begin{pmatrix} r_{xx}(n) & r_{xy}(n) \\ r_{yx}(n) & r_{yy}(n) \end{pmatrix}. \tag{5.15}$$

例を与えよう. 図1.3の太陽の黒点数の時系列, 図1.4の大山猫の捕獲数の時系列をそれぞれ $x = (x_n; 1 \leq n \leq 114)$, $y = (y_n; 1 \leq n \leq 114)$ とする. 図5.5, 図5.6はそれぞれ自己相関関数 r_{xx}, r_{yy} のグラフである. 図5.7は相互相関関数 r_{xy} のグラフである.

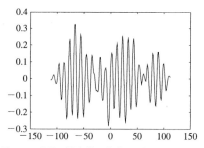

図 5.7 太陽の黒点数の時系列と大山猫の捕獲数の時系列の間の相互相関関数

5.6 推　　　定

この節では統計的推測理論の 2 本柱の一つである推定の理論を紹介する.

5.6.1 母集団分布とそれに従う確率過程

例 5.6.1 (選挙予測の出口調査)　出口調査からある選挙区の当選確実な人を推定する. 有権者の総数を N 人, 無作為に出口調査を受けた人の総数を M 人, 立候補した人の総数を L 人とする. さらに, 当選可能な人数を d 人とする. 第 1 章で述べたステップ 1 の考えを思い出そう. 対象となる集合を書き下すことがステップ 1 である. そのために必要な集合を準備する. 有権者の全体を集合 $A = \{a_n; 1 \leq n \leq N\}$, 出口調査を受けた人の全体を集合 $B = \{b_n; 1 \leq n \leq M\}$, 出口調査の結果を集合 $C = \{c_n; 1 \leq n \leq M\}$, 立候補者の全体を集合 $D = \{d_n; 1 \leq n \leq L\}$ とする. 集合 A, B, C, D の間には次の包含関係が成り立つ.

$$B \subset A, \quad C \subset D \subset A. \tag{5.16}$$

知りたいのは有権者が得票する結果である. そこで, 第 1 章の 1.6 節で見たように, 有権者が得票する**可能な結果**の全体である集合 Ω を考え, これを**母集団** (population) という. それは集合 A から集合 D への写像の全体であり, $\Omega \equiv \{\omega : A \to D; \omega$ は集合 A から集合 D への写像$\}$ と表現される. これは 3.3 節で紹介した確率過程の標準表現の記号を用いれば, $\Omega = W(A; D)$ となる.

注意 3.3.1 で述べたように, ここでは添数域 A は時間域としてでなく場としての解釈を受けている. 式 (3.13) で定義された関数の集まり $\pi = (\pi(a); a \in A)$ が投票するという試行を表し, 可測空間 $(\Omega, \mathcal{B}(\Omega))$ とその上で定義された関数の集まり $\pi = (\pi(a); a \in A)$ が「出口調査のモデル」である. 与えられている「部分情報」としての標本は集合 A の部分集合である B の上でしか定義されていない関数 $\omega_0; B \to D : \omega_0(b_n) = c_n (1 \le n \le M)$ だけである. 選挙予測の出口調査の問題とは, この関数 ω_0 の定義域をどのように A まで拡張して母集団の元 $\tilde{\omega}_0$ を求めるかではなく (それは不可能なことである), 関数 ω_0 を確率的に調べることによって, 有権者が得票する立候補者のとる得票の割合を推定することである. 出口調査は標本抽出 (sampling) の一つであり, 出口調査の問題は統計的推測 (statistical inference) の例の典型的な問題である.

例 5.6.2 (不良品の抜取検査) 工場で生産された大量の品物から無作為に抜きとった品物を検査して不良品の個数を推定する問題を考える. 対象となる集合は次の通りである. 工場で生産された品物の総数は N 個でその集合を $A = \{a_n; 1 \le n \le N\}$, 無作為に調査した品物の総数は M 個でその集合を $B = \{b_n; 1 \le n \le M\}$ とする. 調査の結果である合格, 不合格をそれぞれ $\circ, \times$ で表す. この場合, 「抜取検査のモデル」は母集団 $\Omega = W(A; \{\circ, \times\}) = \{\omega : A \to \{\circ, \times\}; \omega$ は写像$\}$ とその上で定義された関数の集まりである $\pi = (\pi(a); a \in A)$ である. 「部分情報」としての標本は集合 A の部分集合である B の上でしか定義されていない関数 $\omega_0; C \to \{\circ, \times\} : \omega_0(c_n) = \pi(b_n) (1 \le n \le M)$ だけである. 出口調査の問題と同じく, 不良品の抜き取り検査の問題は関数 ω_0 を確率的に調べることによって, 不良品の割合を推定することである. 不良品の抜き取り検査も標本抽出の一つであり, 不良品の抜き取り検査の問題は統計的推測の例の典型的な問題である.

推定 (estimation) の問題には, ノンパラメトリックの場合とパラメトリックの場合の二つの立場がある. ノンパラメトリックな推定 (non-parametric estimation) はこの「部分情報」ω_0 から母集団 Ω に N 個の関数の集まり $\{\pi(a); a \in A\}$ が独立性を満たし, 同じ分布 f をもつようにどのような確率測度 P を入れたらよいかを研究することである. 確率測度 P を導入する前に, それが導入されたら確率変数となる関数 $\pi(a)$ の平均, 分散などの特性量を推定することも大

切な研究課題である. 分布 f を**母集団分布** (population distribution) という.
確率空間 (Ω, P) の上で定義された各確率変数 $\pi(a)$ $(a \in A)$ を**この母集団分布に従う確率変数**, それらの集まりである確率過程 $\pi = (\pi(a); a \in A)$ を**この母集団分布に従う確率過程**という. 例 5.6.1 はノンパラメトリック推定である.

一方, **パラメトリックな推定** (parametric estimation) は母集団 Ω にあらかじめ別の理由から決められるしかるべき確率 P が入ることを前提として, 確率変数 $\pi(a)$ の分布を特徴付ける特性量を推定することである. 統計的推測ではこの特性量を**母数** (parameter) という. 例 5.6.2 はパラメトリック推定であり, この場合の確率分布 f は 2 項分布 $Bi(N; p)$ で母数 p を推定することが問題となる. そのあとで, 工場で生産された全品の中での不良品の割合を推定することができる.

二つの例を通して, 母集団分布とそれに従う確率過程の概念を説明した. それらを抽象化して, **母集団**とは, 確率空間 $(\Omega, \mathcal{B}, P)$ の上で定義され, 実数の値をとる確率過程 $\mathbf{X} = (X_n; 1 \leq n \leq N)$ で, 確率変数の集まり $\{X_n; 1 \leq n \leq N\}$ は独立性を満たし, 各確率変数 X_n $(1 \leq n \leq N)$ が同じ分布 f をもつものと定義する. このとき, 分布 f を**母集団分布**, 確率過程 $\mathbf{X} = (X_n; 1 \leq n \leq N)$ を**母集団分布 f に従う確率過程** (stochastic process obeying the population distribution f) という.

推定の問題に関する確率論と統計学の研究の目的を述べると次のようになる. 確率論では, 母集団分布は既知あるいは与えられたとし, 母集団としての確率過程のさらなる構造を調べることが目的となる. 一方, 統計学の研究では, 母集団分布を与えられた「標本」から推定することが目的となる. 推定の問題は理論と応用の両方の側面に関わる問題であるから, 理論に重点がある確率論と応用に重点がある統計学は両輪にならなければいけない.

5.6.2 推 定 量

この項では, 母集団分布の特徴を表す特性量である指標を時系列データから推定する際に現れる推定量を説明しよう. その際, 一つの推定量で推定する方法を**点推定** (point estimation) という. 一つの指標の点推定にもいろいろな推定量がある.

a. 母平均と母分散

5.5 節において, 時系列データに対する平均, 分散, 標準偏差, メディアン, 最小値, 最大値, 相関係数などの指標を紹介した. これらの指標を確率論的に扱い, 母平均と母分散の概念を定義する.

$\mathbf{X} = (X_n; 1 \leq n \leq N)$ を母集団分布 f に従う確率過程とする. さらに, 確率分布 f は有限な 2 次のモーメントをもつとする.

確率分布 f の平均 μ と分散 σ^2 をそれぞれ**母平均** (population mean) と**母分散** (population variance) という.

$$\mu \equiv \int_{\mathbf{R}} x df(x) \tag{5.17}$$

$$\sigma^2 \equiv \int_{\mathbf{R}} (x - \mu)^2 df(x). \tag{5.18}$$

これに対して, 二つの推定量である**標本平均** (sample mean) $\bar{X}$ と**標本分散** (sample variance) s^2 を確率変数として次のように定義する.

$$\bar{X} \equiv \frac{\sum_{n=1}^{N} X_n}{N} \tag{5.19}$$

$$s^2 \equiv \frac{\sum_{n=1}^{N} (X_n - \bar{X})^2}{N - 1}. \tag{5.20}$$

時系列データ x_n $(1 \leq n \leq N)$ が確率過程 $\mathbf{X}$ のある ω_0 $(\in \Omega)$ での実現として

$$x_n = X_n(\omega_0) \qquad (1 \leq n \leq N) \tag{5.21}$$

と得られているとする. このとき, 式 (5.3) で定義した平均は式 (5.19) で定義した確率変数としての標本平均 $\bar{X}$ の ω_0 での値である.

$$\bar{X}(\omega_0) = \bar{x} = \frac{\sum_{n=1}^{N} x_n}{N}. \tag{5.22}$$

同様に, 標本分散 s^2 の ω_0 での値は

$$s^2(\omega_0) = \frac{\sum_{n=1}^{N} (x_n - \bar{x})^2}{N - 1} \tag{5.23}$$

として, データ x_n $(1 \leq n \leq N)$ より計算できる.

母分散の別の推定量として, 式 (5.20) の代わりに

$$S^2 \equiv \frac{\sum_{n=1}^{N}(X_n - \bar{X})^2}{N} \tag{5.24}$$

なる確率変数 S^2 が考えられる. 式 (5.20) で定義した s^2 との関係は次で与えられる.

$$S^2 = \frac{N-1}{N}s^2 \tag{5.25}$$

式 (5.22) を用いて, 式 (5.9) で定義した分散は推定量 S^2 の ω_0 での値であることがわかる.

$$S^2(\omega_0) = \frac{\sum_{n=1}^{N}(x_n - \bar{x})^2}{N} \tag{5.26}$$

このように, 確率過程 **X** の実現値として時系列データが得られると考えられるときは, 推定量である確率変数にこれらの時系列データを代入したものが**推定値** (estimate) である. 推定量は確率変数であるから, それらの確率分布が考えられる. それらを**標本分布** (sampling distribution) という.

b. 母モーメント

指標として, 式 (5.10) で定義したモーメントを扱う. 次の **p 次の母モーメント** μ_p $(1 \le p \le k)$ は有限であると仮定する.

$$\mu_p \equiv \int_{\mathbf{X}} x^p df(x) \qquad (1 \le p \le k). \tag{5.27}$$

さらに, 式 (5.10) を確率変数化させて, **p 次の標本モーメント** $\hat{\mu}_p$ $(1 \le p \le k)$ を次のように定義する.

$$\hat{\mu}_p \equiv \frac{\sum_{n=1}^{N} X_n^p}{N}. \tag{5.28}$$

2 次までの標本モーメントを用いて, 標本平均 $\bar{X}$, 標本分散 s^2 は次のように表現される.

$$\bar{X} = \hat{\mu}_1 \tag{5.29}$$

$$s^2 = \frac{N}{N-1}(\hat{\mu}_2 - \hat{\mu}_1^2). \tag{5.30}$$

確率過程 **X** の実現として, 式 (5.21) として得られた時系列データ x_n $(1 \le n \le N)$ に対し, 式 (5.10) で定義した p 次のモーメントは式 (5.28) で定義した

確率変数としての p 次の標本モーメント $\hat{\mu}_p$ の ω_0 での値である.

$$\hat{\mu}_p(\omega_0) = \frac{\sum_{n=1}^{N} x_n^p}{N}. \tag{5.31}$$

母集団分布 f は k 個の母数 θ_p $(1 \le p \le k)$ をもつとする. このとき, 式 (5.27) で定義した母モーメントは母数 θ_j $(1 \le j \le k)$ のボレル関数として

$$\mu_p = \phi_p(\theta_1, \theta_2, \ldots, \theta_k) \qquad (1 \le p \le k) \tag{5.32}$$

のように表現できる. **標本モーメント＝母モーメント**として, 式 (5.31) を用いて, 母数 θ_p $(1 \le p \le k)$ に関する k 個の方程式を立て, それを解くことによって, 母数を推定する推定量を求める手続きを**モーメント法** (method of moments) という.

<u>例 5.6.3</u> どのような母集団に対しても, モーメント法による母平均 μ, 母分散 σ^2 の推定量はそれぞれ標本平均 $\bar{X}$, 推定量 S^2 である.

c. 最尤推定量

母数を推定する原理として, 「現実の標本は確率を最大にするものが実現する」という**最尤原理** (principle of maximum likelihood) がある. それを用いて母数を推定する方法が**最尤法** (maximum likelihood method) である. いろいろな母集団の例に対する最尤法を説明する.

<u>例 5.6.4</u> 5.6.1 項で挙げた例 5.6.2 (不良品の抜取検査) を扱う. M 個の抜き取りにおいて, 2 個が不良品だったとする. 例 5.6.2 で用いた記号を用いて, 標本として, $\pi(a_1) = \pi(a_2) = \times, \pi(a_n) = \circ$ $(3 \le n \le M)$ が与えられたとする. この場合の母集団の母集団分布 f は母数 p をもつ 2 項分布 $Bi(M, p)$ である. ただし, $\circ$ を抜き取る確率は p, $\times$ を抜き取る確率は $1 - p$ とする.

母数 p を推定したいので, 可能な母数 p の全体を Θ とおき, **母数空間** (parameter space) という. その元 p に対し, 確率密度関数 $f(x : p)$ を次で定義する.

$$f(x : p) \equiv Bi(5, p)(\{x\}) \quad (x \in \{\circ, \times\}). \tag{5.33}$$

このとき, 上に与えられた標本が得られる確率 $L(p)$ は

$$L(p) \equiv \prod_{n=1}^{M} f(\pi(a_n : p)) = (1 - p)^2 p^{M-2} \tag{5.34}$$

となる. これを p の関数と見て, **尤度関数** (likelihood function) とよぶ.

最尤法とは次の最大値

$$\max_{p \in \Theta} L(p) \tag{5.35}$$

を達成する p を推定する母数と採用する方法である. その値 p を**最尤推定値** (maximum likelihood estimate) とよばれる. それを求めるのに, 尤度関数の対数をとった**対数尤度関数** (logarithmic likelihood function) の最大値を考えるのが解きやすいことがある. 今の場合, $\log(L(p)) = 2\log(1-p) + (M-2)\log p$ である. 最大値を達成する $\hat{p}$ は, これを微分して, $\frac{d\log(L(p))}{dp} = 0$ の解で与えられる. 実際, $\hat{p} = \frac{M-2}{M}$ となる. この値は良品が M 個の品物の中で占める相対頻度である. したがって, 不良品が N 個の品物の中で占める割合は $N \times (1-\hat{p}) = \frac{2N}{M}$ である.

例 5.6.5 例 5.6.4 で扱った場合を一般にして, 母集団分布が 2 項分布 $Bi(N,p)$ に従う確率過程 $\mathbf{X} = (X_n; 1 \leq n \leq N)$ を考える. ただし, 各確率変数 X_n がとる値は $\{0,1\}$ とし, $P(X_n = 1) = Bi(N,p)(\{1\}) = p$ とする. このとき, 尤度関数 $L(p)$ は

$$L(p) = p^{\sum_{n=1}^{N} X_n}(1-p)^{N-\sum_{n=1}^{N} X_n} \tag{5.36}$$

で与えられる. したがって, 対数尤度関数 $\log(L(p))$ は

$$\log(L(p)) = \sum_{n=1}^{N}(X_n \log p + (1-X_n)\log(1-p)) \tag{5.37}$$

となる. 尤度関数 $L(p)$ が最大値を達成する $\hat{p}$ は, 対数尤度関数 $\log(L(p))$ を微分して

$$\frac{d\log(L(p))}{dp} = 0 \tag{5.38}$$

の解で与えられる. これを解くと, 母数 p の最尤推定量 $\hat{p}$ は

$$\hat{p} = \bar{X} \tag{5.39}$$

となる. この推定量は 1 が出る相対頻度である.

例 5.6.6 母集団分布が正規分布 $N(\mu, \sigma^2)$ に従う確率過程 $\mathbf{X} = (X_n; 1 \leq$

$n \leq N$) を考える. このとき, 母数は母平均 μ と母分散 σ^2 の二つである. し たがって, このときの尤度関数は 2 変数 (μ, σ^2) の関数 $L(\mu, \sigma^2)$ で

$$L(\mu, \sigma^2) = \prod_{n=1}^{N} \frac{1}{\sqrt{2\pi\sigma^2}} e^{-\frac{(X_n-\mu)^2}{2\sigma^2}} \tag{5.40}$$

で与えられる. したがって, 対数尤度関数 $\log(L(\mu, \sigma^2))$ は

$$\log(L(\mu, \sigma^2)) = -N \log(\sqrt{2\pi\sigma^2}) - \sum_{n=1}^{N} \frac{(X_n-\mu)^2}{2\sigma^2} \tag{5.41}$$

となる. 尤度関数 $L(\mu, \sigma^2)$ が最大値を達成する (μ, σ^2) は, 対数尤度関数 $\log(L(\mu, \sigma^2))$ を偏微分して

$$\frac{\partial \log(L(\mu, \sigma^2))}{\partial \mu} = 0$$

$$\frac{\partial \log(L(\mu, \sigma^2))}{\partial \sigma^2} = 0$$

の解で与えられる. これを解くと, (μ, σ^2) の最尤推定量 $(\hat{\mu}, \hat{\sigma^2})$ は次で与えられる.

$$\hat{\mu} = \bar{X} \tag{5.42}$$

$$\hat{\sigma^2} = S^2. \tag{5.43}$$

例 5.6.7　母集団分布がポアソン分布 $Po(\lambda)$ に従う確率過程 $\mathbf{X} = (X_n; 1 \leq n \leq N)$ を考える. このとき, 母数は λ のみで, 母平均と母分散は λ に等しい. このときの尤度関数は λ の関数 $L(\lambda)$ で

$$L(\lambda) = \prod_{n=1}^{N} e^{-\lambda} \frac{\lambda^{X_n}}{X_n!} \tag{5.44}$$

で与えられる. したがって, 対数尤度関数 $\log(L(\lambda))$ は

$$\log(L(\lambda)) = \sum_{n=1}^{N} (-\lambda + X_n \log \lambda - \log(X_n!)) \tag{5.45}$$

となる. 尤度関数 $L(\lambda)$ が最大値を達成する $\hat{\lambda}$ は, 対数尤度関数 $\log(L(\lambda))$ を微分して

$$\frac{d\log(L(\lambda))}{d\lambda} = 0 \tag{5.46}$$

の解で与えられる. これを解くと, 母数 λ の最尤推定量 $\hat{\lambda}$ は

$$\hat{\lambda} = \bar{X} \tag{5.47}$$

となる.

d. 相関係数

指標として, 相関係数を扱おう. このときの母集団は二つの確率過程 $\mathbf{X} = (X_n; 1 \le n \le N)$, $\mathbf{Y} = (Y_n; 1 \le n \le N)$ から成り立ち, それらはそれぞれ「a. 母平均と母分散」で扱った条件を満たすとする. 母集団 $\mathbf{X}$ の母分布, 母平均, 母分散をそれぞれ $f_{\mathbf{X}}, \mu_{\mathbf{X}}, \sigma_{\mathbf{X}}^2$ とする. 同じく, 母集団 $\mathbf{Y}$ の母分布, 母平均, 母分散をそれぞれ $f_{\mathbf{Y}}, \mu_{\mathbf{Y}}, \sigma_{\mathbf{Y}}^2$ とする. 確率変数の集まり $\{X_n, Y_n; 1 \le n \le N\}$ の独立性は仮定しない. 母集団の相関係数とは, 式 (5.13) の標本平均として

$$r_{\mathbf{XY}} \equiv \frac{E(X_1 - \mu_{\mathbf{X}})(Y_1 - \mu_{\mathbf{Y}})}{\sqrt{\sigma_{\mathbf{X}}^2}\sqrt{\sigma_{\mathbf{Y}}^2}} \tag{5.48}$$

で定義された量のことである.

これに対して, **標本相関係数** (sample correlation coefficient) を次のように定義する.

$$R_{\mathbf{XY}} \equiv \frac{\sum_{n=1}^{N}(X_n - \bar{X})(Y_n - \bar{Y})}{\sqrt{\sum_{n=1}^{N}(X_n - \bar{X})^2}\sqrt{\sum_{n=1}^{N}(Y_n - \bar{Y})^2}}. \tag{5.49}$$

5.6.3 点推定の基準

母数の点推定にはいろいろな推定量があることを見てきた. それらの標本分布が真の母数の周辺に集中していることを示す基準が必要である. その中で不偏性, 一致性, 漸近正規性などの基準がある. 以下で不偏性, 一致性, 漸近正規性の基準を説明しよう.

基準 1：不遍性　ある母数 θ の推定量 $\hat{\theta}$ が不偏性 (unbiased property) を

満たすとは

$$E(\hat{\theta}) = \theta \tag{5.50}$$

が成り立つときをいう. このとき, 推定量 $\hat{\theta}$ を母数 θ の**不偏推定量** (unbiased estimator) という. 不偏推定量は母集団とデータをつなぐ大切な推定量である.

式 (5.19) で定義した母平均の推定量である標本平均 $\bar{X}$, 式 (5.20) で定義した母分散の推定量である標本分散 s^2, 式 (5.24) で定義した母分散の推定量 S^2 に関して, 次の定理が成り立つ.

定理 5.6.1.

(i) $E(\bar{X}) = \mu$

(ii) $V(\bar{X}) = \frac{\sigma^2}{n}$

(iii) $E(s^2) = \sigma^2$

(iv) $E(S^2) = \frac{n-1}{n}\sigma^2$.

証明 平均値の加法性 (定理 4.4.1) より, $E(\bar{X}) = (\sum_{n=1}^{N} E(X_n))/N$ が従う. 各確率変数 X_n の分布は同じ母集団分布 f をもつので, $E(X_n) = \mu$ $(1 \le n \le N)$. したがって, (i) が成り立つ. 同様に, (ii) は (i) と分散の加法性 (定理 4.4.6) より従う. (iii) の証明は節末問題とする. (iv) は (iii) と式 (5.24) より従う.

(証明終)

定理 5.6.1 より, 標本平均 $\bar{X}$ と標本分散 s^2 はそれぞれ母平均 μ と母分散 σ^2 の不偏推定量である. 特に, 標本分散 s^2 は**不偏分散** (unbiased variance) ともよばれる. しかし, 母分散の別の推定量である S^2 は不偏推定量ではない.

式 (5.28) で定義した母モーメントの推定量である p 次の標本モーメント $\hat{\mu}_p$ $(1 \le p \le k)$ に関して, 次の定理が成り立つ.

定理 5.6.2. 母集団分布 f は有限な k 次のモーメントをもつとする. このとき

$$E(\hat{\mu}_p) = \mu_p \quad (1 \le p \le k).$$

証明 各確率変数 X_n の分布は同じ母集団分布 f をもつので, $E(X_n^p) = \mu_p (1 \le n \le N, 1 \le p \le k)$ であることに注意すれば, 定理 5.6.2 は平均値の加法性 (定理 4.4.1) より従う.

(証明終)

定理 5.6.2 より, p 次の標本モーメント $\hat{\mu}_p$ は p 次の母モーメント μ_p の不偏推定量である ($1 \leq p \leq k$).

基準 2：一致性　母集団である確率過程 $\mathbf{X} = (X_n; 1 \leq n \leq N)$ は時間域の長さ N に依存するので, ある母数 θ の推定量 $\hat{\theta}$ は N に依存する. そこで, これを $\hat{\theta}_N$ と書く. 母集団分布は N に依存しないので, 母数もまた N に依存しない. ある母数 θ の推定量 $\hat{\theta}_N$ が**一致性** (consistent property) を満たすとは, 推定量 $\hat{\theta}_N$ の確率変数列 $(\hat{\theta}_N; N \in \mathbf{N})$ が母数 θ に確率収束する, すなわち, 任意の正数 ϵ に対し

$$\lim_{N \to \infty} P(\{\omega \in \Omega; |\hat{\theta}_N(\omega) - \theta| > \epsilon\}) = 0 \tag{5.51}$$

が成り立つときをいう. このとき, 推定量 $\hat{\theta}_N$ を母数 θ の**一致推定量** (consistent estimator) という.

定理 5.6.3. 母集団分布 f は有限な 2 次のモーメントをもつとする. このとき
(i)　標本平均 $\bar{X}$ は母平均 μ の一致推定量である.
(ii)　標本分散 s^2 は母分散 σ^2 の一致推定量である.

証明　定理 5.6.2 の証明で注意したように, $E(X_n^p) = \mu_p (n \in \mathbf{N}, 1 \leq p \leq 2)$ である. したがって, (i) は大数の弱法則 (定理 4.6.3) より従う. (ii) は次のように示される.

$$\begin{aligned}
s^2 - \sigma^2 &= \frac{1}{N-1} \sum_{n=1}^{N} (X_n - \bar{X})^2 - \sigma^2 \\
&= \frac{1}{N-1} \sum_{n=1}^{N} ((X_n - \mu) + (\mu - \bar{X}))^2 - \sigma^2 \\
&= \mathrm{I} + \mathrm{II} + \mathrm{III}.
\end{aligned}$$

ここで

$$\mathrm{I} = \frac{1}{N-1} \sum_{n=1}^{N} (X_n - \mu)^2 - \sigma^2$$

$$\mathrm{II} = \frac{N}{N-1} (\mu - \bar{X})^2$$

$$\text{III} = \frac{2}{N-1} \sum_{n=1}^{N} (X_n - \mu)(\mu - \bar{X}).$$

任意の正数 ϵ に対し, $(|s^2 - \sigma^2| > \varepsilon) \subset (|\text{I}| > \varepsilon/3) \cup (|\text{II}| > \varepsilon/3) \cup (|\text{III}| > \varepsilon/3)$ であるから

$$P(|s^2 - \sigma^2| > \epsilon) \le P(|\text{I}| > \epsilon/3) + P(|\text{II}| > \epsilon/3) + P(|\text{III}| > \epsilon/3)$$

が成り立つ. s^2 が σ^2 に確率収束することを示すには, I, II, III がそれぞれ 0 に確率収束することを示せばよい.

$$\text{I} = \frac{1}{N} \sum_{n=1}^{N} (X_n - \mu)^2 - \sigma^2 + \frac{1}{(N-1)N} \sum_{n=1}^{N} (X_n - \mu)^2.$$

独立性の遺伝性の定理 4.4.2 より, 確率変数の集まり $\{(X_n - \mu)^2 ; n \in \mathbf{N}\}$ は独立性を満たし, 各確率変数 $(X_n - \mu)^2$ は可積分で同じ確率分布をもつ. したがって, 定理 4.6.10 と定理 4.1.1 より, 確率変数列 $(\frac{1}{N} \sum_{n=1}^{N} (X_n - \mu)^2 ; N \in \mathbf{N})$ は σ^2 に確率収束する. 一方, $E(\frac{1}{(N-1)N} \sum_{n=1}^{N} (X_n - \mu)^2) = \frac{\sigma^2}{N-1}$ であるから, 確率変数列 $(\frac{1}{(N-1)N} \sum_{n=1}^{N} (X_n - \mu)^2 ; N \in \mathbf{N})$ は 0 に 1 次平均収束する, ゆえに, 定理 4.1.1 より, 確率収束する. したがって, I は 0 に確率収束する.

II に関しては, $\text{II} = ((\frac{N}{N-1})^{1/2}(\mu - \bar{X}))^2$ と変形する. (i) で示したように, $\bar{X} - \mu$ は 0 に確率収束するから, $(\frac{N}{N-1})^{1/2}(\bar{X} - \mu)$ も 0 に確率収束する. ゆえに, 定理 4.1.2 より, II は 0 に確率収束する.

最後に, III に関しては, シュワルツの不等式 (Hermann Amandas Schwarz, 1843–1921) より

$$\begin{aligned}
E(|\text{III}|) &= \frac{2}{N-1} \sum_{n=1}^{N} E(|(X_n - \mu)(\mu - \bar{X})|) \\
&\le \frac{2}{N-1} \sum_{n=1}^{N} \sqrt{E(|X_n - \mu|^2)} \sqrt{E(|\mu - \bar{X}|^2)} \\
&= \frac{2}{N-1} \sum_{n=1}^{N} \sqrt{\sigma^2} \sqrt{E(|\mu - \bar{X}|^2)}
\end{aligned}$$

が成り立つ. 一方, $\mu - \bar{X} = \frac{\sum_{n=1}^{N} (\mu - X_n)}{N}$ であるから, 定理 4.4.6 (分散の加

法性) の証明と同様に, $E(|\mu - \bar{X}|^2) = \frac{\sigma^2}{N^2}$. ゆえに

$$E(|\mathrm{III}|) \leq \frac{2\sqrt{N}}{N-1}\sigma^2$$

が得られる. したがって, III は 0 に 1 次平均収束する. ゆえに, 定理 4.1.2 より, III は 0 に確率収束する.

以上のことより, (ii) が証明された. (証明終)

基準 3：漸近正規性　ある母数 θ の推定量 $\hat{\theta}_N$ が**漸近正規性** (asymptotic normality) を満たすとは, 推定量 $\hat{\theta}_N$ の確率変数列 $(\hat{\theta}_N; N \in \mathbf{N})$ が正規分布 $N(m, v)$ に法則収束する, すなわち, 任意の有界連続関数 $F : \mathbf{R} \longrightarrow \mathbf{R}$ に対し

$$\lim_{N \to \infty} \int_{\mathbf{R}} F(x) P_{\hat{\theta}_N}(dx) = \int_{\mathbf{R}} F(x) N(m, v)(dx) \tag{5.52}$$

が成り立つときをいう. このとき, 推定量 $\hat{\theta}_N$ を**漸近正規推定量** (asymptotic normal estimator) という.

定理 5.6.4. 母集団分布 f が有限な 3 次のモーメントをもてば, 標本推定量 $\bar{X}$ は漸近正規推定量である.

この定理は中心極限定理 (定理 4.8.3) より従う.

5.6.4　正 規 母 集 団

5.6.2 項と同じく, $\{X_n; 1 \leq n \leq N\}$ を確率空間 $(\Omega, \mathcal{B}, P)$ の上で定義され, 実数の値をとる確率変数の集まりで独立性を満たし, 同じ分布 f をもつとする. ただし, この項では, 母集団分布 f は正規分布 $N(\mu, \sigma^2)$ である場合を考える. このような母集団を**正規母集団** (Gaussian population) という. 確率過程論の言葉では, 独立同分布な正規確率過程のことで, **正規ホワイトノイズ** (Gaussian white noise) ともいわれる.

a.　標本平均の標本分布

標本平均の標本分布を計算しよう.

定理 5.6.5. 母集団分布が正規分布 $N(\mu, \sigma^2)$ である正規母集団の標本平均 $\bar{X}$ の標本分布は正規分布 $N(\mu, \frac{\sigma^2}{N})$ である.

証明 確率変数 $\bar{X}$ の分布 $P_{\bar{X}}$ の特性関数を計算する. 任意の実数 ξ に対し, 定理 4.4.4 (平均値の乗法性) を独立な確率変数の集まり $\{X_n; 1 \le n \le N\}$ に適用して

$$\int_{\mathbf{R}} e^{-i\xi x} P_{\bar{X}}(dx) = E(e^{-i\xi \bar{X}})$$

$$= E\left(\prod_{n=1}^{N} (e^{-i\frac{\xi}{N} X_n})\right)$$

$$= \prod_{n=1}^{N} E(e^{-i\frac{\xi}{N} X_n})$$

$$= \prod_{n=1}^{N} e^{-i\mu\frac{\xi}{N} - \frac{\sigma^2}{2}\frac{\xi^2}{N^2}}$$

$$= e^{-i\mu\xi - \frac{\sigma^2/N}{2}\xi^2}$$

$$= \int_{\mathbf{R}} e^{-i\xi x} N(\mu, \sigma^2/N)(dx)$$

が成り立つ. 確率測度のフーリエ変換の一意性あるいは定理 4.3.2 (ボッホナーの定理) より, $P_{\bar{X}} = N(\mu, \sigma^2/N)$ が示される. (証明終)

したがって, 確率変数 $\bar{X}$ を規格化した確率変数 Z が次のように定義される.

$$Z \equiv \frac{\bar{X} - \mu}{\sigma/\sqrt{N}}. \tag{5.53}$$

確率変数 Z の分布は $N(0, 1)$ であるから

$$P(|Z| > 1.960) = 0.95 \tag{5.54}$$

が成り立つ. したがって, 次のことが成り立つ.

$$P(|\bar{X} - \mu| > 1.960\sigma/N) = 0.95. \tag{5.55}$$

このことより, 次のことがわかる. もしも, 母数分布の分散 σ^2 はわかっているとき, N が増加するに従い, $\bar{X}$ は μ のよい正確な推定値となるが, 推定の誤差は $1/\sqrt{N}$ のオーダーでしか減少しない.

しかし, 母数分布の分散 σ^2 はわかっていないとき, 式 (5.53) の Z は計算で

きない．別の統計量を考える必要がある．そこで，母分散 σ^2 を標本分散 s^2 で置き換えた次の確率変数 t を定義する．

$$t \equiv \frac{\bar{X} - \mu}{\sqrt{s^2/N}}. \tag{5.56}$$

このとき，次のことが成り立つ．

定理 5.6.6. 母集団分布が正規分布 $N(\mu, \sigma^2)$ である正規母集団に対して，式 (5.56) で定義した確率変数 t は自由度 $N-1$ の t 分布 $t(N-1)$ に従う．

一般に，次の条件

$$Y \text{ は自由度 } k \text{ の } \chi^2 \text{ 分布 } \chi^2(k) \text{ に従う} \tag{5.57}$$

$$Z \text{ は標準正規分布 } N(0,1) \text{ に従う} \tag{5.58}$$

$$\{Y, Z\} \text{ は独立である} \tag{5.59}$$

を満たす二つの確率変数 Y, Z に対し

$$t \equiv \frac{Z}{Y/k} \tag{5.60}$$

で定義された確率変数 t の分布を**自由度 k の t 分布**あるいは**スチューデントの t 分布**という．スチューデントは英国の統計学者ゴセット (William Goset, 1876–1937) のペンネームである．

定理 5.6.6 の証明　式 (5.56) を書き直して

$$t = \frac{\bar{X} - \mu}{\sqrt{\sigma^2/N}} \Big/ \sqrt{\frac{(N-1)s^2}{\sigma^2} \Big/ (N-1)} \tag{5.61}$$

と変形する．定理 5.6.5 より，$Z \equiv \frac{\bar{X} - \mu}{\sqrt{\sigma^2/N}}$ は標準正規分布 $N(0,1)$ に従う．後で証明する定理 5.6.7 より，$Y \equiv \frac{(N-1)s^2}{\sigma^2}$ は自由度 $N-1$ の χ^2 分布 $\chi^2(N-1)$ に従う．したがって，$\{Y, Z\}$ は独立であることを示せばよい．そのためには，定理 4.4.2 より，$\{\bar{X}, s^2\}$ が独立であることを示せばよい．これも定理 5.6.7 の証明の中で示す．　　　　　　　　　　　　　　　　　　　　　　　　（証明終）

b. 標本分散の標本分布

次に標本分散の標本分布を調べよう. 母集団分布が正規分布 $N(\mu, \sigma^2)$ である正規母集団の標本分散 s^2 を次のように変換して, 新しい確率変数 χ^2 を定義する.

$$\chi^2 \equiv \frac{(N-1)s^2}{\sigma^2}. \tag{5.62}$$

このとき, 次のことが成り立つ.

定理 5.6.7. 確率変数 χ^2 は自由度 $N-1$ の χ^2 分布 $\chi^2(N-1)$ に従う.

証明 最初に次の五つのことを示す.

(i) $\{X_n - \bar{X}; 1 \leq n \leq N\}$ の 1 次結合は正規分布に従う.

(ii) $E(X_n - \bar{X}) = 0 \quad (1 \leq n \leq N)$

(iii) $E(X_n - \bar{X})^2 = \frac{N-1}{N}\sigma^2 \quad (1 \leq n \leq N)$.

(i) を次に示す. $\{X_n - \bar{X}; 1 \leq n \leq N\}$ の 1 次結合 $Y \equiv \sum_{n=1}^{N} a_n(X_n - \bar{X})$ は $\{X_n; 1 \leq n \leq N\}$ の 1 次結合 $\sum_{n=1}^{N} b_n X_n$ となる. ここで, $a_n, b_n \ (1 \leq n \leq N)$ は実数の定数である. したがって, この確率変数の分布の特性関数を計算すると, 定理 4.4.4 (平均値の乗法性) を独立な確率変数の集まり $\{X_n; 1 \leq n \leq N\}$ に適用して

$$\begin{aligned}
\int_{\mathbf{R}} e^{-i\xi x} P_Y(dx) &= E(e^{-i\xi Y}) \\
&= E\left(\prod_{n=1}^{N} e^{-i\xi b_n X_n} \right) \\
&= \prod_{n=1}^{N} e^{-i\mu b_n \xi - \frac{\sigma^2}{2}\xi^2 b_n^2} \\
&= e^{-i(\mu \sum_{n=1}^{N} b_n)\xi - \frac{\sigma^2 \sum_{n=1}^{N} b_n^2}{2}\xi^2} \\
&= \int_{\mathbf{R}} e^{-i\xi x} N\left(\mu \sum_{n=1}^{N} b_n, \sigma^2 \sum_{n=1}^{N} b_n^2 \right)(dx)
\end{aligned}$$

が成り立つ. 確率測度のフーリエ変換の一意性あるいは定理 4.3.2 (ボッホナーの定理) より, $P_Y = N(\mu \sum_{n=1}^{N} b_n, \sigma^2 \sum_{n=1}^{N} b_n^2)$ が従う. すなわち, 確率変数 Y の分布は (退化した) 正規分布である.

(ii) は定理 5.6.1 (i) より従う. (iii) の証明は節末問題とする.

N 次の正方行列 A を次で定義する.

$$
A \equiv \begin{pmatrix}
1 - \frac{1}{N} & -\frac{1}{N} & \cdots & \cdots & -\frac{1}{N} \\
-\frac{1}{N} & 1 - \frac{1}{N} & -\frac{1}{N} & \cdots & -\frac{1}{N} \\
\vdots & \ddots & \ddots & \ddots & \vdots \\
-\frac{1}{N} & \cdots & \ddots & 1 - \frac{1}{N} & -\frac{1}{N} \\
-\frac{1}{N} & -\frac{1}{N} & \cdots & -\frac{1}{N} & 1 - \frac{1}{N}
\end{pmatrix}.
$$

後で, この行列 A を導入した理由を説明する. $A^2 = A$ であるから, 行列 A の固有値は $0, 1$ のみである. A の固有ベクトルを以下で求めよう.

N 次元のユークリッド空間 $\mathbf{R}^N$ を実数体上のベクトル空間と見なす. この空間には次の内積が入る.

$$
({}^t(x_1, x_2, \ldots, x_N), \; {}^t(y_1, y_2, \ldots, y_N)) \equiv \sum_{n=1}^{N} x_n y_n.
$$

式 (3.22) で定義したベクトルを $d = N$ として転置をとった N 個のベクトルの集まりを, 同じ記号を用いて, $\{e_j; 1 \leq j \leq N\}$ とする.

$$
e_j \equiv {}^t(\overbrace{0, 0, \ldots, 0, 1}^{j}, 0, \ldots, 0) \; (j \text{ 成分のみが } 1) \qquad (1 \leq j \leq N).
$$

この集まりは一つの正規直交系となるので, ベクトル空間 $\mathbf{R}^N$ は N 次元である. さらに, ベクトル $v^{(0)}$ を

$$
v^{(0)} = {}^t(1, 1, \ldots, 1)
$$

で定義する. このベクトル $v^{(0)}$ は行列 A の固有ベクトル (固有値は 0) である.

$$
A v^{(0)} = 0.
$$

N 次元のベクトル空間 $\mathbf{R}^N$ を次のように直交分解する.

$$
\mathbf{R}^N = \{c v^{(0)}; c \in \mathbf{R}\} \oplus \{c v^{(0)}; c \in \mathbf{R}\}^{\perp}.
$$

直交補空間 $\{cv^{(0)}; c \in \mathbf{R}\}^\perp$ は $N-1$ 次元の部分空間であるから, その中の正規直交系を $\{v^{(n)}; 1 \le n \le N-1\}$ とする. $\{v^{(n)}; 0 \le n \le N-1\}$ は N 次元のベクトル空間 $\mathbf{R}^N$ の一つの正規直交系を与える. 特に, 次のことが成り立つ.

$$\sum_{j=1}^{N} v_j^{(n)} = 0 \qquad (1 \le n \le N-1)$$

$$\sum_{j=1}^{N} v_j^{(n)} v_j^{(m)} = \delta_{n,m} \qquad (1 \le n, m \le N-1).$$

最初の関係式は, ベクトル $v^{(n)}$ が行列 A の固有ベクトル (固有値は 1) であることを意味する.

$$A v^{(n)} = v^{(n)} \qquad (1 \le n \le N-1).$$

上の行列 A を導入した理由は $X_n - \bar{X}$ の表現と関係がある. 任意の $\omega \in \Omega$ を固定する. ベクトル空間 $\mathbf{R}^N$ の元 $X(\omega)$ を次で定義する.

$$X(\omega) \equiv {}^t(X_1(\omega), X_1(\omega), \dots, X_N(\omega)).$$

このとき, 次の $X_n - \bar{X}$ の表現が成り立つ.

$$X_n(\omega) - \bar{X}(\omega) = (AX(\omega), e_n)(= AX(\omega) \text{ の } n \text{ 成分}) \quad (1 \le n \le N).$$

ベクトル $AX(\omega)$ は直交補空間 $\{cv^{(0)}; c \in \mathbf{R}\}^\perp$ に属するので, 正規直交系 $\{v^{(j)}; 1 \le j \le N-1\}$ で展開する.

$$AX(\omega) = \sum_{j=1}^{N-1} c_j v^{(j)}.$$

係数 c_j は実数である. 今の場合, $AX(\omega)$ が ω に依存するので, c_j は確率変数となる. 実際, 上の展開式とベクトル $v^{(j)}$ との内積をとって

$$c_j = (AX(\omega), v^{(j)}) \qquad (1 \le j \le N-1).$$

$\{v^{(n)}; 1 \le n \le N-1\}$ が正規直交系であることを成分で表現した関係式を用いると

$$(N-1)s^2(\omega) = \sum_{n=1}^{N}(X_n(\omega) - \bar{X}(\omega))^2$$

$$= \sum_{n=1}^{N}\left(\sum_{j=1}^{N-1} c_j v_n^{(j)}\right)^2$$

$$= \sum_{j=1}^{N-1} c_j^2.$$

次の四つのことを示す.

(iv) $\{c_n; 1 \le n \le N-1\}$ の 1 次結合は正規分布に従う

(v) $E(c_n) = 0 \quad (1 \le n \le N-1)$

(vi) $E(\bar{X}c_n) = 0 \quad (1 \le n \le N-1)$

(vii) $E(c_n c_m) = \sigma^2 \delta_{n,m} \quad (1 \le n, m \le N)$.

c_n の表現式より, $c_n = \sum_{k=1}^{N-1} v_k^{(n)}(X_k - \bar{X})$. ゆえに, (iv), (v) はそれぞれ (i), (ii) より従う. さらに, $E(\bar{X}c_n) = \sum_{k=1}^{N-1} v_k^{(n)} E(\bar{X}(X_k - \bar{X}))$. 一方, (iii) より, $E(\bar{X}(X_k - \bar{X})) = -E((X_k - \bar{X})^2) + E(X_k(X_k - \bar{X})) = -(1 - 1/N)\sigma^2 + \sigma^2 - (1/N)\sigma^2 = 0$. したがって, (vi) が示された. (vii) の証明は節末問題とする.

4.4 節の定理 4.4.5 を (iv), (v), (vi), (vii) に適用して, 確率変数の集まり $\{c_n; 1 \le n \le N-1\}$ は独立である. したがって, 式 (5.62) に注意して, 確率変数 χ^2 は自由度 $N-1$ の χ^2 分布 $\chi^2(N-1)$ に従う.

最後に, 定理 5.6.6 の証明で残していたこと, すなわち, $\{\bar{X}, s^2\}$ が独立であることを示そう. c_n の表現式と (i) より, 確率変数の集まり $\{\bar{X}, c_1, \dots, c_n\}$ の一次結合は正規分布に従う. 定理 4.4.5 を用いて, (vi), (vii) より, $\{\bar{X}, c_1, \dots, c_n\}$ は独立である. したがって, s^2 の表現式と独立性の遺伝性の定理 4.4.2 より, $\{\bar{X}, s^2\}$ は独立である. (証明終)

5.6.5 区 間 推 定

$\mathbf{X} = (X_n; 1 \le n \le N)$ を母集団分布 f に従う確率過程で, 確率分布 f は有限な 2 次までのモーメントをもつとする. θ を推定したい母数とする.

これまで扱ってきた推定の方法は点推定とよばれ, 母数 θ を時系列データから一つの推定量で推定する方法であった. **区間推定** (interval estimation) は一つの推定量ではなく, ある数以上の確率で母数 θ が属する区間を求める方法である. それを説明しよう.

θ の推定が信頼係数 $1 - \alpha$ をもつ区間推定であるとは

$$P(L \leq \theta \leq U) \geq 1 - \alpha \qquad (5.63)$$

を満たす確率変数としての推定量 L, U を求める方法のことである. L を**下側信頼限界** (lower confident interval), U を**上側信頼限界** (upper confident interval) という. α は通常 0.01 あるいは 0.05 と選ぶことが多い.

a. 母平均の信頼区間

母集団は正規母集団とする.

<u>母分散 σ^2 が既知のとき</u> を考える. 任意の正数 $\alpha (\in (0, 1))$ に対し, 正数 $z_{\alpha/2}$ を次の方程式の解とする.

$$N(0, 1)([-z_{\alpha/2}, z_{\alpha/2}]) = 1 - \alpha. \qquad (5.64)$$

これは次のように解くことができる. $\mathbf{R}$ 上の関数 $N(0, 1)((-\infty, z])$ は狭義の単調増加な連続関数で値域は $[0, 1]$ 全体である. したがって, 中間値の定理より, $N(0, 1)((-\infty, z_{\alpha/2}]) = 1 - \alpha/2$ を満たす正数 $z_{\alpha/2}$ はただ一つ存在する. 後は, 正規分布の対称性より, この $z_{\alpha/2}$ が式 (5.64) を満たすことがわかる. たとえば, 付表 1 の正規分布表より, $z_{0.025} = 1.960$ である.

定理 5.6.5 より, 式 (5.53) で定義された確率変数 Z の分布は $N(0, 1)$ である. したがって, 式 (5.64) より

$$P(-z_{\alpha/2} \leq \sqrt{N}(\bar{X} - \mu)/\sigma \leq z_{\alpha/2}) = 1 - \alpha$$

が得られる. 上式の左辺のカッコ内の事象を μ について解いて次が成り立つ.

$$P(\bar{X} - z_{\alpha/2}\sigma/\sqrt{N} \leq \mu \leq \bar{X} + z_{\alpha/2}\sigma/\sqrt{N}) = 1 - \alpha \qquad (5.65)$$

したがって, 母平均 μ の信頼係数 $1 - \alpha$ の信頼区間は次で与えられる.

$$[\bar{X} - z_{\alpha/2}\sigma/\sqrt{N}, \bar{X} + z_{\alpha/2}\sigma/\sqrt{N}] \tag{5.66}$$

母関数 σ^2 が未知のとき を考える. 定理 5.6.6 より, 式 (5.56) で定義された確率変数 t は自由度 $N-1$ の t 分布 $t(N-1)$ に従う. 式 (5.64) に対応して, 任意の正数 $\alpha(\in (0,1))$ に対し, 正数 $t_{\alpha/2}(N-1)$ を次の方程式

$$t(N-1)([-t_{\alpha/2}(N-1), t_{\alpha/2}(N-1)]) = 1 - \alpha \tag{5.67}$$

の唯一つの解とする. たとえば, 自由度が 120 で $\alpha = 0.050$ のときは, 付表 3 の t 分布表より, $t_{0.025}(120) = 1.980$ である.

したがって, 式 (5.66) を導いたときと同様に, 母平均 μ の信頼係数 $1-\alpha$ の信頼区間は次で与えられる.

$$[\bar{X} - t_{\alpha/2}(N-1)s/\sqrt{N}, \bar{X} + t_{\alpha/2}(N-1)s/\sqrt{N}]. \tag{5.68}$$

b. 母分散の信頼区間

母集団は正規母集団とする. 定理 5.6.7 より, 式 (5.62) で定義された確率変数 χ^2 は自由度 $N-1$ の χ^2 分布 $\chi^2(N-1)$ に従う.

任意の正数 $\alpha(\in (0,1))$ に対し, 正数 $\chi_\alpha^2(N-1)$ を次の方程式

$$\chi^2(N-1)([\chi_\alpha^2(N-1), \infty)) = \alpha \tag{5.69}$$

の唯一つの解とする. たとえば, 自由度が 120 で $\alpha = 0.050$ のときは, 付表 2 の χ^2 分布表より, $\chi_{0.025}^2(120) = 152.2,\ \chi_{0.975}^2(120) = 91.57$ である.

このとき, 式 (5.64), (5.67) に対応して, 次が成り立つ.

$$\chi^2(N-1)([\chi_{1-\alpha/2}^2(N-1), \chi_{\alpha/2}^2(N-1)]) = 1 - \alpha. \tag{5.70}$$

したがって, 式 (5.66), (5.68) を導いたときと同様に, 母分散 σ^2 の信頼係数 $1-\alpha$ の信頼区間は次で与えられる.

$$\left[\frac{(N-1)s^2}{\chi_{\alpha/2}^2(N-1)}, \frac{(N-1)s^2}{\chi_{1-\alpha/2}^2(N-1)} \right]. \tag{5.71}$$

問 5.6.1 定理 5.6.1 の (iii) を証明せよ.

問 **5.6.2** 定理 5.6.7 の (iii) を証明せよ.

問 **5.6.3** $E(X_n - \bar{X})(X_m - \bar{X}) = -\frac{1}{N}\sigma^2$ $(1 \leq n \neq m \leq N)$ を証明せよ.

問 **5.6.4** $E(s^2(X_n - \bar{X})) = 0$ $(1 \leq n \leq N)$ を証明せよ.

問 **5.6.5** 定理 5.6.7 の (vii) を証明せよ.

5.7 仮 説 検 定

この節では統計的推測理論の 2 本柱の一つである仮説検定の理論を紹介する.

5.7.1 仮説と有意水準

前節で「標本」から「母集団」の「モデル」を推定する問題を扱う考え方と方法を述べた. 仮説検定は, 母集団について仮定された仮説あるいは条件を「標本」に基づいて検証することである. 例を見てみよう.

例 5.7.1 (硬貨投げ)　硬貨を 100 回投げたときに 55 回表が出た場合, この硬貨に歪みがないか.

例 3.1.1 で構成した硬貨投げのモデル ($N = 100$ として) は表と裏が確率 1/2 で公平に現れることを前提としていた. 手元にある硬貨に歪みがないかということが問題となっている. これは公平な硬貨投げのモデルを手元にある硬貨に適用してよいかどうか, すなわち, $p = 1/2$ という仮説は「妥当である」かということである.

これを調べてみよう. 例 3.1.1 の確率過程 $\mathbf{X} = (X(n); 1 \leq n \leq 100)$ では表と裏がそれぞれ H と T で表現されていた. ここでは表と裏をそれぞれ 1 と 0 で表現する. あるいは新しく構成するとしたら, 例 3.2.2 の無限試行の硬貨投げの確率過程 $\mathbf{X} = (X(n); n \in \mathbf{N})$ を時間域を $1 \leq n \leq 100$ に制限した確率過程を考えればよい. このとき, 確率変数 $S(100)$ を

$$S(100) \equiv \sum_{n=1}^{100} X(n)$$

で定める. この確率変数 $S(100)$ は硬貨を 100 回投げたとき, 表が現れた回数を表す関数である. それは定理 3.5.2 より, 確率変数 $S(100)$ の分布は

2 項分布 $Bi(100, 1/2)$ である．2 項分布の計算より，$P(S(100) \geq 55) = Bi(100, 1/2)(\{55, 56, \ldots, 100\}) = 0.18$ となる．この値 0.18 を小さいと見るかの基準を**有意水準** (significance level) といい，有意水準 α で表す．$\alpha = 0.2$ なら値 0.18 は小さいので，仮説「硬貨は公平」は「誤っている」と判断する．しかし，$\alpha = 0.05$ なら値 0.18 は小さくないので，仮説「硬貨は公平」は「誤っているとはいえない」と判断する．このように，どのような有意水準をとるかが大切になってくる．通常は $\alpha = 0.05$ をとることが多い．

5.7.2 帰無仮説と対立仮説

5.7.1 項の例 5.7.1 では，硬貨を 100 回投げたときに 55 回表がでた場合，この硬貨に歪みがないかという仮説 $p = 1/2$ は有意水準 $\alpha = 0.05$ で**棄却** (reject) された．このことは，もう一つの仮説 $H_0 : p \neq 1/2$ あるいは $p > 1/2$ あるいは $p < 1/2$ を立て，別の仮説 H_1 が**採択** (accept) されたと考えることができる．H_0 を**帰無仮説** (null hypotesis)，H_1 を**対立仮説** (alternative hypothesis) という．

一般に，帰無仮説 H_0 と対立仮説 H_1 が与えられたとする．帰無仮説を棄却するかしないかに関しては，仮説 H_0 自身が真に正しいか正しくないか (隠れた事実) によって，四つの場合が考えられる．その中で次の二つの場合 (a), (b) はそれぞれ**第一種の誤り** (error of the first kind)，**第二種の誤り** (error of the second kind) とよばれる．

(a) 帰無仮説 H_0 が正しいのに，それを棄却する場合

(b) 帰無仮説 H_0 が誤っているのに，それを棄却しない場合

例 5.6.2 の不良品の抜取検査において，上の二つの誤りを説明する．合格であるはずの良品に不合格の判定をする誤りが第一種の誤りで，不合格であるはずの不良品に合格の判定をする誤りが第二種の誤りである．

本書で繰り返し述べている「データからモデルへ」の姿勢はデータからその背後にある情報としてのモデルを必要条件として導くことである．その意味で，「データからモデルへ」の精神は第二種の誤りをできるだけ小さくすることを念頭においている．8.3.3 項で紹介する定常性の検定 Test(S) は時系列データの定常性を検証するものだが，そこには非定常なものを定常と判定する第二種の

誤りを小さくする考えが働いている.

5.7.3 正規母集団に対する仮説検定

この項では, 母集団分布 f が正規分布 $N(\mu, \sigma^2)$ である正規母集団を扱う. 確率過程 $\mathbf{X} = (X_n; 1 \leq n \leq N)$ をこの母集団分布に従う確率過程とする. 母平均 μ, 母分散 σ^2 に関する検定を説明する.

上の確率過程 $\mathbf{X}$ は確率空間 $(\Omega, \mathcal{B}, P)$ の上で定義されているとする. 確率過程 $\mathbf{X}$ の実現であるデータ x_n $(1 \leq n \leq N)$ が与えられたとする. すなわち, ある ω_0 $(\in \Omega)$ があって, $x_n = X_n(\omega_0)$ が成り立つとする. そのデータに対する標本平均の推定値は $\bar{X}(\omega_0)$, 標本分散 (不偏分散) の推定値は $s^2(\omega_0)$ で求められる,

注意 5.7.1. 標本平均の推定値である $\bar{X}(\omega_0)$, 標本分散 (不偏分散) の推定値である $s^2(\omega_0)$ は ω_0 がわからなくても, それぞれ式 (5.22), (5.23) によって, データ x_n $(1 \leq n \leq N)$ より計算できる.

a. 母平均

例 5.7.2 (両側検定)　実数 μ_0 をもってきて, 次の母平均の検定を有意水準 0.05 で考える.

$$\text{帰無仮説 } H_0 : \mu = \mu_0, \qquad \text{対立仮説 } H_1 : \mu \neq \mu_0. \qquad (5.72)$$

母分散 σ^2 が既知のとき, 上の検定のための推定量は式 (5.53) で定義した確率変数 Z である.

$$Z = \frac{\bar{X} - \mu}{\sigma / \sqrt{N}}. \qquad (5.73)$$

帰無仮説 H_0 が正しければ, 定理 5.6.5 より, $\mu = \mu_0$ で確率変数 Z の分布は標準正規分布 $N(0, 1)$ である. $N(0, 1)([-1.960, 1.960]) = 0.95$ であるから, 確率変数 Z の ω_0 での値を計算し, その値が区間 $[-1.960, 1.960]$ に属せば帰無仮説 H_0 を棄却せず, 区間 $[-1.960, 1.960]$ に属さなければ帰無仮説 H_0 を棄却する.

対立仮説が, $H_1 : \mu \neq \mu_0$ のときは, **棄却域** (rejection region) が区間

$[-1.960, 1.960]$ の外側なので, この検定を**両側検定** (two-sided test) という.

母分散 σ^2 が未知のとき, 上の検定のための推定量は式 (5.56) で定義した確率変数 t である.

$$t \equiv \frac{\bar{X} - \mu}{\sqrt{s^2/N}}. \tag{5.74}$$

帰無仮説 H_0 が正しければ, 定理 5.6.6 より, $\mu = \mu_0$ で確率変数 t の分布は自由度 $N-1$ の t 分布 $t(N-1)$ である. $t(N-1)([t_{0.025}(N-1), t_{0.025}(N-1)])$ $= 0.95$ となる $t_{0.025}(N-1)$ を求める. 5.6.5 項の区間推定のところで述べたように, $t_{0.025}(120) = 1.980$ である. 確率変数 t の ω_0 での値を計算し, その値が区間 $[-t_{0.025}(N-1), t_{0.025}(N-1)]$ に属せば帰無仮説 H_0 を棄却せず, 区間 $[-t_{0.025}(N-1), t_{0.025}(N-1)]$ に属さなければ帰無仮説 H_0 を棄却する.

この検定は t 分布を用いているので, **スチューデントの t 検定** (Student's t-test) とよばれる.

例 5.7.3 (片側検定)　実数 μ_0 をもってきて, 次の母平均の検定を有意水準 0.05 で考える.

$$\text{帰無仮説 } H_0 : \mu = \mu_0, \qquad \text{対立仮説 } H_1 : \mu > \mu_0. \tag{5.75}$$

母分散 σ^2 が既知のとき, 上の検定のための推定量は式 (5.73) で定義した確率変数 Z である.

帰無仮説 H_0 が正しければ, 定理 5.6.5 より, $\mu = \mu_0$ で確率変数 Z の分布は標準正規分布 $N(0,1)$ である. $N(0,1)((-\infty, 1.645]^c) = 0.05$ であるから, 確率変数 Z の ω_0 での値を計算し, その値が区間 $(-\infty, 1.645]$ に属せば帰無仮説 H_0 を棄却せず, 区間 $(-\infty, 1.645]$ に属さなければ帰無仮説 H_0 を棄却する.

対立仮説が $H_1 : \mu > \mu_0$ のときは, 棄却域が区間 $(-\infty, 1.645]$ の外側なので, この検定を**片側検定** (one-sided test) という.

母分散 σ^2 が未知のとき, 上の検定のための推定量は式 (5.74) で定義した確率変数 t である.

帰無仮説 H_0 が正しければ, 定理 5.6.6 より, $\mu = \mu_0$ で確率変数 t の分布は自由度 $N-1$ の t 分布 $t(N-1)$ である. $t(N-1)(-\infty, t_{0.05}(N-1)]^c) = 0.05$ となる $t_{0.05}(N-1)$ を求める. たとえば, 自由度が 120 のとき, $t_{0.05}(120) = 1.658$

である. 確率変数 t の ω_0 での値を計算し, その値が区間 $(-\infty, t_{0.05}(N-1)]$ に属せば帰無仮説 H_0 を棄却せず, 区間 $(-\infty, t_{0.05}(N-1)]$ に属さなければ帰無仮説 H_0 を棄却する. この検定もスチューデントの t 検定である.

b. 母分散

<u>例 5.7.4 (両側検定)</u> 実数 σ_0^2 をもってきて, 次の母分散の検定を有意水準 0.05 で考える.

$$帰無仮説\ H_0 : \sigma^2 = \sigma_0^2, \qquad 対立仮説\ H_1 : \sigma^2 \neq \sigma_0^2. \tag{5.76}$$

上の検定のための推定量は式 (5.62) で定義した確率変数 χ^2 である.

$$\chi^2 \equiv \frac{(N-1)s^2}{\sigma^2}. \tag{5.77}$$

帰無仮説 H_0 が正しければ, 定理 5.6.7 より, $\sigma^2 = \sigma_0^2$ で確率変数 χ^2 の分布は自由度 $N-1$ の χ^2 分布 $\chi^2(N-1)$ である. $\chi^2(N-1)([0, \chi_{0.025}^2(N-1)]^c) = 0.025, \chi^2(N-1)([0, \chi_{0.975}^2(N-1)]^c) = 0.975$ となる $\chi_{0.025}^2(N-1)$, $\chi_{0.975}^2(N-1)$ を求める. 5.6.5 項の, 区間推定のところで述べたように, $\chi_{0.025}^2(120) = 152.2, \chi_{0.975}^2(120) = 91.57$ である. そのとき, 確率変数 χ^2 の ω_0 での値を計算し, その値が区間 $(\chi_{0.975}^2(N-1), \chi_{0.025}^2(N-1))$ に属せば帰無仮説 H_0 を棄却せず, 区間 $(\chi_{0.975}^2(N-1), \chi_{0.025}^2(N-1))$ に属さなければ帰無仮説 H_0 を棄却する.

この検定は χ^2 分布を用いているので, χ^2 **検定** (χ^2-test) とよばれる.

<u>例 5.7.5 (右片側検定)</u> 実数 σ_0^2 をもってきて, 次の母分散の検定を有意水準 0.05 で考える.

$$帰無仮説\ H_0 : \sigma^2 = \sigma_0^2, \qquad 対立仮説\ H_1 : \sigma^2 > \sigma_0^2. \tag{5.78}$$

上の検定のための推定量は式 (5.77) で定義した確率変数 χ^2 である.

帰無仮説 H_0 が正しければ, 定理 5.6.7 より, $\sigma^2 = \sigma_0^2$ で確率変数 χ^2 の分布は自由度 $N-1$ の χ^2 分布 $\chi^2(N-1)$ である. $\chi^2(N-1)([0, \chi_{0.05}^2(N-1)]^c) = 0.05$ となる $\chi_{0.05}^2(N-1)$ を求める. たとえば, 自由度が 120 のとき, $\chi_{0.05}^2(120) = 146.6$ である. そのとき, 確率変数 χ^2 の ω_0 での値を計算し, その値が区間

$[0, \chi^2_{0.05}(N-1)]$ に属せば帰無仮説 H_0 を棄却せず, 区間 $[0, \chi^2_{0.05}(N-1)]$ に属さなければ帰無仮説 H_0 を棄却する. この検定も χ^2 検定である.

例 5.7.6 (左片側検定)   実数 σ_0^2 をもってきて, 次の母分散の検定を有意水準 0.05 で考える.

$$\text{帰無仮説 } H_0 : \sigma^2 = \sigma_0^2, \qquad \text{対立仮説 } H_1 : \sigma^2 < \sigma_0^2. \tag{5.79}$$

上の検定のための推定量は式 (5.77) で定義した確率変数 χ^2 である.

帰無仮説 H_0 が正しければ, 定理 5.6.7 より, $\sigma^2 = \sigma_0^2$ で確率変数 χ^2 の分布は自由度 $N-1$ の χ^2 分布 $\chi^2(N-1)$ である. そのとき, 確率変数 χ^2 の ω_0 での値を計算し, その値が区間 $[\chi^2_{0.95}(N-1), \infty)$ に属せば帰無仮説 H_0 を棄却せず, 区間 $[\chi^2_{0.95}(N-1), \infty)$ に属さなければ帰無仮説 H_0 を棄却する. この検定も χ^2 検定である.

5.7.4 一般の母集団に対する仮説検定

この項では, 母集団分布 f が必ずしも正規分布ではない一般の母集団を扱い, 母平均, 母分散に関する検定を説明する. 確率過程 $\mathbf{X} = (X_n; 1 \le n \le N)$ をこの母集団分布 f に従う確率過程とする. 母集団分布 f は 3 次の有限なモーメントをもつとする.

5.7.3 項と同じく, 確率過程 $\mathbf{X}$ は確率空間 $(\Omega, \mathcal{B}, P)$ の上で定義され, あるデータ x_n $(1 \le n \le N)$ が確率過程 $\mathbf{X}$ のある実現として与えられているとする. すなわち, ある ω_0 $(\in \Omega)$ があって, $x_n = X_n(\omega_0)$ が成り立つ.

a. 母平均

両側検定のみを扱う. 片側検定も同様に扱うことができる. 実数 μ_0 をもってきて, 次の母平均の検定を有意水準 0.05 で考える.

$$\text{帰無仮説 } H_0 : \mu = \mu_0, \qquad \text{対立仮説 } H_1 : \mu \ne \mu_0. \tag{5.80}$$

母分散 σ^2 が既知のとき, 上の検定のための推定量は式 (5.73) によって定義した確率変数 Z である.

$$Z \equiv \frac{\bar{X} - \mu}{\sigma / \sqrt{N}}. \tag{5.81}$$

5.7 仮説検定

帰無仮説 H_0 が正しければ, 中心極限定理 (定理 4.8.2) より, N が十分大きいときは, $\mu = \mu_0$ で確率変数 Z は標準正規分布 $N(0,1)$ に従うと見なすことができる. 確率変数 Z の ω_0 での値を計算し, その値が区間 $[-1.960, 1.960]$ に属せば帰無仮説 H_0 を棄却せず, 区間 $[-1.960, 1.960]$ に属さければ帰無仮説 H_0 を棄却する.

母分散 σ^2 が未知のとき, 上の検定のための推定量は式 (5.74) で定義した確率変数 t である.

$$t \equiv \frac{\bar{X} - \mu}{\sqrt{s^2/N}}. \tag{5.82}$$

式 (5.61) と同様に, これを書き直して

$$t = Z / \sqrt{\frac{s^2}{\sigma^2}} \tag{5.83}$$

と変形する. 中心極限定理より, N を無限にとばせば, $\mu = \mu_0$ で確率変数列 $(Z = \frac{\bar{X} - \mu}{\sigma^2/N}; N \in \mathbf{N})$ は標準正規分布 $N(0,1)$ に収束する. 一方, 定理 4.1.2 と定理 5.6.3(ii) より, N を無限にとばせば, 確率変数列 $(\sqrt{\frac{s^2}{\sigma^2}}; N \in \mathbf{N})$ は 1 に確率収束する. したがって, 定理 4.1.4(iii) より, N が十分大きいときは, $\mu = \mu_0$ で確率変数 t は標準正規分布 $N(0,1)$ に従うと見なすことができる. 確率変数 t の ω_0 での値を計算し, その値が区間 $[-1.960, 1.960]$ に属せば帰無仮説 H_0 を棄却せず, 区間 $[-1.960, 1.960]$ に属さなければ帰無仮説 H_0 を棄却する.

b. 母分散

両側検定のみを扱う. 右片側検定, 左片側検定も同様に扱うことができる. 実数 σ_0^2 をもってきて, 次の母分散の検定を有意水準 0.05 で考える.

$$\text{帰無仮説 } H_0 : \sigma^2 = \sigma_0^2, \qquad \text{対立仮説 } H_1 : \sigma^2 \neq \sigma_0^2. \tag{5.84}$$

次の確率変数列 $(\xi_n; 1 \leq n \leq N)$ を考えよう.

$$\xi_n \equiv \frac{X_n - \mu}{\sigma}. \tag{5.85}$$

これらは互いに独立で平均は 0 である. さらに, 確率変数 X_n の母分散が σ^2 であることと確率変数 ξ_n の母分散が 1 であることと同値である. そこで, 上の検

定のための推定量として, 次の確率変数 v_N を考えよう.

$$v_N \equiv \frac{\sum_{n=1}^{N}(\xi_n^2 - 1)}{\sqrt{\sum_{n=1}^{N}(\xi_n^2 - 1)^2}} \qquad (5.86)$$

大数の法則, 中心極限定理, 定理 4.1.2, 定理 4.1.4 を用いることによって, N を無限にとばせば, 確率変数列 $(v_N; N \in \mathbf{N})$ は標準正規分布 $N(0,1)$ に法則収束する. したがって, N が十分に大きいときは, $\sigma^2 = \sigma_0^2$ で確率変数 v_N は標準正規分布 $N(0,1)$ に従うと見なすことができる. 確率変数 v_N の ω_0 での値を計算し, その値が区間 $[-1.960, 1.960]$ に属せば帰無仮説 H_0 を棄却せず, 区間 $[-1.960, 1.960]$ に属さなければ帰無仮説 H_0 を棄却する.

母分散の検定として確率変数 v_N を用いた考えと議論の詳細は 8.3.3 項で紹介する定常性の検定 Test(S) において述べられているので, そこを見て頂きたい.

5.8 乱　　　数

乱数 (random numbers) とは互いに独立で同一の分布に従う確率変数の系列 (確率過程) の実現値と見なしうる時系列のことである. それを表の形に並べたものを乱数表 (tables of random numbers) という. 汎用の計算機を用いてあるアルゴリズムによって発生させた乱数を擬似乱数 (quasi random numbers) という. 一方, 特別な機械装置を用いて電子雑音や原子核の崩壊などの物理現象を利用し発生させた乱数を物理乱数 (physical random numbers) という. 乱数はモンテ・カルロ法における数値計算, 確率現象のモデリング・シミュレーション, 統計学の統計的推測等において用いられる. 本書では, 8.3.3 項で紹介する定常性の検定 (Test(S)) の規準を求めるために, 物理乱数を信頼できる乱数として用いる. この節では擬似乱数のいろいろな生成法を紹介する.

5.8.1 一様乱数の生成法

乱数の共通の分布としては, 離散集合 $\{0, 1, \ldots, N-1\}$, 区間 $(0, 1)$ の上の一様分布が一般的に用いられる. そこで, そのような乱数を計算機を用いて発生させるには, あるアルゴリズムを実現するプログラムに従って行われること

が多い. その中で二つのアルゴリズムを紹介する.

a. 線形合同法

次のアルゴリズム

$$x_n \equiv ax_{n-1} + c \qquad (\text{mod } M) \qquad (5.87)$$

に従って, 数列 $(x_n; n \in \mathbf{N}^*)$ を作る. ここで, a, c, M は与えられた非負の整数である.

このアルゴリズムに従って乱数を作る方法はレーマー (Derrick Henry Lehmer, 1905–) によって提案され, **線形合同法** (linear congruential method) とよばれている. 生成した数列が一様乱数であるためには, a, M をある基準に従って選ぶ必要がある. 一つの例として, 32 ビットの計算機を用いるときは, M として $2^{31} - 1$ という素数, a として $16807 (= 7^5)$ がよく使われる. さらに, 一様乱数であることを検定する方法として, χ^2 検定やコルモゴロフ・スミルノフ検定 (Kolmogorov-Smirnov test; Vladimir Ivanovič Smirnov, 1887–1974) などの乱数の検定法がある. 詳しくは文献 50 を見て頂きたい.

線形合同法は用いる計算機のビット数 (16 ビット, 32 ビットなど) によって数列の周期が制約されるので, 大規模なシミュレーションには適さないことがわかっている. それはアルゴリズム (5.87) の次数が 1 であることからきている. この欠点を改善するために, 次数が 2 以上のアルゴリズムを使う必要がある.

b. M 系列に基づく方法

そのために, 次数が p の次のアルゴリズム

$$x_n \equiv x_{n-q} \oplus x_{n-p} \qquad (q < p) \qquad (5.88)$$

に従って, 数列 $(x_n; n \in \mathbf{N}^*)$ を作る. ここで, $p, q \ (q < p)$ は与えられた正の整数である. さらに, $\oplus$ という記号は 2 進法で表した整数の計算則である. すなわち

$$0 \oplus 0 = 0, 0 \oplus 1 = 1 \oplus 0 = 1, 1 \oplus 1 = 0. \qquad (5.89)$$

アルゴリズム (5.88) に従って, 計算機によって数列を作るためには, 最初の $x_n \ (0 \le n \le p-1)$ を用意する必要がある. その構成法を説明する. 式 (5.88) と

140   5. 時系列解析と統計学

同じアルゴリズムによって, 1 ビットの 0 または 1 からなる数列 $(a_n : n \in \mathbf{N}^*)$ を作る.

$$a_n \equiv a_{n-q} + a_{n-p} \qquad (\mathrm{mod}\ 2). \qquad (5.90)$$

ここで, 初期値 a_n $(0 \le n \le p-1)$ は線形合同法を用いて, 各 a_n $(0 \le n \le p-1)$ が $1/2$ の確率で 0 か 1 をとる. この数列を M 系列 (maximum-length linearly recurring sequence) という. 構成する初期値 x_n $(0 \le n \le p-1)$ のビット長 l は 2 の整数べき (16 か 32) とする. x_0 は, M 系列 $(a_n; n \in \mathbf{N}^*)$ の最初の l 個の要素 $a_0, a_1, \ldots, a_{l-1}$ をこの順に並べて得られる 2 進整数とする. 同様に, x_1 は, M 系列 $(a_n; n \in \mathbf{N}^*)$ の次の l 個の要素 $a_l, a_{l+1}, \ldots, a_{2l-1}$ をこの順に並べて得られる 2 進整数とする. 以下同様に, x_n $(3 \le n \le p-1)$ を構成する.

このアルゴリズムに従って乱数を作る方法を M 系列に基づく方法 (method based on maximum-length linearly recurring sequence) という. そのためには, p, q を次の表 5.4 に示す値を選ぶのが普通である.

表 5.4 M 系列乱数発生に使われる p, q

p	q
127	1, 7, 15, 30, 63
521	32, 48, 158, 168
607	105, 147, 273
1279	216, 418

線形合同法のときと同じく, 生成した数列 $(x_n; n \in \mathbf{N}^*)$ が互いに独立で一様分布に従う離散時間の確率過程の実現値であるかどうかを検定するために, χ^2 検定やコルモゴロフ・スミルノフ検定などの検定法が使われる. 詳しくは文献 50 を見て頂きたい.

5.8.2 正規乱数の生成法

互いに独立で正規分布 $N(\mu, \sigma^2)$ に従う離散時間の確率過程の実現値である乱数を正規乱数 (normal random numbers) という. 式 (5.11) で導入した標準化の逆の変換をとることによって, 標準正規分布 $N(0, 1)$ に従う離散時間の確率過程の実現値である乱数を発生する方法を考えればよい.

a. 極座標法

補題 4.5.2 によって, $[0,1]$ 上の一様分布に従う互いに独立な確率変数 X, Y に対し, 次の変換

$$Z \equiv \sqrt{-2 \log X} \cos(2\pi Y) \tag{5.91}$$

で定義された確率変数 Z は標準正規分布 $N(0,1)$ に従う.

5.8.1 項で発生させた独立な二つの一様乱数 $(x_n; 0 \le n \le N)$, $y = (y_n; 0 \le n \le N)$ をそれぞれ式 (5.91) の X, Y に代入することによって, 正規乱数 $z = (z_n; 0 \le n \le N)$ を発生させることができる.

$$z_n \equiv \sqrt{-2 \log x_n} \cos(2\pi y_n) \qquad (0 \le n \le N). \tag{5.92}$$

このアルゴリズムに従って乱数を作る方法を**極座標法** (polar coordinates method) あるいは**ボックス・ミュラー法** (Box-Muller method: George E.P. Box, 1919–; David Eugene Muller, 1924–) という.

b. 中心極限定理の応用

中心極限定理 (定理 4.8.2) より, $[0,1]$ 上の一様分布に従う独立な確率変数列 $(X_n; n \in \mathbf{N})$ に対し, 次の変換

$$Z_n \equiv \frac{\sum_{k=1}^{n} X_k - (n/2)}{\sqrt{n/12}} \tag{5.93}$$

で定義された確率変数 T_n の分布は, n を無限大にとばしたとき, 標準正規分布に近づく. どの n で近似するかについては, $n = 12$ がよく使われている.

したがって, 5.8.1 項で生成させた独立な N 個の一様乱数 $(x_k^{(p)}; 0 \le k \le 12)$ $(1 \le p \le N)$ を用いて, 各 $x_k^{(p)}$ を式 (5.93) の X_k に代入することによって, 正規乱数 $z = (z_p; 1 \le p \le N)$ を発生させることができる.

$$z_p \equiv \sum_{k=1}^{12} (x_k^{(p)} - 6) \qquad (1 \le p \le N). \tag{5.94}$$

5.8.3　一般の乱数の生成法

乱数は互いに独立で同一の分布に従う確率過程の実現値と見なしうる時系列のことであった. その分布 f が一様分布と正規分布以外の場合の乱数の構成法

として, 逆関数法がある.

それを紹介しよう. 原理は簡単である. 確率分布 f の分布関数を F とする.

$$F(x) \equiv f((-\infty, x]) \qquad (x \in \mathbf{R}). \tag{5.95}$$

関数 F の右逆関数 $F^{-1} : [0,1] \longrightarrow \mathbf{R}$ を次で定義する.

$$F^{-1}(y) \equiv \inf\{x \in \mathbf{R}; F(x) \geq y\} \quad (y \in [0,1]). \tag{5.96}$$

U を確率空間 $(\Omega, \mathcal{B}, P)$ で定義され, 区間 $[0,1]$ 上の一様分布に従う確率変数としたとき, 確率変数 $X : \Omega \longrightarrow \mathbf{R}$ を次で定義する.

$$X \equiv F^{-1}(U). \tag{5.97}$$

関数 F の右連続性より, 不等式 $F^{-1}(y) \leq x$ は不等式 $y \leq F(x)$ と同値である. したがって, 確率変数 X の確率分布 P_X ははじめに与えられた f であることを示すことができる. なぜならば, $P_X((-\infty, x]) = P(X \leq x) = P(F^{-1}(U) \leq x) = P(U \leq F(x)) = P_U([0, F(x)]) = F(x)$.

したがって, 5.8.1 項で生成させた一様乱数 $(x_n; 0 \leq n \leq N)$ を用いて, 各 x_n を式 (5.97) の U に代入することによって, 確率分布 f に従う乱数 $z = (z_n; 1 \leq n \leq N)$ を発生させることができる.

$$z_n \equiv F^{-1}(x_n) \qquad (1 \leq n \leq N). \tag{5.98}$$

確率分布 f で関数 F^{-1} が解析的に求まる例として, 指数分布 $Ex(\lambda)$ を考えよう. 確率分布 f の分布関数 F は $F(x) = 1 - e^{-\lambda x}$ であるから, 関数 F は逆関数 F^{-1} をもち, それは $F^{-1}(y) = -\lambda^{-1} \log(1 - y)$ で与えられる. 指数分布に従う乱数を**指数乱数** (exponential random numbers) という.

6

テント写像のカオス性と揺動散逸定理

　非平衡統計物理学の揺動散逸定理は, 本来, 散逸現象の一つである摩擦現象における熱がエネルギーとして転換する過程を「散逸と揺らぎ」の観点から捉えたものであった. 摩擦現象とは縁もゆかりもない確率過程に対して, この揺動散逸定理がどのように数学的に定式化されるのかを「カオス」の振る舞いをするテント写像に付随する確率過程を扱って説明する.

　物理学の揺動散逸定理を数学的に定式化した揺動散逸定理の「心」で考えると, 釈迦 (前 463 頃–前 382 頃) が説く「縁起論」, 般若心経が説く「色即是空 空即是色」, 道元が説く「修証一等」もある意味では揺動散逸定理の一つの表現であると考えられる. 道元が説く「只管打坐」は揺動散逸定理を示すという「修行」としての「検証」過程であると考えられる.

　この章ではテント写像に付随する確率過程がもつ**弱定常性** (weakly stationary property) について調べる. 次の章で一般の確率過程に対する KM$_2$O-ランジュヴァン方程式論の中で, 確率過程の弱定常性を特徴付ける**揺動散逸定理** (fluctuation-dissipation theorem) を紹介する. その中でさらにいかなる性質がテント写像のカオス性の典型的な性質である「秩序と混沌」の共存状態を特徴付けるかを調べる.

6.1　秩序と混沌の共存と揺動散逸定理

　3.6 節において, テント写像から導かれる区間 $[0,1]$ 上の力学系 $\{\phi^n ; n = 0, 1, 2, \ldots\}$ がカオスであることを確率過程論の立場から見るために, テント写像に付随する確率過程を導入した. カオスは 3.6 節で述べた特徴以外に, 「単な

る混沌や無秩序ではなく，一見混乱した中に無限の隠れた秩序構造が内在し，そこから多様な機能をダイナミックで柔軟に形成していく能力を備えている」という特徴をもっている．すなわち，「秩序と混沌」という一見対立する概念が一つの系に共存していることがカオスの特徴である．この「秩序と混沌」の共存状態を表現するものは非平衡統計物理学の基本原理の一つである**揺動散逸定理**であり，その数学的な定式化と数理工学的な構造を与えるのが$\mathrm{KM_2O}$-ランジュヴァン方程式論である．

揺動散逸定理を紹介するために，テント写像に付随する確率過程の時間域を有限集合に制限した確率過程 $\mathbf{X} = (X(n); 0 \leq n \leq N)$ を考えよう．区間 $[0,1]$ で定義された実数の値をとる連続関数の空間を $C([0,1])$ と記す．空間 $C([0,1])$ は実数体上のベクトル空間である．確率変数 $X(n)$ $(0 \leq n \leq N)$ はすべて $C([0,1])$ の元である．実数を定数関数と見なすことによって，実数の集合 $\mathbf{R}$ は $C([0,1])$ の部分集合と見なすことができる．さらに，区間 $[0,1]$ で定義された実数の値をとる2乗可積分なボレル可測な関数の空間を $L^2([0,1])$ と記す．このとき，次の包含関係が成り立つ．

$$\mathbf{R} \subset C([0,1]) \subset L^2([0,1]). \tag{6.1}$$

空間 $L^2([0,1])$ に内積とよばれる双線形形式 (f,g) を

$$(f,g) \equiv E(fg) = \int_0^1 f(x)g(x)dx \qquad (f,g \in L^2([0,1])) \tag{6.2}$$

で導入する．この内積の記号を用いると，定理 3.6.4 は次のようになる．

$$(X(n), 1) = 1/2 \qquad (0 \leq n \leq N) \tag{6.3}$$

$$(X(m) - 1/2, X(n) - 1/2) = 1/12\,\delta_{m,n} \qquad (0 \leq m, n \leq N). \tag{6.4}$$

さらに，確率過程 $\mathbf{X}$ を規格化した確率過程を $\mathbf{W} = (W(n); 0 \leq n \leq N)$ とする．

$$W(n) \equiv 2\sqrt{3}(X(n) - 1/2) \qquad (0 \leq n \leq N). \tag{6.5}$$

このとき，確率変数 $W(n)$ $(0 \leq n \leq N)$ はすべて $C([0,1])$ の元であり，次の性質を満たす．

6.1 秩序と混沌の共存と揺動散逸定理　　　*145*

$$(W(n), 1) = 0 \qquad (0 \le n \le N) \tag{6.6}$$

$$(W(m), W(n)) = \delta_{m,n} \qquad (0 \le m, n \le N). \tag{6.7}$$

性質 (6.7) は広義の意味で**ホワイトノイズ性** (white noise property) とよばれる.

この節の以下の目的はカオスの「秩序と混沌」の共存状態を確率過程 $\mathbf{W}$ を用いてどのように表現できるかを見ることである.

[**秩序**]　確率過程 $\mathbf{W}$ が「秩序」状態をもっているのは, 式 (3.30), (6.5) より, 次の関係式が成り立つからである.

$$W(n+1) = \varphi(W(n)) \qquad (0 \le n \le N-1). \tag{6.8}$$

ここで, 写像 φ は次で定義される区間 $[-\sqrt{3}, \sqrt{3}]$ から区間 $[-\sqrt{3}, \sqrt{3}]$ への関数である.

$$\varphi(x) \equiv \begin{cases} 2x + \sqrt{3} & (-\sqrt{3} \le x \le 0) \\ -2x + \sqrt{3} & (0 \le x \le \sqrt{3}). \end{cases} \tag{6.9}$$

各 n $(0 \le n \le N)$ に対し, $L^2([0,1])$ の閉じた部分空間 $\mathbf{N}_0^n(\mathbf{W})$ を次で定める.

$$\mathbf{N}_0^n(\mathbf{W}) \equiv \{f(W(0), W(1), \ldots, W(n)); f \text{ は } \mathcal{B}(\mathbf{R}^{n+1}) \text{ 可測なボレル関数}\}. \tag{6.10}$$

この閉部分空間 $\mathbf{N}_0^n(\mathbf{W})$ は確率過程 $\mathbf{W}$ の時刻 n までの「非線形の (ボレル可測な) 情報」を与えるという確率論的な意味をもっている. 式 (6.8) より, ベクトル $W(n+1)$ は閉部分空間 $\mathbf{N}_0^n(\mathbf{W})$ に属するので

$$P_{\mathbf{N}_0^n(\mathbf{W})} W(n+1) = W(n+1) \qquad (0 \le n \le N-1) \tag{6.11}$$

が成り立つ. ここで, 空間 $L^2([0,1])$ が**ヒルベルト空間** (Hilbert space; David Hilbert, 1862–1943) であるから, $L^2([0,1])$ の閉部分空間 $\mathbf{K}$ に対し, $L^2([0,1])$ の任意の元 Y を $\mathbf{K}$ に**射影** (projection) することができる. その射影したベクトルを $P_{\mathbf{K}} Y$ と記す. $L^2([0,1])$ から $\mathbf{K}$ への線形作用素 $P_{\mathbf{K}}$ を閉部分空間 $\mathbf{K}$ の上への**射影作用素** (projection operator) という.

式 (6.11) は $\mathbf{W}$ の秩序性を表現しているが, 混沌性を表していない.

[混沌] 式 (6.10) とは別に, 各 n $(0 \leq n \leq N)$ に対し, $L^2([0,1])$ の閉部分空間 $\mathbf{M}_0^n(\mathbf{W})$ を次で定める.

$$\mathbf{M}_0^n(\mathbf{W}) \equiv \left\{ \sum_{k=0}^n c_k W(k); c_k \in \mathbf{R} \ (0 \leq k \leq n) \right\}. \tag{6.12}$$

この閉部分空間 $\mathbf{M}_0^n(\mathbf{W})$ は確率過程 $\mathbf{W}$ の時刻 n までの「線形の情報」を与えるという確率論的な意味をもっている. $\mathbf{W}$ のホワイトノイズ性 (6.7) より

$$P_{\mathbf{M}_0^n(\mathbf{W})} W(n+1) = 0 \qquad (0 \leq n \leq N-1) \tag{6.13}$$

が成り立つ. 式 (6.13) は $\mathbf{W}$ の混沌性を表現しているが, 秩序性を表現していない.

[秩序と混沌] 次に, $L^2([0,1])$ の閉部分空間 $\mathbf{C}_0^n(\mathbf{W})$ で次の条件を満たすものを考える.

$$\mathbf{M}_0^n(\mathbf{W}) \subset \mathbf{C}_0^n(\mathbf{W}) \subset \mathbf{N}_0^n(\mathbf{W}) \qquad (0 \leq n \leq N). \tag{6.14}$$

問題は上の条件を満たすどのような閉部分空間 $\mathbf{C}_0^n(\mathbf{W})$ を採用したときに, 射影ベクトル $P_{\mathbf{C}_0^n(\mathbf{W})} W(n+1)$ が $W(n+1)$ でもなく 0 でもなく, 「秩序と混沌」の共存状態を表現する方法を見つけることができるかである.

そのために, 2 次元の確率過程 $\mathbf{W}_{(0,1)} = (W_{(0,1)}(n); 0 \leq n \leq N)$ を

$$W_{(0,1)}(n) \equiv {}^t\left(W(n), \sqrt{5}/2 \left(W(n)^2 - 1 \right) \right) \qquad (0 \leq n \leq N) \tag{6.15}$$

で定義する. $L^2([0,1])$ の閉部分空間 $\mathbf{M}_0^n(\mathbf{W}_{(0,1)})$ を次で定める.

$$\mathbf{M}_0^n(\mathbf{W}_{(0,1)}) \equiv \left\{ \sum_{k=0}^n (a_k W(k) + b_k (W(k)^2 - 1)); a_k, b_k \in \mathbf{R} \ (0 \leq k \leq n) \right\}. \tag{6.16}$$

この部分空間は条件 (6.14) を満たす $C_0^n(\mathbf{W})$ の一つの例である. このとき, 次の直交分解を考えよう.

$$W(n) = P_{\mathbf{M}_0^{n-1}(\mathbf{W}_{(0,1)})} W(n) + \nu_{+1}(\mathbf{W}_{(0,1)})(n) \quad (0 \leq n \leq N). \tag{6.17}$$

式 (6.17) の右辺の第 1 項は $\sum_{k=0}^{n-1} (a_k W(k) + b_k (W(k)^2 - 1))$ と表現でき,

時刻 n より前の時刻の確率過程 $\mathbf{W}$ の情報で決まるので,「決定的」な項・「秩序的」な項と解釈できる. 一方, 式 (6.17) の右辺の第 2 項は時刻 n より前の時刻の確率過程 $\mathbf{W}$ の情報 $\mathbf{M}_0^{n-1}(\mathbf{W}_{(0,1)})$ とは直交するので,「不規則的」な項・「混沌的」な項と解釈できる. したがって, 式 (6.17) の右辺の第 1 項と第 2 項との間の意味のある関係式を見つけることができれば, それが揺動散逸定理の一つの表現であり, 確率過程 $\mathbf{W}$ のカオス性の一つの表現を与えることになる. しかし, 式 (6.17) の右辺の第 1 項に現れる係数 a_k, b_k ($0 \leq k \leq n-1$) の一意性は一般には成り立たない. したがって, それらを構成的に求めるアルゴリズムはないように見える. ところがそれらを可能であることを主張するのが **KM$_2$O-ランジュヴァン方程式論** (theory of KM$_2$O-Langevin equations) である.

テント写像に付随する確率過程 $\mathbf{W}_{(0,1)}$ を具体的な例として, 一般の確率過程に関する KM$_2$O-ランジュヴァン方程式論を次の章で紹介しよう.

6.2 テント写像に付随する確率過程の弱定常性と共分散行列関数

その糸口として, テント写像に付随する確率過程 $\mathbf{W}_{(0,1)}$ を扱うこととする. 前節で述べた揺動散逸定理を導くためには, 確率過程 $\mathbf{W}_{(0,1)}$ が弱定常性を満たすことを示し, それに付随する共分散行列関数を求める必要がある.

任意の整数 n ($-N \leq n \leq N$) に対し, 2 次の正方行列 $R(n)$ を次で定義する：$0 \leq n \leq N$ のとき

$$
\begin{aligned}
R(n) &\equiv E(W_{(0,1)}(n) \, {}^t W_{(1,0)}(0)) \\
&\equiv \begin{pmatrix}
E(W(n)W(0)) & \frac{\sqrt{5}}{2} E(W(n)(W(0)^2 - 1)) \\
\frac{\sqrt{5}}{2} E((W(n)^2 - 1)W(0)) & \frac{5}{4} E((W(n)^2 - 1)(W(0)^2 - 1))
\end{pmatrix}
\end{aligned}
$$

$-N \leq n \leq 0$ のとき, $R(n) \equiv {}^t R(-n)$. \hfill (6.18)

最初に, 定理 3.6.2 を用いて証明した定理 3.6.4 の考えを用いて, 次の定理を示そう.

定理 6.2.1. 任意の非負の整数 m, n ($0 \leq m, n \leq N$) に対し

$$E(W_{(0,1)}(m) \,{}^t W_{(1,0)}(n)) = R(m - n).$$

証明　$m \geq n$ としても一般性を失わない. クロネッカーのデルタ $\delta_{m,n}$ は次の関係式を満たす.

$$\delta_{m,n} = \delta_{m-n,0}. \tag{6.19}$$

したがって, 示すべき式の左辺の $(1,1)$ 成分は式 (6.7) より従う.

示すべき式の左辺の $(1,2)$ 成分は $\sqrt{5}/2\, E(W(m)(W(n)^2-1)) = E(f(\phi^n))$ と書ける. ここで, f は $f(x) \equiv \sqrt{5}/2\, (2\sqrt{3}(\phi^{m-n}(x) - 1/2))(2\sqrt{3}(x - 1/2))^2$ で与えられる, ボレル関数である. したがって, 定理 3.6.2 より, $\sqrt{5}/2\, E(W(m)(W(n)^2-1)) = E(f(X(0))) = \sqrt{5}/2\, E(W(m-n)(W(0)^2 - 1))$ が成り立つ. 同様の考えを用いて, 示すべき式の左辺の $(2,1)$ 成分は $\sqrt{5}/2\, E((W(m)^2-1)W(n)) = \sqrt{5}/2\, E((W(m-n)^2-1)W(0)), (2,2)$ 成分は $5/4\, E((W(m)^2-1)(W(n)^2-1)) = 5/4\, E((W(m-n)^2-1)(W(0)^2-1))$ となるので, 定理 6.2.1 は示された.　　　　　（証明終）

定理 6.2.1 の性質を**弱定常性** (weak stationarity) とよび, このような確率過程 $\mathbf{W}_{(0,1)}$ を, **弱定常過程** (weakly stationary process) という. 行列関数 $R = (R(n); -N \leq n \leq N)$ を弱定常過程 $\mathbf{W}_{(0,1)}$ に付随する**共分散行列関数** (covariance matrix function) とよぶ.

直接計算によって, 次の補題 6.2.1 を示すことができる.

補題 6.2.1.

(i) $E(W(n)) = 0 \quad (0 \leq n \leq N)$

(ii) $E(W(n)^2) = 1 \quad (0 \leq n \leq N)$

(iii) $E((W(n)^2 - 1)^2) = \frac{4}{5} \quad (0 \leq n \leq N)$

(iv) $E(W(n)^{2p+1}) = 0 \quad (0 \leq n \leq N, p \in \mathbf{N}^*)$

(v) $E(W(0)^{2p+1}W(n)^q) = 0 \quad (1 \leq n \leq N, p, q \in \mathbf{N}^*)$

(vi) $E(W(0)^{2p+1}W(1)^{p_1}W(2)^{p_1} \cdots W(n)^{p_n}) = 0$
$\quad (1 \leq n \leq N, p_j \in \mathbf{N}^*, 1 \leq j \leq n)$

(vii) $E(W(0)^2 W(1)) = -\frac{\sqrt{3}}{2}$

(viii) $E(W(0)^2 W(1)^2) = \frac{6}{5}.$

この補題の証明は節末問題として与える．これらの準備のもとに，共分散行列関数 $R = (R(n); |n| \leq N)$ を求めよう．

定理 6.2.2.

(i) $R(0) = \begin{pmatrix} 1 & 0 \\ 0 & 1 \end{pmatrix} = I$　　（単位行列）

(ii) $R(1) = \begin{pmatrix} 0 & -\frac{\sqrt{15}}{4} \\ 0 & \frac{1}{4} \end{pmatrix}$

(iii) $R(n) = \frac{1}{4}R(n-1) = \frac{1}{4^{n-1}}R(1)$　　$(2 \leq n \leq N)$.

証明　(i), (ii) は補題 6.2.1 の (i), (ii), (iii), (iv) より従う．(iii) を示すために，次の関係式を示そう．

$$E((W(0)^2 - 1)W(n)) = 1/4\, E((W(0)^2 - 1)W(n-1)) \quad (2 \leq n \leq N). \tag{6.20}$$

式 (6.5), 補題 6.2.1 の (i) より

$$\begin{aligned}
E((W(0)^2 - 1)W(n)) &= E(W(0)^2 W(n)) \\
&= \sqrt{12}^3 E((X(0) - 1/2)^2(X(n-1)(\phi) - 1/2)) \\
&= \int_0^1 (x - 1/2)^2 (X(n-1)(\phi(x)) - 1/2)dx \\
&= \sqrt{12}^3 (I + II).
\end{aligned}$$

ここで

$$I \equiv \int_0^{1/2} (x - 1/2)^2 (X(n-1)(\phi(x)) - 1/2)dx$$

$$II \equiv \int_{1/2}^1 (x - 1/2)^2 (X(n-1)(\phi(x)) - 1/2)dx.$$

テント写像 ϕ の定義より

$$\begin{aligned}
I &= \int_0^{1/2} (x - 1/2)^2 (X(n-1)(2x) - 1/2)dx \\
&= 1/2 \int_0^1 (y/2 - 1/2)^2 (X(n-1)(y) - 1/2)dy
\end{aligned}$$

$$= 1/8 \int_0^1 (y-1)^2 (X(n-1)(y) - 1/2) dy.$$

一方

$$II = \int_{1/2}^1 (x-1/2)^2 (X(n-1)(2(1-x)) - 1/2) dx$$

$$= 1/2 \int_0^1 (y/2 - 1/2)^2 (X(n-1)(y) - 1/2) dy$$

$$= 1/8 \int_0^1 (y-1)^2 (X(n-1)(y) - 1/2) dy.$$

したがって

$$E((W(0)^2 - 1)W(n))$$
$$= \sqrt{12}^3/4 \int_0^1 (y-1)^2 (X(n-1)(y) - 1/2) dy$$
$$= \sqrt{12}^3/4 \int_0^1 ((y-1/2)^2 - (y-1/2) + 1/4)(X(n-1)(y) - 1/2) dy$$
$$= \sqrt{12}^3/4 \{ E((X(0) - 1/2)^2 (X(n-1) - 1/2))$$
$$\quad - E((X(0) - 1/2)(X(n-1) - 1/2)) + 1/4\, E(X(n-1) - 1/2) \}$$
$$= 1/4\, E(W(0)^2 W(n-1))$$

が成り立つ. したがって, 式 (6.20) が成立する.

式 (6.20) の証明と同様に, 次の関係式を示すことができる.

$$E((W(0)^2 - 1)(W(n)^2 - 1)) = 1/4\, E((W(0)^2 - 1)(W(n-1)^2 - 1))$$
$$(2 \le n \le N). \qquad (6.21)$$

補題 6.2.1 の (i)(iv)(v), (6.20), (6.21) より, (iii) が成り立つことがわかる.

(証明終)

定理 6.2.2 の (i), (ii) より, 次のことを示すことができる.

定理 6.2.3. ベクトルの集まり $\{W(0), W(0)^2 - 1, W(1), W(1)^2 - 1\}$ はベクトル空間 $L^2([0,1])$ において 1 次従属である.

6.2 テント写像に付随する確率過程の弱定常性と共分散行列関数 151

今までの準備によってさらに計算を続ければ, 確率過程 $\mathbf{W}_{(0,1)}$ に対する揺動散逸定理を導くことができる. しかし, テント写像に対する計算のみを見ていたのでは, この揺動散逸定理が一般の確率過程の弱定常性を特徴付ける揺動散逸定理の中でいかなる特徴があるのかを見落とす恐れがある. そのために, 次の章で一般の確率過程に対する KM$_2$O-ランジュヴァン方程式論を紹介する. その過程で説明する揺動散逸定理の理解を確かめる例として, 確率過程 $\mathbf{W}_{(0,1)}$ に対する揺動散逸定理の計算による証明を与える.

揺動散逸定理の数学的構造の理解が大切な理由は, 第8章で紹介するように, それが生の時系列データに対するモデリングの一方法を与えるからである. これが実験数学の「修行」と理解し, 「只管実験」の気持ちで次の第7章を辛抱して読みつづけて頂きたい.

問 6.2.1 補題 6.2.1 の (i) を示せ.

問 6.2.2 補題 6.2.1 の (ii) を示せ.

問 6.2.3 補題 6.2.1 の (iii) を示せ.

問 6.2.4 補題 6.2.1 の (iv) を示せ.

問 6.2.5 補題 6.2.1 の (v) を示せ.

問 6.2.6 補題 6.2.1 の (vi) を示せ.

問 6.2.7 補題 6.2.1 の (vii) を示せ.

問 6.2.8 補題 6.2.1 の (viii) を示せ.

問 6.2.9 式 (6.21) を示せ.

問 6.2.10 定理 6.2.3 を示せ.

7

確率過程と揺動散逸定理

この章では一般の確率過程を対象とし，その時間発展を記述する KM_2O-ラン
ジュヴァン方程式を導き，それに基づいて確率過程の弱定常性を特徴付ける揺
動散逸定理を紹介しよう．詳しい証明は文献を見て頂きたい．本書ではその基
本的な考え方と証明の概略を説明するために，前章で扱ったテント写像に付随
する確率過程を例として，一般の揺動散逸定理がどのように具体的に計算され，
どのような特別な構造をもつのかを調べる．

7.1 確率過程と KM_2O-ランジュヴァン方程式：非退化の場合

$\mathbf{X} = (X(n); 0 \leq n \leq N)$ を確率空間 $(\Omega, \mathcal{B}, P)$ で定義された d 次元の確率
過程で各確率変数 $X(n)$ の j 成分を $X_j(n)$ とする $(1 \leq j \leq d, 0 \leq n \leq N)$．

$$X(n) \equiv {}^t(X_1(n), X_2(n), \ldots, X_d(n)) \qquad (0 \leq n \leq N). \qquad (7.1)$$

これらはすべて 2 乗可積分である場合を扱う．式 (6.1) で導入したときと同
じく，空間 Ω の上で定義された実数の値をとる 2 乗可積分である関数全体を
$L^2(\Omega, \mathcal{B}, P)$ とする．したがって，確率変数 $X_j(n)$ $(1 \leq j \leq d, 0 \leq n \leq N)$ は
すべて $L^2(\Omega, \mathcal{B}, P)$ の元，すなわち，ベクトルと見なすことができる．

一般の 2 乗可積分な確率過程 $\mathbf{X}$ を解析する道具は共分散行列関数 $R(\mathbf{X}) = (R(\mathbf{X})(m, n); 0 \leq m, n \leq N)$ で，それは次で定義される．

$$R(\mathbf{X})(m, n) \equiv E(X(m) \, {}^tX(n)) \quad (0 \leq m, n \leq N). \qquad (7.2)$$

ここで，$E(X(m) \, {}^tX(n))$ は，d 次の正方行列で，その (j, k) 成分は

$E(X_j(m)X_k(n))$ で与えられる. 一般に, $L^2(\Omega, \mathcal{B}, P)$ の中の d 個の元 $f_j (1 \le j \le d)$ を縦に並べた $f = {}^t(f_1, f_2, \ldots, f_d)$ を $L^2(\Omega, \mathcal{B}, P)$ の d 次元のベクトルという. 二つの d 次元のベクトル $f = (f_1, f_2, \ldots, f_d)$ と $g = {}^t(g_1, g_2, \ldots, g_d)$ に対して, f と g の**内積行列** (inner product matrix) とよぶ d 次の正方行列 $(f, {}^t g)$ を次で定義する.

$$(f, {}^t g) \text{ の } (j, k) \text{ 成分} \equiv E(f_j g_k) \qquad (1 \le j,\ k \le d). \tag{7.3}$$

例 7.1.1 (硬貨投げ) 例 3.1.1, 例 3.2.1 で文字 N, H, T をそれぞれ $N+1, 1, 0$ に置き換えた確率過程 $\mathbf{X} = (X(n); 1 \le n \le N+1)$ あるいは例 3.2.2 で扱った無限試行の硬貨投げの確率過程 $\mathbf{X} = (X(n); n \in \mathbf{N})$ を考える. これらの確率過程の時間域を $\{0, 1, \ldots, N\}$ にシフトし制限した確率過程 $\mathbf{X}^{(sh+1)} = (X^{(sh+1)}(n); 0 \le n \le N)$ はこれから調べる確率過程の一つの例である.

$$X^{(sh+1)}(n) \equiv X(n+1) \quad (0 \le n \le N).$$

例 7.1.2 (酔っ払いの運動) 3.4 節で扱った整数点 a から出発する d 次元の酔っ払いの運動の確率過程 $\mathbf{S}_a = (S_a(n); n \in \mathbf{N}^*)$ を考える. 時間域を有限な時間域 $\{0, 1, \ldots, N\}$ に制限することによって, 確率過程 $\mathbf{S}_a = (S_a(n); 0 \le n \le N)$ はこれから調べる確率過程の一つの例である.

例 7.1.3 (ベルヌーイ試行) 3.5 節で扱ったベルヌーイ試行に付随する確率過程 $\mathbf{U} = (U(n); n \in \mathbf{N})$ を考える. 時間域を有限な時間域 $\{0, 1, \ldots, N\}$ にシフトし制限することによって, 確率過程 $\mathbf{U}^{(sh+1)} = (U^{(sh+1)}(n) \equiv U(n+1); 0 \le n \le N)$ はこれから調べる確率過程の一つの例である.

例 7.1.4 (テント写像) 3.6 節で扱ったテント写像に付随する確率過程 $\mathbf{W} = (W(n); 0 \le n \le N)$ はこれから調べる確率過程の一つの例である. 第 6 章の [混沌] の式 (6.13) で見たことをこの節で紹介する KM$_2$O-ランジュヴァン方程式論の観点から整理する.

例 7.1.5 (テント写像) 3.6 節で扱ったテント写像に付随する確率過程 $\mathbf{W}_{(0,1)} = (W_{(0,1)}(n); 0 \le n \le N)$ はカオスの観点から一番調べたい確率過程の例である. 定理 6.2.1 からわかるように, 確率過程 $\mathbf{W}_{(0,1)}$ に付随する共

分散行列関数 $R(\mathbf{W}_{(0,1)})$ は次で与えられる.

$$R(\mathbf{W}_{(0,1)})(m,n) = R(m-n) \quad (0 \le m, n \le N). \tag{7.4}$$

この性質を弱定常性をよんだのであった.

式 (6.16) と同じく, $L^2(\Omega, \mathcal{B}, P)$ の閉部分空間 $\mathbf{M}_0^n(\mathbf{X})$ を次で定める.

$$\mathbf{M}_0^n(\mathbf{X}) \equiv \left\{ \sum_{j=1}^{d} \sum_{k=0}^{n} a_{jk} X_j(k); a_{jk} \in \mathbf{R} \ (1 \le j \le d, 0 \le k \le n) \right\}. \tag{7.5}$$

この閉部分空間 $\mathbf{M}_0^n(\mathbf{X})$ を確率過程 $\mathbf{X}$ の時刻 0 から時刻 n までの**線形情報空間** (linear information space) という.

d 次元のベクトル $X(n)$ を閉部分空間 $\mathbf{M}_0^{n-1}(\mathbf{X})$ へ射影することによって, d 次元の確率過程 $\nu_+(\mathbf{X}) = (\nu_+(\mathbf{X})(n); 0 \le n \le N)$ を次のように定義する. 各自然数 n $(1 \le n \le N)$ に対し

$$\nu_+(\mathbf{X})(0) \equiv X(0) \tag{7.6}$$

$$\nu_+(\mathbf{X})(n) \equiv X(n) - P_{\mathbf{M}_0^{n-1}(\mathbf{X})} X(n). \tag{7.7}$$

ここで, $P_{\mathbf{M}_0^{n-1}(\mathbf{X})}$ は $L^2(\Omega, \mathcal{B}, P)$ から閉部分空間 $\mathbf{M}_0^{n-1}(\mathbf{X})$ の上への射影作用素である. 式 (6.17) と同じく, 次の直交分解が成り立つ.

$$X(n) = P_{\mathbf{M}_0^{n-1}(\mathbf{X})} X(n) + \nu_+(\mathbf{X})(n). \tag{7.8}$$

直交分解の性質に注意して, 次の関係式を示すことができる.

$$(\nu_+(\mathbf{X})(n), {}^t X(m)) = 0 \qquad (0 \le m < n) \tag{7.9}$$

$$(\nu_+(\mathbf{X})(n), {}^t \nu_+(\mathbf{X})(m)) = 0 \qquad (0 \le m < n). \tag{7.10}$$

そこで, d 次の正方行列 $V_+(\mathbf{X})(n)$ を次で定義する.

$$V_+(\mathbf{X})(n) \equiv (\nu_+(\mathbf{X})(n), {}^t \nu_+(\mathbf{X})(n)) \qquad (0 \le n \le N). \tag{7.11}$$

一方, 確率過程 $\mathbf{X}$ を時間反転させて, 新しく確率過程 $\mathbf{X}^{(rev)} = (X^{(rev)}(l);$

$-N \le l \le 0$) を

$$X^{(rev)}(l) \equiv X(N+l) \qquad (-N \le l \le 0) \tag{7.12}$$

で導入する. さらに式 (7.5) と同じく確率過程 $\mathbf{X}^{(rev)}$ の時刻 $-n$ から時刻 0 までの線形情報空間 $\mathbf{M}^0_{-n}(\mathbf{X}^{(rev)})$ を $L^2(\Omega, \mathcal{B}, P)$ の閉部分空間として次で定める.

$$\mathbf{M}^0_{-n}(\mathbf{X}^{(rev)}) \equiv \left\{ \sum_{j=1}^d \sum_{k=0}^n a_{jk} X_j(N-k); a_{jk} \in \mathbf{R} \ (1 \le j \le d, 0 \le k \le n) \right\}. \tag{7.13}$$

d 次元のベクトル $X^{(rev)}(-n) = X(N-n)$ を閉部分空間 $\mathbf{M}^0_{-n+1}(\mathbf{X}^{(rev)})$ へ射影することによって, d 次元の確率過程 $\nu_-(\mathbf{X}) = (\nu_-(\mathbf{X})(l); -N \le l \le 0)$ を次のように定義する. 各自然数 n $(1 \le n \le N)$ に対し

$$\nu_-(\mathbf{X})(0) \equiv X^{(rev)}(0) = X(N) \tag{7.14}$$

$$\nu_-(\mathbf{X})(-n) \equiv X(N-n) - P_{\mathbf{M}^0_{-n+1}(\mathbf{X}^{(rev)})}X(N-n). \tag{7.15}$$

式 (7.8) と同じく, 次の直交分解が成り立つ.

$$X(N-n) = P_{\mathbf{M}^0_{-n+1}(\mathbf{X}^{(rev)})}X(N-n) + \nu_-(\mathbf{X})(-n). \tag{7.16}$$

式 (7.9), (7.10) と同じく, 次のことが成り立つ.

$$(\nu_-(\mathbf{X})(-n), {}^t X(N-m)) = 0 \quad (0 \le m < n) \tag{7.17}$$

$$(\nu_-(\mathbf{X})(-n), {}^t \nu_-(\mathbf{X})(-m)) = 0 \quad (0 \le m < n). \tag{7.18}$$

式 (7.11) と同じく, d 次の正方行列 $V_-(\mathbf{X})(n)$ を次で定義する.

$$V_-(\mathbf{X})(n) \equiv (\nu_-(\mathbf{X})(-n), {}^t \nu_-(\mathbf{X})(-n)) \qquad (0 \le n \le N). \tag{7.19}$$

この節では, 確率過程 $\mathbf{X}$ は次の条件 (H.1) を満たすとする.

(H.1) $\{X_j(n); 1 \le j \le n \le N\}$ は 1 次独立である.

このとき, 確率過程 $\mathbf{X}$ は非退化 (non-degenerate) であるという. この条件

156   7. 確率過程と揺動散逸定理

のおかげで, d 次の正方行列 $\gamma_+(\mathbf{X})(n,k), \gamma_-(\mathbf{X})(n,k)$ $(0 \le k \le n-1)$ で

$$X(n) = -\sum_{k=0}^{n-1} \gamma_+(\mathbf{X})(n,k)X(k) + \nu_+(\mathbf{X})(n) \qquad (7.20)$$

$$X(N-n) = -\sum_{k=0}^{n-1} \gamma_-(\mathbf{X})(n,k)X(N-k) + \nu_-(\mathbf{X})(-n) \quad (7.21)$$

を満たすものがただ一つ存在する. これらは d 次元の確率過程 $\mathbf{X}$ の時間発展を記述する方程式と見なすことができる. 時刻 n $(0 \le n \le N)$ を現在と見たとき, 式 (7.20) の右辺の第 1 項は時刻 n より前の確率変数 $X(k)$ $(0 \le k \le n-1)$ の情報で決まるので, **決定項** (deterministic part), **秩序項** (systematic part) あるいは**散逸項** (dissipation part) とよぶことができる. 特に, 散逸項の係数行列の全体 $\{\gamma_+(\mathbf{X})(n,k); 0 \le k < n \le N\}$ を確率過程 $\mathbf{X}$ に付随する**前向き KM$_2$O-ランジュヴァン散逸行列系** (system of the forward KM$_2$O-Langevin dissipation matrices) とよぶ.

一方, 式 (7.20) の右辺の第 2 項は式 (7.9) より右辺の第 1 項と直交し, 時刻 n より前の情報から決められないので, **揺動項** (fluctuation part) とよぶことができる. 特に, 式 (7.11) で定義された揺動項の内積行列の全体 $\{V_+(\mathbf{X})(n); 0 \le n \le N\}$ を確率過程 $\mathbf{X}$ に付随する**前向き KM$_2$O-ランジュヴァン揺動行列系** (system of the forward KM$_2$O-Langevin fluctuation matrices) とよぶ. 最後に, d 次元の確率過程 $\nu_+(\mathbf{X})$ を確率過程 $\mathbf{X}$ に付随する**前向き KM$_2$O-ランジュヴァン揺動過程** (forward KM$_2$O-Langevin fluctuation process), 方程式 (7.20) を確率過程 $\mathbf{X}$ に付随する**前向き KM$_2$O-ランジュヴァン方程式** (forward KM$_2$O-Langevin equation) とよぶ.

同様に, d 次元の確率過程 $\nu_-(\mathbf{X})$ を確率過程 $\mathbf{X}$ に付随する**後ろ向き KM$_2$O-ランジュヴァン揺動過程** (backward KM$_2$O-Langevin fluctuation process), 方程式 (7.21) を確率過程 $\mathbf{X}$ に付随する**後ろ向き KM$_2$O-ランジュヴァン方程式** (backward KM$_2$O-Langevin equation) とよぶ. $\{\gamma_-(\mathbf{X})(n,k); 0 \le k < n \le N\}$ を確率過程 $\mathbf{X}$ に付随する**後ろ向き KM$_2$O-ランジュヴァン散逸行列系** (system of the backward KM$_2$O-Langevin dissipation matrices), $\{V_-(\mathbf{X})(n); 0 \le n \le N\}$ を確率過程 $\mathbf{X}$ に付随する**後ろ向き KM$_2$O-ランジュ**

ヴァン揺動行列系 (system of the backward KM$_2$O-Langevin fluctuation) と
よぶ.

注意 7.1.1. 非退化・退化に関係なく, 一般の 2 乗可積分な確率過程 **X** に対
し, 前向き (後ろ向き)KM$_2$O-ランジュヴァン揺動過程 $\nu_{\pm}(\mathbf{X})$ が定義されてい
ることを注意する.

注意 7.1.2. 非退化な確率過程に対し, 前向き (後ろ向き) KM$_2$O-ランジュヴァ
ン散逸行列系, 前向き (後ろ向き)KM$_2$O-ランジュヴァン揺動行列系の一意的存
在は数学的には保証されている. 実は, それを式 (7.2) で導入した共分散行列
関数を用いて計算するアルゴリズムを求めることができる. そのアルゴリズム
を求めるのに, 弱定常性を満たす確率過程に対する揺動散逸定理の「哲学的理
解」が役にたつ. そのために, 次の節で弱定常過程に対する揺動散逸定理を紹介
する.

この節の 7.1.5 で述べた確率過程は定理 6.2.3 よりそれ以外の例 7.1.1 から
例 7.1.4 は非退化な確率過程である.

<u>計算例 7.1.1</u> 例 7.1.1 で述べた確率過程 $\mathbf{X}^{(sh+1)} = (X^{(sh+1)}(n); 0 \leq n \leq N)$ に対して詳しく見てみよう.

主張 7.1.1.

(i) $E(X^{(sh+1)}(n)) = \frac{1}{2}$ $(0 \leq n \leq N)$

(ii) $E(X^{(sh+1)}(n)X^{(sh+1)}(n)) = \frac{1}{2}$ $(0 \leq n \leq N)$

(iii) $E(X^{(sh+1)}(m)X^{(sh+1)}(n)) = \frac{1}{4}$ $(0 \leq m \neq n \leq N)$

(iv) $E((X^{(sh+1)}(m) - \frac{1}{2})(X^{(sh+1)}(n) - \frac{1}{2})) = \frac{1}{4}\delta_{m,n}$ $(0 \leq m, n \leq N)$

(v) 確率過程 $\mathbf{X}^{(sh+1)}$ は非退化である

(vi) $P_{\mathbf{M}_0^{n-1}(\mathbf{X}^{(sh+1)})}X^{(sh+1)}(n) = \frac{1}{n}\sum_{k=0}^{n-1} X^{(sh+1)}(k)$ $(1 \leq n \leq N)$.

(i), (ii) は直接計算によって示される. 確率変数の集まり $\{X^{(sh+1)}(n); 0 \leq n \leq N\}$ は独立であるから, 定理 4.4.4 を用いて, (iii), (iv) を (i), (ii) より示すことができる. (v) を示す. $\sum_{n=0}^{N} c_n X^{(sh+1)}(n) = 0$ とする. 両辺に $X^{(sh+1)}(0) - 1/2$ を掛けて積分すると, $X^{(sh+1)}(1), X^{(sh+1)}(2), \ldots, X^{(sh+1)}(N)$ は

$X^{(sh+1)}(0) - 1/2$ と独立であるから, 定理 4.4.4 より, $E(X(n+1)(X(1) - 1/2)) = E(X(n+1))E(X(1) - 1/2) = 0$ となるので, $c_0 E(X(1)(X(1) - 1/2)) = 0$ が得られる. $E(X(1)(X(1) - 1/2)) = 1/4$ であるから, $c_1 = 0$ が成り立つ. 同様に, $c_n = 0$ $(2 \leq n \leq N)$ が示される. (vi) は次のように示される. 射影作用素の定義より, ある実数 c_k $(0 \leq k \leq n-1)$ が存在して

$$P_{\mathbf{M}_0^{n-1}(\mathbf{X}^{(sh+1)})} X^{(sh+1)}(n) = \sum_{k=0}^{n-1} c_k X^{(sh+1)}(k)$$

が成り立つ. 各整数 j $(0 \leq j \leq n-1)$ に対し, 両辺に $X^{(sh+1)}(j)$ を掛けて積分すると, 射影作用素の性質と (ii), (iii) より

$$\frac{1}{4} = \frac{1}{2}c_j + \frac{1}{4} \sum_{0 \leq k \leq n-1, k \neq j} c_k$$

が成り立つ. これらの n 個の関係式を互いに差し引きして, $c_j = c_0$ $(1 \leq j \leq n-1)$ が得られる. したがって, これらを上の式に代入して, $c_k = \frac{1}{n}$ $(0 \leq k \leq n-1)$ が得られる. これによって, (vi) が示された.

以上の準備のもとで, 確率過程 $\mathbf{X}^{(sh+1)}$ に対する前向き (後ろ向き)KM$_2$O-ランジュヴァン揺動過程の性質, 特に前向き (後ろ向き)KM$_2$O-ランジュヴァン散逸行列系, 前向き (後ろ向き)KM$_2$O-ランジュヴァン揺動行列系を求めてみよう.

主張 7.1.2.

(vii) $\gamma_\pm(\mathbf{X}^{(sh+1)})(n,k) = -\frac{1}{n}$ $(1 \leq n \leq N)$

(viii) $V_\pm(\mathbf{X}^{(sh+1)})(0) = \frac{1}{2}$

(ix) $V_\pm(\mathbf{X}^{(sh+1)})(n) = \frac{1+n}{4n}$ $(1 \leq n \leq N)$

(x) $E(\nu_\pm(\mathbf{X}^{(sh+1)})(0)) = \frac{1}{2}$

(xi) $E(\nu_\pm(\mathbf{X}^{(sh+1)})(n)) = 0$ $(1 \leq n \leq N)$.

(vii) は (vi) より従う. (viii), (x) は式 (7.6), (ii) より従う. (viii) と (xi) は次のように示される. (vi), 式 (7.7) より

$$\nu_+(\mathbf{X}^{(sh+1)})(n) = X^{(sh+1)}(n) - \frac{1}{n} \sum_{k=0}^{n-1} X^{(sh+1)}(k)$$

が成り立つ. したがって, (xi) は (i) より従う. $\{X^{(sh+1)}(k); 0 \leq k \leq n\}$ は独立であるから, 分散の加法性 (問 4.4.2) を適用して, (iv) より, (x) を示すことができる.

計算例 7.1.2 例 7.1.4 で述べた確率過程を考える. 6.1 節の [混沌] の式 (6.13) で見たことを KM_2O-ランジュヴァン方程式の観点から見てみよう. 3.6 節で扱ったテント写像に付随する確率過程 $\mathbf{W} = (W(n); 0 \leq n \leq N)$ に付随する前向き KM_2O-ランジュヴァン散逸行列 $\gamma_+(\mathbf{W})(n, k)$ はすべて零行列となり, 前向き KM_2O-ランジュヴァン揺動過程 $\nu_+(\mathbf{W})$ はもとの確率過程 $\mathbf{W}$ と一致する.

計算例 7.1.3 例 7.1.5 で述べた 2 次元の確率過程 $\mathbf{W}_{(0,1)} = (W_{(0,1)}(n); 0 \leq n \leq N)$ を考える. 6.2 節の定理 6.2.1 で, 確率過程 $\mathbf{W}_{(0,1)} = (W_{(0,1)}(n); 0 \leq n \leq N)$ は弱定常性を満たすことを示した. さらに, 定理 6.2.2 で, それに付随する共分散行列関数 R を具体的に求めた.

最初に, 確率過程 $\mathbf{W}_{(0,1)}$ は退化しているが, 注意 7.1.1 で指摘したように, 2 次元の確率過程 $\mathbf{W}_{(0,1)}$ に対する直交分解 (7.8) の意味を説明しよう.

$$W_{(0,1)}(n) = P_{\mathbf{M}_0^{n-1}(\mathbf{W}_{(0,1)})} W_{(0,1)}(n) + \nu_+(\mathbf{W}_{(0,1)})(n). \qquad (7.22)$$

ベクトル $\mathbf{W}_{(0,1)}(n)$ の第 1 成分, 第 2 成分をそれぞれ $W_1(n), W_2(n)$ とする.

$$W_1(n) \equiv W(n) \qquad (7.23)$$

$$W_2(n) \equiv \frac{\sqrt{5}}{2}(W(n)^2 - 1). \qquad (7.24)$$

同じく, $\nu_+(\mathbf{W}_{(0,1)})(n)$ を次のようにベクトル表現する.

$$\nu_+(\mathbf{W}_{(0,1)})(n) \equiv {}^t(\nu_{+1}(\mathbf{W}_{(0,1)})(n), \nu_{+2}(\mathbf{W}_{(0,1)})(n)). \qquad (7.25)$$

直交分解 (7.22) は次の二つの直交分解を同時に表現したものである. 各 n $(0 \leq n \leq N)$ に対し

$$W_1(n) = P_{\mathbf{M}_0^{n-1}(\mathbf{W}_{(0,1)})} W_1(n) + \nu_{+1}(\mathbf{W}_{(0,1)})(n) \qquad (7.26)$$

$$W_2(n) = P_{\mathbf{M}_0^{n-1}(\mathbf{W}_{(0,1)})} W_2(n) + \nu_{+2}(\mathbf{W}_{(0,1)})(n). \qquad (7.27)$$

式 (6.17) はベクトル $\mathbf{W}_{(0,1)}(n)$ の第 1 成分であるベクトル $W(n)$ の閉部分空間 $\mathbf{M}_0^{n-1}(\mathbf{W}_{(0,1)})$ への直交分解であった.

注意 7.1.1 で述べたように, 式 (7.9), (7.10) より, 次のことが成り立つ.

$$(\nu_+(\mathbf{W}_{(0,1)})(n), \, {}^t W_{(0,1)}(m)) = 0 \qquad (0 \le m < n) \qquad (7.28)$$

$$(\nu_+(\mathbf{W}_{(0,1)})(n), \, {}^t \nu_+(\mathbf{W}_{(0,1)})(m)) = 0 \qquad (0 \le m < n). \quad (7.29)$$

次に, ベクトル $\nu_+(\mathbf{W}_{(0,1)})(1)$ の性質を調べよう. このとき, 式 (7.22) で $n = 1$ として, ある 2 次の正方行列 $\gamma_+(1,0)$ が存在して

$$W_{(0,1)}(1) = -\gamma_+(1,0)W_{(0,1)}(0) + \nu_+(\mathbf{W}_{(0,1)})(1) \qquad (7.30)$$

が成り立つ. 式 (7.28) に注意して, ベクトル $W_{(0,1)}(1)$ とベクトル $W_{(0,1)}(0)$ との内積行列をとると

$$(W_{(0,1)}(1), \, {}^t W_{(0,1)}(0)) = -\gamma_+(1,0)(W_{(0,1)}(0), \, {}^t W_{(0,1)}(0))$$

となる. これは弱定常過程 $\mathbf{W}_{(0,1)}$ の共分散行列関数を用いると

$$R(1) = -\gamma_+(1,0)R(0) \qquad (7.31)$$

となる. 一方, 定理 6.2.2 の (i) より行列 $R(0)$ が逆行列をもつので, 式 (7.30) の係数行列 $\gamma_+(1,0)$ は一意的に定まり, 次の主張 7.1.3 が成り立つ

主張 7.1.3.

(i) $W_{(0,1)}(1) = -\gamma_+(1,0)W_{(0,1)}(0) + \nu_+(\mathbf{W}_{(0,1)})(1)$

(ii) $\gamma_+(1,0) = -R(1)R(0)^{-1}$.

さらに, 今の場合は $R(0) = I$ であるから

$$\gamma_+(1,0) = -R(1) \qquad (7.32)$$

となる.

次に, 行列 $\gamma_+(1,0)$ と行列 $V_+(\mathbf{W}_{(0,1)})(1)$ の間の関係を調べよう. こんどは, 式 (7.28) に注意して, ベクトル $W_{(0,1)}(1)$ とそれ自身との内積行列をとると

7.1 確率過程と KM$_2$O-ランジュヴァン方程式：非退化の場合 161

$$(W_{(0,1)}(1),\ {}^tW_{(0,1)}(1)) = -\gamma_+(1,0)(W_{(0,1)}(0),\ {}^tW_{(0,1)}(0))\ {}^t\gamma_+(1,0)+V_+(1)$$

が得られる. したがって, 定理 6.2.1, 式 (7.32) より

$$V_+(\mathbf{W}_{(0,1)})(1) = R(0) - \gamma_+(1,0)\ {}^t\gamma_+(1,0)R(0) \tag{7.33}$$

が得られる. 新しく, 2 次の正方行列 $\gamma_-(1,0)$ を

$$\gamma_-(1,0) \equiv -\ {}^tR(1)R(0)^{-1} \tag{7.34}$$

とおくと, 次の主張が成り立つ.

主張 7.1.4.

(i) $V_+(\mathbf{W}_{(0,1)})(1) = (I - \gamma_+(1,0)\gamma_-(1,0))R(0)$

(ii) $\det V_+(\mathbf{W}_{(0,1)})(1) = 0$.

証明   (i) は式 (7.33), (7.34) より従う. さらに, 定理 6.2.1, 式 (7.32) より

$$V_+(1) = \frac{1}{16}\begin{pmatrix} 1 & \sqrt{15} \\ \sqrt{15} & 15 \end{pmatrix} \tag{7.35}$$

となる. したがって, (iii) が成り立つ.   (証明終)

これからは, 式 (7.34) で導入された行列 $\gamma_-(1,0)$ の確率論的意味を調べよう. そのために, 式 (7.16) で導入した確率過程 $\mathbf{W}_{(0,1)}$ を時間反転させた確率過程 $\mathbf{W}_{(0,1)}^{(rev)}$ に対する直交分解を用いる.

$$W_{(0,1)}(N-n) = P_{\mathbf{M}^0_{-n+1}(\mathbf{W}_{(0,1)}^{(rev)})}W_{(0,1)}(N-n)+\nu_-(\mathbf{W}_{(0,1)})(-n). \tag{7.36}$$

式 (7.17), (7.18) より, ベクトル $\nu_-(\mathbf{W}_{(0,1)})(-n)$ の性質として, 次が成り立つ.

$$(\nu_-(\mathbf{W}_{(0,1)})(-n),\ {}^tW_{(0,1)}(N-m)) = 0 \quad (0 \leq m < n) \tag{7.37}$$

$$(\nu_-(\mathbf{W}_{(0,1)})(-n),\ {}^t\nu_-(\mathbf{W}_{(0,1)})(-m)) = 0 \quad (0 \leq m < n). \tag{7.38}$$

このとき, 行列 $\gamma_-(1,0)$ の確率論的意味は次で与えられる.

162   7. 確率過程と揺動散逸定理

主張 7.1.5.

(i) $W_{(0,1)}(N-1) = -\gamma_-(1,0)W_{(0,1)}(N) + \nu_-(\mathbf{W}_{(0,1)})(-1)$

(ii) $\gamma_-(1,0) = -\,^tR(1)R(0)^{-1}$

(iii) $V_-(\mathbf{W}_{(0,1)})(1) = (I - \gamma_-(1,0)\gamma_+(1,0))R(0)$

(iv) $\det V_-(\mathbf{W}_{(0,1)})(1) = 0.$

証明   式 (7.36) において, $n=1$ として, ある 2 次の正方行列 A が存在して

$$W_{(0,1)}(N-1) = AW_{(0,1)}(N) + \nu_-(\mathbf{W}_{(0,1)})(-1)$$

が成り立つ. 式 (7.37) に注意し, ベクトル $W_{(0,1)}(N-1)$ と $W_{(0,1)}(N)$ の内積行列をとると

$$(W_{(0,1)}(N-1),\,^tW_{(0,1)}(N)) = A(W_{(0,1)}(N),\,^tW_{(0,1)}(N))$$

が得られる. 弱定常過程 $\mathbf{W}_{(0,1)}$ の共分散行列関数を用いると, $^tR(1) = A$ となる. したがって, 式 (7.32), (7.34) より, (i) と (ii) が示される.

次に, 式 (7.37) に注意し, ベクトル $W_{(0,1)}(N-1)$ とそれ自身の内積行列をとると

$$\begin{aligned}
(W_{(0,1)}(N-1),\,^tW_{(0,1)}(N-1)) = {}& A(W_{(0,1)}(N),\,^tW_{(0,1)}(N))\,^tA \\
& + (\nu_-(\mathbf{W}_{(0,1)})(-1),\,^t\nu_-(\mathbf{W}_{(0,1)})(-1))
\end{aligned}$$

が得られる. したがって, 式 (7.32), (i) より, $(\nu_-(\mathbf{W}_{(0,1)})(-1),\,^t\nu_-(\mathbf{W}_{(0,1)})(-1))$
$= R(0) - AR(0)\,^tA = I - \gamma_-(1,0)\gamma_+(1,0)$ となり, (iii) が示される.

最後に, 定理 6.2.2 の (i), 式 (7.32), (7.34), 主張 7.1.5 の (iii) より

$$V_-(\mathbf{W}_{(0,1)})(1) = \frac{1}{16}\begin{pmatrix} 0 & 0 \\ 0 & 1 \end{pmatrix} \tag{7.39}$$

となる. したがって, (iv) が成り立つ.   (証明終)

注意 7.1.3. 主張 7.1.3 の (ii) は式 (7.30) の右辺の第 1 項 (散逸項) の係数行列は一意的に定まることを意味している. 主張 7.1.4 の (i) と主張 7.1.5 の (iii) は次の節で紹介する**揺動散逸定理**の一部である. 主張 7.1.4 の (ii) と主張 7.1.5 の (iv) は確率過程 $\mathbf{W}_{(0,1)}$ が退化していることの帰結である.

7.2 確率過程と KM_2O-ランジュヴァン方程式：退化した場合　　*163*

問 7.1.1　例 7.1.2 の確率過程は a が零ベクトルでない限り非退化であることを示せ. a が零ベクトルのときは, 出発点を除いた確率過程 $\mathbf{S}_0 = (S_0(n); 1 \leq n \leq N)$ は非退化であることを示せ.

問 7.1.2　例 7.1.1 と同様に, 例 7.1.2 の非退化な確率過程に対する KM_2O-ランジュヴァン方程式を具体的に求めよ.

7.2　確率過程と KM_2O-ランジュヴァン方程式：退化した場合

前節と同じく, $\mathbf{X} = (X(n); 0 \leq n \leq N)$ を確率空間 $(\Omega, \mathcal{B}, P)$ で定義された d 次元の確率過程とする. ただし, この節では必ずしも非退化の条件 (H.1) を満たすとは限らないとする. 非退化の条件 (H.1) を満たさないとき, 確率過程 $\mathbf{X}$ は**退化** (degenerate) しているという. このときは, 式 (7.20), (7.21) の右辺に現れる係数行列 $\gamma_+(\mathbf{X})(n,k), \gamma_-(\mathbf{X})(n,k)$ $(0 \leq k < n \leq N)$ は式 (7.8), (7.16) の右辺の散逸項の表現という情報のみでは一意的に定まらない.

計算例 7.2.1　そのあたりの状況を見るために, 前節の計算例 7.1.3 で扱ったテント写像に付随する確率過程 $\mathbf{W}_{(0,1)} = (W_{(0,1)}(n); 0 \leq n \leq N)$ を対象として, 前節の続きの計算を行う.

最初に, ベクトル $\nu_+(\mathbf{W}_{(0,1)})(2)$ の性質を調べよう. 式 (7.22) で $n = 2$ として, ある 2 次の正方行列 $\gamma_+(2,0), \gamma_+(2,1)$ が存在して

$$W_{(0,1)}(2) = -\gamma_+(2,0)W_{(0,1)}(0) - \gamma_+(2,1)W_{(0,1)}(1) + \nu_+(\mathbf{W}_{(0,1)})(2) \tag{7.40}$$

が成り立つ. 定理 6.2.3 より, これらの係数行列は一意的には定まらない. しかし, どのようなものであっても次の関係式が成り立つことを示そう.

主張 7.2.1.

(i) $\gamma_+(2,1) = \gamma_+(1,0) + \gamma_+(2,0)\gamma_-(1,0)$

(ii) $\gamma_+(2,0)V_-(\mathbf{W}_{(0,1)})(1) = -(R(2) + \gamma_+(1,0)R(1))$.

証明　式 (7.28) に注意して, ベクトル $W_{(0,1)}(2)$ とベクトル $W_{(0,1)}(0), W_{(0,1)}(1)$ との内積行列をそれぞれとると, 次のことが成り立つ.

$$(W_{(0,1)}(2),\ {}^tW_{(0,1)}(0)) = -\gamma_+(2,0)(W_{(0,1)}(0),\ {}^tW_{(0,1)}(0))$$
$$-\gamma_+(2,1)(W_{(0,1)}(1),\ {}^tW_{(0,1)}(0))$$
$$(W_{(0,1)}(2),\ {}^tW_{(0,1)}(1)) = -\gamma_+(2,0)(W_{(0,1)}(0),\ {}^tW_{(0,1)}(1))$$
$$-\gamma_+(2,1)(W_{(0,1)}(1),\ {}^tW_{(0,1)}(1)).$$

弱定常過程 $\mathbf{W}_{(0,1)}$ の共分散行列関数を用いると, これらは

$$R(2) = -\gamma_+(2,0)R(0) - \gamma_+(2,1)R(1) \tag{7.41}$$
$$R(1) = -\gamma_+(2,0)\,{}^tR(1) - \gamma_+(2,1)R(0) \tag{7.42}$$

と書ける. 式 (7.32), (7.34), (7.42) より, (i) が従う.

一方, 式 (7.32), (7.41) より

$$\gamma_+(2,0) = -R(2) + \gamma_+(2,1)\gamma_+(1,0)$$

が得られる. これに (i) を代入し, 定理 6.2.2 の (i), 式 (7.32), (7.34) に注意して

$$\gamma_+(2,0)(I - \gamma_-(1,0)\gamma_+(1,0))R(0) = -(R(2) + \gamma_+(1,0)R(1))$$

が得られる. 主張 7.1.5 の (iii) より, 上の関係式は (ii) を意味する. (証明終)

注意 7.2.1. 主張 7.1.5 の (iv) より, $V_-(\mathbf{W}_{(0,1)})(1)$ が逆行列をもたない. したがって, 主張 7.2.1 の (ii) から, 行列 $\gamma_+(2,0)$ の一意性は成り立たない. しかし, 主張 7.2.1 の (i) は方程式 (7.40) に現れるどのような係数行列 $\gamma_+(2,0)$ をとっても成り立つ関係式である. 一般には適当な係数行列をとらないと成り立たない. この関係式の発見を**揺動散逸定理**の一部分として定式化するために, この節ではウェイト変換の理論を紹介する. それによって, ノルム最小という形で最適な係数行列 $\gamma_+(2,0)$ を求めることができる.

$\mathbf{W}_{(0,1)}$ に対する後ろ向きの直交分解 (7.36) で $n = 2$ として, ある 2 次の正方行列 $\gamma_-(2,0), \gamma_-(2,1)$ が存在して

$$W_{(0,1)}(N-2) = -\gamma_-(2,0)W_{(0,1)}(N) - \gamma_-(2,1)W_{(0,1)}(N-1)$$

$$+ \nu_-(\mathbf{W}_{(0,1)})(-2) \tag{7.43}$$

が成り立つ. 方程式 (7.40) において注意したように, これらの係数行列も一意的には定まらない. しかし, どのようなものであっても主張 7.2.1 と似た次の関係式が成り立つ.

主張 7.2.2.

(i) $\gamma_-(2,1) = \gamma_-(1,0) + \gamma_-(2,0)\gamma_+(1,0)$

(ii) $\gamma_-(2,0)V_+(\mathbf{W}_{(0,1)})(1) = -({}^tR(2) + \gamma_-(1,0) \, {}^tR(1))$.

この証明は節末問題とする. 最後に主張 7.1.4 の (i), 主張 7.1.5 の (iii) と同様に, 次の関係式が成り立つことを証明しよう.

主張 7.2.3.

(i) $V_+(\mathbf{W}_{(0,1)})(2) = (I - \gamma_+(2,0)\gamma_-(2,0))V_+(\mathbf{W}_{(0,1)})(1)$

(ii) $V_-(\mathbf{W}_{(0,1)})(2) = (I - \gamma_-(2,0)\gamma_+(2,0))V_-(\mathbf{W}_{(0,1)})(1)$.

証明　(i) を示す. 前向き KM_2O-ランジュヴァン揺動行列の定義式 (7.11) と直交関係 (7.28) より

$$V_+(\mathbf{W}_{(0,1)})(2) = (\nu_+(\mathbf{W}_{(0,1)})(2), \, {}^tW_{(0,1)}(2)) \tag{7.44}$$

が成り立つ. したがって, 式 (7.40) の両辺とベクトル $W_{(0,1)}(2)$ との内積行列をとると, 弱定常過程 $\mathbf{W}_{(0,1)}$ の弱定常性 (定理 6.2.1) より

$$V_+(\mathbf{W}_{(0,1)})(2) = R(0) + \gamma_+(2,0) \, {}^tR(2) + \gamma_+(2,1) \, {}^tR(1)$$

が成り立つ. 上式の第 3 項に主張 7.2.1 の (i) を代入して

$$\begin{aligned} V_+(\mathbf{W}_{(0,1)})(2) = \; & R(0) + \gamma_+(1,0) \, {}^tR(1) \\ & + \gamma_+(2,0)\{{}^tR(2) + \gamma_-(1,0) \, {}^tR(1)\} \end{aligned} \tag{7.45}$$

が成り立つ. 主張 7.1.4 の (i), 主張 7.1.5 の (ii) より

$$R(0) + \gamma_+(1,0) \, {}^tR(1) = V_+(\mathbf{W}_{(0,1)})(1) \tag{7.46}$$

が成り立つ.

一方, 式 (7.41) を導いたときと同様に, 式 (7.43) の両辺とベクトル $W_{(0,1)}(N)$ との内積行列をとると, 弱定常過程 $\mathbf{W}_{(0,1)}$ の弱定常性 (定理 6.2.1) より

$$^tR(2) = -\gamma_-(2,0)\,^tR(0) - \gamma_-(2,1)\,^tR(1) \tag{7.47}$$

が成り立つ. 主張 7.1.4 の (i), 主張 7.1.5 の (ii), 主張 7.2.2 の (i) より

$$\begin{aligned}
^tR(2) + \gamma_-(1,0)\,^tR(1) &= -\gamma_-(2,0)\,^tR(0) - (\gamma_-(2,1) - \gamma_-(1,0))\,^tR(1) \\
&= -\gamma_-(2,0)\,^tR(0) - \gamma_-(2,0)\gamma_+(1,0)\,^tR(1) \\
&= -\gamma_-(2,0)(\,^tR(0) + \gamma_+(1,0)\gamma_-(1,0))\,^tR(0) \\
&= -\gamma_-(2,0)V_+(\mathbf{W}_{(0,1)})(1) \tag{7.48}
\end{aligned}$$

が成り立つ.

したがって, 式 (7.46), (7.48) を式 (7.45) に代入して, 示すべき主張 7.2.3 の (i) が得られる. (ii) の証明は節末問題とする. (証明終)

注意 7.2.2. 主張 7.2.3 の (i),(ii) はどのような係数行列 $\gamma_+(2,0), \gamma_-(2,0)$ をとっても成り立つ関係式である. この関係式は 7.3 節で紹介する**揺動散逸定理**の一部分である.

一般の確率過程の場合に戻る. 式 (7.20), (7.21) の右辺に現れる係数行列 $\gamma_+(\mathbf{X})(n,k), \gamma_-(\mathbf{X})(n,k)$ $(0 \le k < n \le N)$ は一意的に定まらないので, 2 変数 n,k $(1 \le n \le N, 0 \le k < n)$ の行列関数 $\gamma_\pm(\mathbf{X}) = (\gamma_\pm(\mathbf{X})(n,k); 1 \le n \le N, 0 \le k < n)$ を定義し, そのような行列関数全体の集合を $\mathcal{LMD}_\pm(\mathbf{X})$ とする.

$$\begin{aligned}
\mathcal{LMD}_+(\mathbf{X}) \equiv \{\gamma_+ &= (\gamma_+(n,k); 0 \le k < n \le N); \; P_{\mathbf{M}_0^{n-1}(\mathbf{X})}X(n) \\
&= -\sum_{k=0}^{n-1} \gamma_+(n,k)X(k) \; (1 \le n \le N)\} \tag{7.49}
\end{aligned}$$

$$\begin{aligned}
\mathcal{LMD}_-(\mathbf{X}) \equiv \{\gamma_- &= (\gamma_-(n,k); 0 \le k < n \le N); \; P_{\mathbf{M}_0^{n-1}(\mathbf{X}^{(rev)})}X(N-n) \\
&= -\sum_{k=0}^{n-1} \gamma_-(n,k)X(N-k) \; (1 \le n \le N)\}. \tag{7.50}
\end{aligned}$$

7.2 確率過程と KM$_2$O-ランジュヴァン方程式：退化した場合 *167*

注意 7.1.2 で述べたことを追求すると, 非退化・退化の区別なく, 一般の 2 乗可積分な確率過程 **X** に対し, 行列系 $\mathcal{LMD}_+(\mathbf{X}), \mathcal{LMD}_-(\mathbf{X})$ のすべての要素を構成するアルゴリズムを求めることができる. それを本書で紹介するのは適当でないので, 上の行列系の中で特別な要素を求める方法を紹介する.

それは確率過程 **X** を非退化な確率過程 $\mathbf{X}^{(w)}$ に変換する**ウェイト変換の理論** (theory of weight transformations) である. そのために, ベクトル空間 $L^2(\Omega, \mathcal{B}, P)$ の中に次の性質 (H.2), (H.3) を満たすベクトル $\xi_j(n)$ $(1 \leq j \leq d, 0 \leq n \leq N)$ が存在するとする.

(H.2) $\{\xi_j(n); 1 \leq j \leq d, 0 \leq n \leq N\}$ は $\{X_j(n); 1 \leq j \leq d, 0 \leq n \leq N\}$ と直交する.

(H.3) 確率過程 $\xi = (\xi(n); 0 \leq n \leq N)$ はホワイトノイズである. ここで, $\xi(n) = {}^t(\xi_1(n), \xi_2(n), \ldots, \xi_d(n))$.

このとき, 各正数 w に対し, 確率過程 $\mathbf{X}^{(w)} = (X^{(w)}(n); 0 \leq n \leq N)$ を

$$X^{(w)}(n) \equiv X(n) + w\xi(n) \qquad (0 \leq n \leq N) \tag{7.51}$$

で定義する. 次のことを示すことができる.

補題 7.2.1. 任意の正数 w に対し, 確率過程 $\mathbf{X}^{(w)}$ は非退化である.

この証明は節末問題とする.

注意 7.2.3. 注意 4.3.1 で述べたように, 式 (7.51) で定義されたウェイト変換を導入した考えは退化した正規分布を定義する際の考え方と同じである.

したがって, 方程式 (7.20), (7.21) を確率過程 $\mathbf{X}^{(w)}$ に適用して, 確率過程 $\mathbf{X}^{(w)}$ に付随する前向きの KM$_2$O-ランジュヴァン方程式 (7.52) と後ろ向き KM$_2$O-ランジュヴァン方程式 (7.53) を導くことができる. 各 n $(0 \leq n \leq N)$ に対し, d 次の正方行列 $\gamma_+(\mathbf{X}^{(w)})(n, k), \gamma_-(\mathbf{X}^{(w)})(n, k)$ $(0 \leq k \leq n-1)$ で

$$X^{(w)}(n) = -\sum_{k=0}^{n-1} \gamma_+(\mathbf{X}^{(w)})(n, k) X^{(w)}(k) + \nu_+(\mathbf{X}^{(w)})(n) \tag{7.52}$$

$$X^{(w)}(N-n) = -\sum_{k=0}^{n-1} \gamma_-(\mathbf{X}^{(w)})(n,k)X^{(w)}(N-k)$$
$$+ \nu_-(\mathbf{X}^{(w)})(-n). \tag{7.53}$$

を満たすものがただ一つ存在する.

補題 7.2.1 の数学的内容を共分散行列関数で見てみよう. 確率過程 $\mathbf{X}$ と確率過程 $\mathbf{X}^{(w)}$ に付随する共分散行列関数をそれぞれ, $R(\mathbf{X}) = (R(\mathbf{X})(m,n); 0 \le m,n \le N), R(\mathbf{X}^{(w)}) = (R(\mathbf{X}^{(w)})(m,n); 0 \le m,n \le N)$ とする. 次のことが成り立つ.

補題 7.2.2. 任意の正数 w に対し

$$R(\mathbf{X}^{(w)})(m,n) = R(\mathbf{X})(m,n) + w^2 \delta_{m,n} I \quad (0 \le m,n \le N).$$

この証明は節末問題とする.

計算例 7.2.2 計算例 7.2.1 で扱ったテント写像に付随する確率過程 $\mathbf{W}_{(0,1)}$ $= (W_{(0,1)}(n); 0 \le n \le N)$ にウェイト変換を施してみよう. ベクトル空間 $L^2([0,1])$ の中の 2 次元のベクトル $\xi(n)$ $(0 \le n \le N)$ で次の性質を満たすものをとる.

(W.1) $\{\xi(n); 0 \le n \le N\}$ は $\{W_{(0,1)}(n); 0 \le n \le N\}$ と直交する.

(W.2) 確率過程 $\xi = (\xi(n); 0 \le n \le N)$ はホワイトノイズである.

各正数 w に対し, 確率過程 $\mathbf{W}_{(0,1)}^{(w)} = (W_{(0,1)}^{(w)}(n); 0 \le n \le N)$ を

$$W_{(0,1)}^{(w)}(n) \equiv W_{(0,1)}(n) + w\xi(n) \qquad (0 \le n \le N) \tag{7.54}$$

で定義する. このとき, 確率過程 $\mathbf{W}_{(0,1)}^{(w)}$ は弱定常性を満たし, その共分散行列関数は $R^{(w)}$ である. すなわち

$$(W_{(0,1)}^{(w)}(n), {}^tW_{(0,1)}^{(w)}(m)) = R^{(w)}(n-m) \quad (0 \le n,m \le N). \tag{7.55}$$

ここで, 行列関数 $R^{(w)} = (R^{(w)}(n); |n| \le N)$ は

$$R^{(w)}(n) = R(n) + w^2 \delta_{n,0} I \qquad (|n| \le N) \tag{7.56}$$

で与えられ, 具体的には次のようになる.

$$R^{(w)}(0) = (1 + w^2)I \tag{7.57}$$

$$R^{(w)}(n) = R(n) \qquad (1 \le |n| \le N). \tag{7.58}$$

確率過程 $\mathbf{W}_{(0,1)}^{(w)}$ は非退化であるから, それに付随する前向き $\mathrm{KM_2O}$-ランジュヴァン方程式を式 (7.20) に対応して導くことができる. すなわち, d 次の正方行列 $\gamma_+^{(w)}(n,k)$ $(0 \le k \le n-1)$ で

$$W_{(0,1)}^{(w)}(n) = -\sum_{k=0}^{n-1} \gamma_+^{(w)}(n,k)W_{(0,1)}^{(w)}(k) + \nu_+^{(w)}(n) \tag{7.59}$$

を満たすものがただ一つ存在する.

一方, 式 (7.12) に対応して, 確率過程 $\mathbf{W}_{(0,1)}^{(w)}$ を時間反転させた確率過程 $\mathbf{W}_{(0,1)}^{(w,rev)} = (W_{(0,1)}^{(w,rev)}(l); -N \le l \le 0)$ が

$$W_{(0,1)}^{(w,rev)}(l) \equiv W_{(0,1)}^{(w)}(N+l) \qquad (-N \le l \le 0) \tag{7.60}$$

で定義される. それに付随する後ろ向き $\mathrm{KM_2O}$-ランジュヴァン方程式を式 (7.21) に対応して導くことができる. すなわち, d 次の正方行列 $\gamma_-^{(w)}(n,k)$ $(0 \le k \le n-1)$ で

$$W_{(0,1)}^{(w)}(N-n) = -\sum_{k=0}^{n-1} \gamma_-^{(w)}(n,k)W_{(0,1)}^{(w)}(N-k) + \nu_-^{(w)}(-n) \tag{7.61}$$

を満たすものがただ一つ存在する.

注意 7.2.4. 前節の記号では, 行列 $\gamma_+^{(w)}(n,k)$, $\gamma_-^{(w)}(n,k)$ をそれぞれ $\gamma_+(\mathbf{W}_{(0,1)}^{(w)})(n,k)$, $\gamma_-(\mathbf{W}_{(0,1)}^{(w)})(n,k)$ と書くべきであるが, 見やすくするために簡略化した記号を用いた. それと同じ理由で, 前向き (後ろ向き) 揺動行列も $V_+(\mathbf{W}_{(0,1)}^{(w)})(m)$, $V_-(\mathbf{W}_{(0,1)}^{(w)})(m)$ と書くべきであるが, それぞれ $V_+^{(w)}(m)$, $V_-^{(w)}(m)$ と書くことにする.

主張 7.1.3, 主張 7.1.4, 主張 7.1.5, 主張 7.2.1, 主張 7.2.2, 主張 7.2.3 を導いた方法を用いて, 次のことを示すことができる.

主張 7.2.4.

(i) $\gamma_+^{(w)}(1,0) = -R^{(w)}(1)R^{(w)}(0)^{-1}$

(ii) $\gamma_-^{(w)}(1,0) = -\,{}^tR^{(w)}(1)R^{(w)}(0)^{-1}$

(iii) $V_+^{(w)}(1) = (I - \gamma_+^{(w)}(1,0)\gamma_-^{(w)}(1,0))R^{(w)}(0)$

(iv) $V_-^{(w)}(1) = (I - \gamma_-^{(w)}(1,0)\gamma_+^{(w)}(1,0))R^{(w)}(0)$

(v) $\gamma_+^{(w)}(2,0)V_-^{(w)}(1) = -(R^{(w)}(2) + \gamma_+^{(w)}(1,0)R^{(w)}(1))$

(vi) $\gamma_-^{(w)}(2,0)V_+^{(w)}(1) = -({}^tR^{(w)}(2) + \gamma_-^{(w)}(1,0)\,{}^tR^{(w)}(1))$

(vii) $V_+^{(w)}(2) = (I - \gamma_+^{(w)}(2,0)\gamma_-^{(w)}(2,0))V_+^{(w)}(1)$

(viii) $V_-^{(w)}(2) = (I - \gamma_-^{(w)}(2,0)\gamma_+^{(w)}(2,0))V_-^{(w)}(1)$

(ix) $\gamma_+^{(w)}(2,1) = \gamma_+^{(w)}(1,0) + \gamma_+^{(w)}(2,0)\gamma_-^{(w)}(1,0)$

(x) $\gamma_-^{(w)}(2,1) = \gamma_-^{(w)}(1,0) + \gamma_-^{(w)}(2,0)\gamma_+^{(w)}(1,0)$.

具体的に計算すると

$$\gamma_+^{(w)}(1,0) = \frac{-1}{1+w^2}\begin{pmatrix} 0 & -\frac{\sqrt{15}}{4} \\ 0 & \frac{1}{4} \end{pmatrix} \tag{7.62}$$

$$\gamma_-^{(w)}(1,0) = \frac{-1}{1+w^2}\begin{pmatrix} 0 & 0 \\ -\frac{\sqrt{15}}{4} & \frac{1}{4} \end{pmatrix} \tag{7.63}$$

$$V_+^{(w)}(1) = \frac{1}{16(1+w^2)}\begin{pmatrix} 16(w^4+2w^2)+1 & \sqrt{15} \\ \sqrt{15} & 16(w^4+2w^2)+15 \end{pmatrix} \tag{7.64}$$

$$V_-^{(w)}(1) = \begin{pmatrix} 1+w^2 & 0 \\ 0 & \frac{w^2(2+w^2)}{1+w^2} \end{pmatrix}. \tag{7.65}$$

ウェイト変換を施した効果は, 主張 7.1.4 (ii) と主張 7.1.5 (iv) と異なり, 行列 $V_+^{(w)}(1), V_-^{(w)}(1)$ が逆行列をもつことである.

$$\det(V_+^{(w)}(1)) = \det(V_-^{(w)}(1)) = w^2(2+w^2) \neq 0. \tag{7.66}$$

したがって, 主張 7.2.4 (v), (vi) より, 行列 $\gamma_+^{(w)}(2,0), \gamma_-^{(w)}(2,0)$ を求めることができ, 次で与えられる.

$$\gamma_+^{(w)}(2,0) = \frac{-1}{4(2+w^2)} \begin{pmatrix} 0 & -\frac{\sqrt{15}}{4} \\ 0 & \frac{1}{4} \end{pmatrix} \qquad (7.67)$$

$$\gamma_-^{(w)}(2,0) = \frac{-1}{4(2+w^2)} \begin{pmatrix} 0 & 0 \\ -\frac{\sqrt{15}}{4} & \frac{1}{4} \end{pmatrix}. \qquad (7.68)$$

一般の場合に戻るとき，次の定理を示すことができる．

定理 7.2.1.[82)] 各整数 n $(0 \le n \le N)$ に対し

(i) $\lim_{w \to 0} \nu_+(\mathbf{X}^{(w)})(n) = \nu_+(\mathbf{X})(n)$

(ii) $\lim_{w \to 0} V_+(\mathbf{X}^{(w)})(n) = V_+(\mathbf{X})(n)$

(iii) $\lim_{w \to 0} \nu_-(\mathbf{X}^{(w)})(-n) = \nu_-(\mathbf{X})(-n)$

(iv) $\lim_{w \to 0} V_-(\mathbf{X}^{(w)})(n) = V_-(\mathbf{X})(n)$.

さらに，次の定理を示すことができる．

定理 7.2.2.[82)] 各整数 n, k $(0 \le k < n \le N)$ に対し

(i) $\lim_{w \to 0} \gamma_+(\mathbf{X}^{(w)})(n,k)$ は収束する．これを $\gamma_+^0(\mathbf{X})(n,k)$ と記す．

(ii) $\lim_{w \to 0} \gamma_-(\mathbf{X}^{(w)})(n,k)$ は収束する．これを $\gamma_-^0(\mathbf{X})(n,k)$ と記す．

<u>計算例 7.2.3</u>　一般の確率過程に対する定理 7.2.1，定理 7.2.2 の特別な場合として，計算例 7.2.1 で扱ったテント写像に付随する確率過程 $\mathbf{W}_{(0,1)}$ に付随する行列 $\gamma_\pm^0(\mathbf{W}_{(0,1)})(1,0), \gamma_\pm^0(\mathbf{W}_{(0,1)})(2,0), V_\pm(\mathbf{W}_{(0,1)})(2)$ を求めよう．

式 (7.62)，(7.63) において，ウェイト w を 0 に近づけることによって，$\gamma_\pm^0(\mathbf{W}_{(0,1)})(1,0)$ が求まる．

$$\gamma_+^{(0)}(\mathbf{W}_{(0,1)})(1,0) = \begin{pmatrix} 0 & \frac{\sqrt{15}}{4} \\ 0 & -\frac{1}{4} \end{pmatrix} \qquad (7.69)$$

$$\gamma_-^{(0)}(\mathbf{W}_{(0,1)})(1,0) = \begin{pmatrix} 0 & 0 \\ \frac{\sqrt{15}}{4} & -\frac{1}{4} \end{pmatrix}. \qquad (7.70)$$

これらはそれぞれ式 (7.32)，(7.34) における $\gamma_+(1,0), \gamma_-(1,0)$ と一致する．行列 $V_\pm(\mathbf{W}_{(0,1)})(1)$ が逆行列をもつので，当然のことである．

次に，式 (7.67)，(7.68) において，ウェイト w を 0 に近づけることによって，

$\gamma_\pm(\mathbf{W}_{(0,1)})(2,0)$ が求まる.

$$\gamma_+^{(0)}(\mathbf{W}_{(0,1)})(2,0) = \frac{1}{2^5} \begin{pmatrix} 0 & \sqrt{15} \\ 0 & -1 \end{pmatrix} \qquad (7.71)$$

$$\gamma_-^{(0)}(\mathbf{W}_{(0,1)})(2,0) = \frac{1}{2^5} \begin{pmatrix} 0 & 0 \\ \sqrt{15} & -1 \end{pmatrix}. \qquad (7.72)$$

最後に, 主張 7.2.4 (vii), (viii) において, ウェイト w を 0 に近づけることによって, $V_\pm(\mathbf{W}_{(0,1)})(2)$ が求まる.

$$V_+(\mathbf{W}_{(0,1)})(2) = \frac{1}{2^4} \begin{pmatrix} 1 & \sqrt{15} \\ \sqrt{15} & 15 \end{pmatrix} \qquad (7.73)$$

$$V_-(\mathbf{W}_{(0,1)})(2) = \frac{1}{2^{10}} \begin{pmatrix} 0 & 0 \\ 0 & 2^6 - 1 \end{pmatrix}. \qquad (7.74)$$

主張 7.1.4 (ii), 主張 7.1.5 (iv) と同じく, 式 (7.73), (7.74) より, $V_\pm(\mathbf{W}_{(0,1)})(2)$ も逆行列をもたないことがわかる.

計算例 7.2.4　計算例 7.2.1 で扱ったテント写像に付随する確率過程 $\mathbf{W}_{(0,1)}$ を再び扱う. 式 (7.71), (7.72) の形より, 次の予想が立つ.

予想　各整数 n $(1 \leq n \leq N)$ に対し

(i) $\gamma_+^{(0)}(\mathbf{W}_{(0,1)})(n,0) = \frac{1}{2^{n+3}} \begin{pmatrix} 0 & \sqrt{15} \\ 0 & -1 \end{pmatrix}$

(ii) $\gamma_-^{(0)}(\mathbf{W}_{(0,1)})(n,0) = \frac{1}{2^{n+3}} \begin{pmatrix} 0 & 0 \\ \sqrt{15} & -1 \end{pmatrix}.$

これを直接計算によって示すことはほとんど不可能である. この予想が正しいのかどうかも込めて予想の考察は次の節で行う.

注意 7.2.5. この後半の手続きは純粋数学ではよく行われる. 大切なことは, $n = 1, 2$ のときの直接計算によって, 上の予想が成り立つのではないかという期待が持てたことである. このように, 純粋数学における「手計算」は重要な意味をもつ. もちろん, 純粋数学ではこの「予想」は「証明」されてはじめて意味をもつ. 5.3 節で述べた実験数学と般若心経の説明を補足するために, 「手計

算」・「予想」・「証明」が実験数学ではどのようなことに対応するのかを述べてみよう.「手計算」は実験数学においては「修行」としての「実験」に当たる.「手計算」によって得た「予想」は実験数学の憲法の仏教的解釈である「空即是色」の「色」に当たり, 実験数学では「情報」という意味をもつ.「予想」の「証明」を試みることは般若心経の「色即是空」の「即是」の実験数学的解釈の「修行」としての「解析」に当たる. この「解析」がなされなければ,「実験」によって得たと思われる「情報」も「無」になってしまう. これこそ,「色即是空」の実験数学的解釈である. 複雑な挙動をする時系列データから何かしらの情報を取り出そうとする実験数学において, 純粋数学における「手計算」は「計算機計算」によって実践される. しかし, 計算機に指示を与えるのは数理工学的に裏打ちされた**アルゴリズム** (algorithm) である. しかし, アルゴリズムができればそれで終わりではないのが実験数学の大切なところで,「修行」としての「実験」という実践活動が伴ってはじめて意味があるのである.「実験」と「解析」は実験数学では切り離せない関係で結ばれている. これこそ, 般若心経の「色即是空 空即是色」の二つの「即是」の実験数学的解釈である. すなわち,「色即是空」の「即是」は「修行」としての「実験」を 行う という解釈であり,「空即是色」の「即是」は「修行」としての「解析」を 行わない という解釈である. しかし,「即是」を 行う という積極的な解釈をすることにすれば,「空即是色 色即是色」が実証科学としての数学を目指す実験数学の心である. その意味で道元が「只管打坐」が禅において大切であるといったように,「只管実験」が実験数学における実験での憲法である.

定理 7.2.2 を式 (7.52), (7.53) に適用して, 各 n $(0 \leq n \leq N)$ に対し

$$X(n) = -\sum_{k=0}^{n-1} \gamma_+^0(\mathbf{X})(n,k)X(k) + \nu_+(\mathbf{X})(n) \tag{7.75}$$

$$X(N-n) = -\sum_{k=0}^{n-1} \gamma_-^0(\mathbf{X})(n,k)X(N-k) + \nu_-(\mathbf{X})(-n) \tag{7.76}$$

を導くことができる. 上の方程式の係数行列 $\gamma_+^0(\mathbf{X})(n,k), \gamma_-^0(\mathbf{X})(n,k)$ $(0 \leq k < n \leq N)$ の特徴付け定理を示すことができる.

定理 7.2.3.[82]

(i) 行列関数 $\gamma_+^0(\mathbf{X}) = (\gamma_+^0(\mathbf{X})(n,k); 0 \le k < n \le N)$ は空間 $\mathcal{LMD}_+(\mathbf{X})$ の中で次のノルム

$$\|\gamma_+(\mathbf{X})\| \equiv \left(\sum_{n=1}^{N} \sum_{k=0}^{n-1} \sum_{p,q=1}^{d} \gamma_{+pq}(n,k)^2 \right)^{1/2}$$

を最小にするただ一つの行列関数である. ここで, $\gamma_{+pq}(n,k)$ は d 次の正方行列 $\gamma_+(n,k)$ の (p,q) 成分である.

(ii) 行列関数 $\gamma_-^0(\mathbf{X}) = (\gamma_-^0(\mathbf{X})(n,k); 0 \le k < n \le N)$ は空間 $\mathcal{LMD}_-(\mathbf{X})$ の中で次のノルム

$$\|\gamma_-(\mathbf{X})\| \equiv \left(\sum_{n=1}^{N} \sum_{k=0}^{n-1} \sum_{p,q=1}^{d} \gamma_{-pq}(n,k)^2 \right)^{1/2}$$

を最小にするただ一つの行列関数である. ここで, $\gamma_{-pq}(n,k)$ は d 次の正方行列 $\gamma_-(n,k)$ の (p,q) 成分である.

この節で扱った一般の確率過程 $\mathbf{X}$ に対し, その時間発展を記述する二つの方程式を導いた. 方程式 (7.75) を確率過程 $\mathbf{X}$ に付随する**前向き KM_2O-ランジュヴァン方程式** (forward KM_2O-Langevin equation), 方程式 (7.76) を確率過程 $\mathbf{X}$ に付随する**後ろ向き KM_2O-ランジュヴァン方程式** (backward KM_2O-Langevin equation) という.

前向き KM_2O-ランジュヴァン方程式 (7.75) における散逸項の係数行列の全体 $\{\gamma_+^0(\mathbf{X})(n,k); 0 \le k < n \le N\}$ を確率過程 $\mathbf{X}$ に付随する**前向き KM_2O-ランジュヴァン散逸行列系** (system of the forward KM_2O-Langevin dissipation matrices) とよぶ.

同様に, 後ろ向き KM_2O-ランジュヴァン方程式 (7.76) における散逸項の係数行列の全体 $\{\gamma_-^0(\mathbf{X})(n,k); 0 \le k < n \le N\}$ を確率過程 $\mathbf{X}$ に付随する**後ろ向き KM_2O-ランジュヴァン散逸行列系** (system of the backward KM_2O-Langevin dissipation matrices) とよぶ.

注意 7.2.6. 確率過程 $\mathbf{X}$ が非退化のときは, 7.1 節で導いた確率過程 $\mathbf{X}$ に付

随する前向き (後ろ向き) KM$_2$O-ランジュヴァン散逸行列系はこの節で導いたものと一致する.

問 7.2.1 主張 7.2.2 の (i) を示せ.

問 7.2.2 主張 7.2.2 の (ii) を示せ.

問 7.2.3 主張 7.2.3 の (ii) を示せ.

問 7.2.4 補題 7.2.1 を示せ.

問 7.2.5 補題 7.2.2 を示せ.

問 7.2.6 式 (7.62), (7.63) を確かめよ.

問 7.2.7 式 (7.64), (7.65) を確かめよ.

問 7.2.8 式 (7.67), (7.68) を確かめよ.

問 7.2.9 式 (7.71), (7.72) を確かめよ.

問 7.2.10 式 (7.73), (7.74) を確かめよ.

7.3 弱定常過程と揺動散逸定理

前節と同じく, $\mathbf{X} = (X(n); 0 \leq n \leq N)$ を確率空間 $(\Omega, \mathcal{B}, P)$ で定義された d 次元の確率過程で, 必ずしも非退化の条件 (H.1) を満たすとは限らないとする. 6.2 節で扱ったテント写像に付随する確率過程 $\mathbf{W}_{(0,1)}$ は, 定理 6.2.1 で見たように, 弱定常性を満たしていた. 6.2 節, 7.1 節と 7.2 節で, 確率過程 $\mathbf{W}_{(0,1)}$ に付随する KM$_2$O-ランジュヴァン行列系のいくつかを直接計算によって求めた. そこで得られた事柄はどのようにテント写像がもつカオス性を反映しているかを見てみよう.

そのために, この節では前節と同じ設定のもとで, 前節で導いた確率過程 $\mathbf{X}$ に付随する KM$_2$O-ランジュヴァン方程式 ((7.75), (7.76)) の散逸項に現れる係数行列の系 $\{\gamma_+^0(\mathbf{X})(n,k), \gamma_-^0(\mathbf{X})(n,k); 0 \leq k < n \leq N\}$ と揺動項の分散行列の系 $\{V_+(\mathbf{X})(n), V_-(\mathbf{X})(n); 0 \leq n \leq N\}$ を用いて, 確率過程が弱定常性を満たすための必要十分条件を定量的に与えよう.

そのために, 各自然数 n $(1 \leq n \leq N)$ に対し, d 次の正方行列 $\delta_+^0(\mathbf{X})(n)$, $\delta_-^0(\mathbf{X})(n)$ を

$$\delta_+^0(\mathbf{X})(n) \equiv \gamma_+^0(\mathbf{X})(n,0) \quad (1 \leq n \leq N) \tag{7.77}$$

$$\delta_-^0(\mathbf{X})(n) \equiv \gamma_-^0(\mathbf{X})(n,0) \quad (1 \leq n \leq N) \tag{7.78}$$

とおく. それぞれの行列の全体 $\{\delta_+^0(\mathbf{X})(n); 1 \leq n \leq N\}$, $\{\delta_+^0(\mathbf{X})(n); 1 \leq n \leq N\}$ をそれぞれ**前向き $\mathbf{KM_2O}$-ランジュヴァン偏相関行列系** (system of the forward $\mathrm{KM_2O}$-Langevin partial correlation matrices), **後ろ向き $\mathbf{KM_2O}$-ランジュヴァン偏相関行列系** (system of the backward $\mathrm{KM_2O}$-Langevin partial correlation matrices) という.

6.2 節の定理 6.2.1 において, テント写像に付随する確率過程 $\mathbf{W}_{(0,1)}$ が弱定常性を満たすことを示したが, 確率過程 $\mathbf{X}$ の弱定常性の定義を一般的に与えよう.

定義 7.3.1. $\mathbf{X}$ が**弱定常性** (weakly stationary property) を満たすとは, 関数 $R : \{-N, -N+1, \ldots, N-1, N\} \to M(d; \mathbf{R})$ が存在して

$$(X(m),\ {}^tX(n)) = R(m-n) \quad (0 \leq m, n \leq N)$$

が成り立つときをいう. このとき, $\mathbf{X}$ を**弱定常過程** (weakly stationary process), 関数 R を弱定常過程 $\mathbf{X}$ の**共分散行列関数** (covariance matrix function) という.

補題 7.2.2 より, 次のことを示すことができる.

補題 7.3.1. 確率過程 $\mathbf{X}$ が弱定常性を満たすための必要十分条件は任意の正数 w に対し, 確率過程 $\mathbf{X}^{(w)}$ が弱定常性を満たすことである.

この証明は節末問題とする.

テント写像に対する結果 (主張 7.1.4 (i), 主張 7.1.5 (iii), 主張 7.2.1 (i), 主張 7.2.2 (i), 主張 7.2.3) を一般化して, 確率過程 $\mathbf{X}$ の弱定常性を次のように特徴付けることができる.

定理 7.3.1.[74, 82] $\mathbf{X}$ が弱定常性を満たすための必要十分条件は次の関係式 (DDT-1),(DDT-2),(FDT-1),(FDT-2),(FDT-3) が成り立つことである. 任意の自然数 k, m, n $(1 \leq k < m \leq N, 1 \leq n \leq N)$ に対し

7.3 弱定常過程と揺動散逸定理　　　177

　(i) (DDT-1) $\gamma_+^0(\mathbf{X})(m,k)$
$$= \gamma_+^0(\mathbf{X})(m-1,k-1) + \delta_+^0(\mathbf{X})(m)\gamma_-^0(\mathbf{X})(m-1,m-k-1)$$
　(ii) (DDT-2) $\gamma_-^0(\mathbf{X})(m,k)$
$$= \gamma_-^0(\mathbf{X})(m-1,k-1) + \delta_-^0(\mathbf{X})(m)\gamma_+^0(\mathbf{X})(m-1,m-k-1).$$
　(iii) (FDT-1) $V_+(\mathbf{X})(n) = (I - \delta_+^0(\mathbf{X})(n)\delta_-^0(\mathbf{X})(n))V_+(\mathbf{X})(n-1)$
　(iv) (FDT-2) $V_-(\mathbf{X})(n) = (I - \delta_-^0(\mathbf{X})(n)\delta_+^0(\mathbf{X})(n))V_-(\mathbf{X})(n-1)$
　(v) (FDT-3) $\delta_+^0(\mathbf{X})(n)V_-(\mathbf{X})(n) = V_+(\mathbf{X})(n)\,{}^t\delta_-^0(\mathbf{X})(n).$

　(DDT-1),(DDT-2) を合わせて**散逸散逸定理** (dissipation-dissipation theorem)，(FDT-1),(FDT-2),(FDT-3) を合わせて**揺動散逸定理** (fluctuation-dissipation theorem) とよび，これらを総称して**揺動散逸定理**とよぶ.

　さらに，定理 7.3.1 で構成された $M(d;\mathbf{R})$ の部分集合 $\mathcal{LM}(\mathbf{X}) = \{r_+^0(\mathbf{X})(n,k), r_-^0(\mathbf{X})(n,k), \delta_+^0(\mathbf{X})(n), \delta_-^0(\mathbf{X})(n), V_+(\mathbf{X})(l), V_-(\mathbf{X})(l); 0 \le k < n \le N, 0 \le l \le N\}$ を弱定常過程 $\mathbf{X}$ に付随する **KM$_2$O-ランジュヴァン行列系** (system of KM$_2$O-Langevin matrices) という.

　この定理 7.3.1 は，弱定常過程 $\mathbf{X}$ が弱定常性を満たすとき，確率過程 $\mathbf{X}$ に付随する KM$_2$O-ランジュヴァン行列系は確率過程 $\mathbf{X}$ に付随する前向きと後ろ向き KM$_2$O-ランジュヴァン偏相関行列系によって完全に定まることを主張している.

　定理 7.3.1 を用いて，テント写像に対する主張 7.2.4 (i), (ii), (v), (vi) を弱定常性をもつ確率過程 $\mathbf{X}$ の場合に一般化することができる.

定理 7.3.2.[74, 82]　確率過程 $\mathbf{X}$ は弱定常性をもつとする. このとき, 任意の自然数 $n\ (1 \le n \le N)$ に対し
　(i) $\delta_+^0(\mathbf{X})(n,0)V_-(\mathbf{X})(n-1)$
$$= -(R(n) + \textstyle\sum_{k=1}^{n-1}\gamma_+^0(\mathbf{X})(n-1,k-1)R(k))$$
　(ii) $\delta_-^0(\mathbf{X})(n,0)V_+(\mathbf{X})(n-1)$
$$= -({}^tR(n) + \textstyle\sum_{k=1}^{n-1}\gamma_-^0(\mathbf{X})(n-1,k-1)\,{}^tR(k)).$$

　この定理 7.3.2 は，弱定常過程 $\mathbf{X}$ が非退化のときは，前向きと後ろ向き KM$_2$O-ランジュヴァン偏相関行列 $\delta_\pm^0(n)$ を時間が $n-1$ までの前向きと後ろ

178 　7. 確率過程と揺動散逸定理

向き KM_2O-ランジュヴァン散逸行列系 $\{\gamma_\pm^0(m,k); 0 \le m \le n-1\}$ と時間 n までの共分散行列関数 $R(m)$ $(0 \le m \le n)$ によって求める**アルゴリズム**を与えている.

注意 7.3.1. 弱定常過程 $\mathbf{X}$ が退化しているときは, 定理 7.3.2 を非退化な弱定常過程 $\mathbf{X}^{(w)}$ に適用して, 上で述べたアルゴリズムに従って前向きと後ろ向き KM_2O-ランジュヴァン偏相関行列 $\delta_\pm^{(w)}(n)$ を求める. その後で, ウェイト w を 0 に近づけることによって, 前向きと後ろ向き KM_2O-ランジュヴァン偏相関行列 $\delta_\pm^0(n)$ を求める. そこでの極限の存在は定理 7.2.2 によって保証されている.

問 7.3.1 補題 7.3.1 を示せ.

7.4 テント写像に付随する弱定常過程と揺動散逸定理

計算例 7.2.1 で扱ったテント写像に付随する確率過程 $\mathbf{W}_{(0,1)}$ を扱う. 前節の最後に述べた注意 7.3.1 に従って, 7.2 節で保留していた予想を考察しよう. 実は, 「予想」の基本的なところは正しいが, 予想は間違っている. 「手計算」によって得た「情報」としての「予想」は「解析」という修行を踏むことによって, 「予想」は無になるのではなく, 正しい「情報」となる.

[Step 1] 弱定常性を満たす確率過程 $\mathbf{W}_{(0,1)}$ の共分散行列関数 $R = (R(n); |n| \le N)$ は定理 6.2.2 において求めた. 定理 6.2.2 (i), (ii) より, 次のことが成り立つことがわかる.

$$R(n) = R^n \qquad (1 \le n \le N).$$

ここで, 行列 R は次で与えられる.

$$R = \begin{pmatrix} 0 & -\frac{\sqrt{15}}{4} \\ 0 & \frac{1}{4} \end{pmatrix}. \tag{7.79}$$

[Step 2] さらに, 補題 7.2.2 より

$$\begin{cases} R^{(w)}(0) = I + w^2 \\ R^{(w)}(n) = R^n \quad (1 \le n \le N). \end{cases}$$

[Step 3] 確率過程 $\mathbf{W}_{(0,1)}^{(w)}$ は非退化で定常性を満たすので, 定理 7.3.2 (i) より, 任意の正数 w と自然数 n $(1 \le n \le N)$ に対し

$$\gamma_+(\mathbf{W}_{(0,1)}^{(w)})(n,0)V_-(\mathbf{W}_{(0,1)}^{(w)})(n-1)$$
$$= -(R^{(w)}(n) + \sum_{k=1}^{n-1} \gamma_+(\mathbf{W}_{(0,1)}^{(w)})(n-1,k-1)R^{(w)}(k))$$

が成り立つ.

[Step 4] 確率過程 $\mathbf{W}_{(0,1)}$ に対して式 (7.31), (7.41) で示した考えを確率過程 $\mathbf{W}_{(0,1)}^{(w)}$ に付随する前向き KM$_2$O-ランジュヴァン方程式 (7.52) に適用する. すなわち, (7.52) の両辺とベクトル $\mathbf{W}_{(0,1)}^{(w)}(0)$ との内積行列をとると, 任意の自然数 n $(1 \le n \le N)$ に対し

$$R^{(w)}(n) = -\sum_{k=0}^{n-1} \gamma_+^{(w)}(n,k)R^{(w)}(k)$$

が成り立つ.

[Step 5] 式 (7.77), (7.78) と, 注意 7.2.4 の記法に従って, 2 次の正方行列 $\delta_+^{(w)}(n), \delta_-^{(w)}(n)$ を

$$\delta_+^{(w)}(n) \equiv \gamma_+^{(w)}(n,0) \quad (1 \le n \le N) \qquad (7.80)$$
$$\delta_-^{(w)}(n) \equiv \gamma_-^{(w)}(n,0) \quad (1 \le n \le N) \qquad (7.81)$$

とおく. このとき, $\delta_+^{(w)}(n)$ $(1 \le n \le N)$ に対する次の漸化式が成り立つ. 任意の正数 w と自然数 n $(1 \le n \le N-1)$ に対し

$$\delta_+^{(w)}(n+1) = \delta_+^{(w)}(n)(w^2R)V_-(\mathbf{W}_{(0,1)}^{(w)})(n)^{-1}$$

が成り立つ.

証明 [Step 1], [Step 2], [Step 3] より

$$\delta_+^{(w)}(n+1)V_-(\mathbf{W}_{(0,1)}^{(w)})(n)$$

$$
= -\left(R^{(w)}(n+1) + \sum_{k=1}^{n} \gamma_+^{(w)}(n, k-1) R^{(w)}(k) \right)
$$

$$
= -\left(R^{n+1} + \sum_{k=1}^{n} \gamma_+^{(w)}(n, k-1) R^k \right)
$$

$$
= -\left(R^{n+1} + \sum_{k=0}^{n-1} \gamma_+^{(w)}(n, k) R^{k+1} \right)
$$

$$
= -\left(R^{(w)}(n) + \sum_{k=0}^{n-1} \gamma_+^{(w)}(n, k) R^{(w)}(k) - w^2 \delta_+^{(w)}(n) \right) R
$$

が得られる. したがって, [Step 4] を上式の右辺の第 1 項に適用して, [Step 5] が示される. 確率過程 $\mathbf{W}_{(0,1)}$ は非退化であるから, 行列 $V_-(\mathbf{W}_{(0,1)}^{(w)})(n)$ が逆行列をもつことを注意する. (証明終)

[Step 6] 同様に, $\delta_-^{(w)}(n)$ $(1 \leq n \leq N)$ に対する次の漸化式が成り立つ. 任意の正数 w と自然数 n $(1 \leq n \leq N-1)$ に対し

$$
\delta_-^{(w)}(n+1) = \delta_-^{(w)}(n)(w^2 \, {}^tR) V_+(\mathbf{W}_{(0,1)}^{(w)})(n)^{-1}.
$$

[Step 7] 任意の正数 w と自然数 n $(1 \leq n \leq N-1)$ に対し, 0 でない実数 $\alpha_n(w)$ が存在して

$$
\begin{cases}
\delta_+^{(w)}(n) & = (\prod_{k=1}^{n} \alpha_k(w)) R \quad (1 \leq n \leq N) \\
\delta_-^{(w)}(n) & = (\prod_{k=1}^{n} \alpha_k(w)) \, {}^tR \quad (1 \leq n \leq N)
\end{cases}
$$

が成り立つ. 特に

$$
\begin{aligned}
\alpha_1(w) & = -\tfrac{1}{1+w^2} \\
\alpha_2(w) & = \tfrac{1}{4(2+w^2)}.
\end{aligned}
$$

証明 n に関する数学的帰納法で証明する. $n = 1$ に対しては, 式 (7.62), (7.63) より, $\alpha_1(w) \equiv -\frac{1}{1+w^2}$ として成り立つ. $n = 2$ に対しては, 式 (7.67), (7.68) より, $\alpha_2(w) \equiv \frac{1}{4(2+w^2)}$ として成り立つ. 自然数 n_0 $(2 \leq n_0 \leq N-1)$ に対し, n_0 までの自然数 n $(1 \leq n \leq n_0)$ に対して, [Step 7] の主張が成り立つと仮定する. このとき, [Step 5] の漸化式と定理 7.3.1 の (FDT-1) より

$$
\delta_+^{(w)}(n_0 + 1)
$$

$$= \delta_+^{(w)}(n_0)(w^2 R)V_-(\mathbf{W}_{(0,1)}^{(w)})(n_0)^{-1}$$
$$= \delta_+^{(w)}(n_0)(w^2 R)((I - \delta_-^{(w)}(n_0)\delta_+^{(w)}(n_0))V_-(\mathbf{W}_{(0,1)}^{(w)})(n_0 - 1))^{-1}$$
$$= \delta_+^{(w)}(n_0)(w^2 R)V_-(\mathbf{W}_{(0,1)}^{(w)})(n_0 - 1)^{-1}(I - \delta_-^{(w)}(n_0)\delta_+^{(w)}(n_0))^{-1}$$

が得られる. 数学的帰納法の仮定と [Step 5] を用いて

$$\delta_+^{(w)}(n_0 + 1)$$
$$= \alpha_{n_0}(w)\delta_+^{(w)}(n_0 - 1)(w^2 R)V_-(\mathbf{W}_{(0,1)}^{(w)})(n_0 - 1)^{-1}$$
$$\cdot (I - \delta_-^{(w)}(n_0)\delta_+^{(w)}(n_0))^{-1}$$
$$= \alpha_{n_0}(w)\delta_+^{(w)}(n_0)(I - \delta_-^{(w)}(n_0)\delta_+^{(w)}(n_0))^{-1}$$
$$= \alpha_{n_0}(w)\left(\prod_{k=1}^{n_0}\alpha_k(w)\right)R\left(I - \prod_{k=1}^{n_0}(\alpha_k^2(w))\, {}^tRR\right)^{-1}$$

が得られる. [Step 1] において定義した行列 R の形 (7.79) に注意して, 直接計算すると

$$R\left(I - \prod_{k=1}^{n_0}(\alpha_k^2(w))\, {}^tRR\right)^{-1} = \frac{1}{1 - \prod_{k=1}^{n_0}\alpha_k^2(w)}R$$

となる. したがって, 数学的帰納法の仮定を再び用いて

$$\delta_+^{(w)}(n_0 + 1) = \alpha_{n_0}(w)\left(\prod_{k=1}^{n_0}\alpha_k(w)\right)\frac{1}{1 - \prod_{k=1}^{n_0}\alpha_k^2(w)}R$$
$$= \frac{\alpha_{n_0}(w)}{1 - \prod_{k=1}^{n_0}\alpha_k^2(w)}\left(\prod_{k=1}^{n_0}\alpha_k(w)\right)R$$
$$= \frac{\alpha_{n_0}(w)}{1 - \prod_{k=1}^{n_0}\alpha_k^2(w)}\delta_+^{(w)}(n_0)$$

が成り立つ. 同様にして

$$\delta_-^{(w)}(n_0 + 1) = \frac{\alpha_{n_0}(w)}{1 - \prod_{k=1}^{n_0}\alpha_k^2(w)}\delta_-^{(w)}(n_0)$$

が得られる. したがって, $\alpha_{n_0+1}(w) \equiv \frac{\alpha_{n_0}(w)}{1 - \prod_{k=1}^{n_0}\alpha_k^2(w)}$ として, $n = n_0 + 1$ のと

きの [Step 7] の主張が成り立つ.

以上のことより, [Step 7] が証明された.　　　　　　　　　(証明終)

[Step 7] の証明より

[Step 8]

$$\alpha_{n+1}(w) = \frac{\alpha_n(w)}{1 - \prod_{k=1}^{n} \alpha_k^2(w)} \quad (2 \leq n \leq N-1).$$

[Step 9]　任意の正数 w と自然数 n $(3 \leq n \leq N-1)$ に対し, 次の漸化式が成り立つ.

$$\frac{1}{\alpha_{n+1}(w)} + \alpha_n(w) = \frac{1}{\alpha_n(w)} + \alpha_{n-1}(w).$$

証明　[Step 8] より

$$\alpha_{n+1}(w) = \frac{\alpha_n(w)}{1 - \alpha_n^2(w) \prod_{k=1}^{n-1} \alpha_k^2(w)} \quad (2 \leq n \leq N-1). \tag{7.82}$$

$3 \leq n \leq N-1$ なる自然数 n に対し, 再び [Step 8] を用いて

$$\alpha_n(w) \left(1 - \prod_{k=1}^{n-1} \alpha_k^2(w) \right) = \alpha_{n-1}(w).$$

したがって

$$\prod_{k=1}^{n-1} \alpha_k^2(w) = 1 - \frac{\alpha_{n-1}(w)}{\alpha_n(w)}. \tag{7.83}$$

式 (7.83) を式 (7.82) に代入して

$$\alpha_{n+1}(w) = \frac{\alpha_n(w)}{1 - \alpha_n^2(w) + \alpha_n(w)\alpha_{n-1}(w)}$$

が得られる. 両辺の逆数をとって, [Step 9] が証明される.　　　(証明終)

[Step 10]　任意の正数 w に対し

$$\frac{1}{\alpha_3(w)} + \alpha_2(w) = \frac{16(2+w^2)(1+w^2)^2 + w^2}{4(1+w^2)^2}.$$

[Step 8] と [Step 9] より, 直接計算によって確かめられる.

[Step 11]　任意の正数 w と自然数 n $(2 \leq n \leq N-1)$ に対し, 次の漸化式

が成り立つ.

$$\alpha_{n+1}(w) = \cfrac{1}{\frac{16(2+w^2)(1+w^2)^2+w^2}{4(1+w^2)^2} - \alpha_n(w)}.$$

[Step 9] と [Step 10] より従う.

[Step 12]

(i) $\lim_{w\to 0} \alpha_1(w) = -1$

(ii) 任意の自然数 n $(2 \le n \le N)$ に対し, 実数 $\alpha_n(w)$ は $w \to 0$ で収束し, $|\lim_{w\to 0} \alpha_n(w)| < 1$ を満たす.

証明 [Step 7] より, $\lim_{w\to 0} \alpha_1(w) = -1$ であるから, (i) は成り立つ. (ii) を n に関する数学的帰納法で証明する. [Step 7] より, $\lim_{w\to 0} \alpha_2(w) = 1/8$ であるから, (ii) は $n = 2$ のときは成立する. $n = n_0$ のとき成立したと仮定する. このとき

$$\left| \lim_{w\to 0} \left(\frac{16(2+w^2)(1+w^2)^2+w^2}{4(1+w^2)^2} - \alpha_{n_0}(w) \right) \right| = |8 - \lim_{w\to 0} \alpha_{n_0}(w)|$$
$$\ge 8 - |\lim_{w\to 0} \alpha_{n_0}(w)| > 7$$

であるから, [Step 11] より, $\alpha_{n_0+1}(w)$ は $w \to 0$ のとき収束し

$$|\lim_{w\to 0} \alpha_{n_0+1}(w)| = \frac{1}{|\lim_{w\to 0}(\frac{16(2+w^2)(1+w^2)^2+w^2}{4(1+w^2)^2} - \alpha_{n_0}(w))|} < 1$$

が成り立つ.

したがって, [Step 12] は証明された.   (証明終)

今までの準備のもとで, 7.2 節で保留していた予想を修正して, 次の定理を証明することができる.

定理 7.4.1. 確率過程 $\mathbf{W}_{(0,1)}$ に付随する $\mathrm{KM_2O}$-ランジュヴァン偏相関行列系は次のアルゴリズムに従う.

(i) $\delta_+^0(n) = {}^t\delta_-^0(n)$ $(1 \le n \le N)$

(ii) $\delta_+^{(0)}(1) = \begin{pmatrix} 0 & \frac{\sqrt{15}}{4} \\ 0 & -\frac{1}{4} \end{pmatrix}$

(iii) $\delta_+^0(n) = \alpha_n \delta_+^0(n-1)$ $(2 \le n \le N)$.

ただし

$$\begin{cases} \alpha_2 = \frac{1}{8} \\ \alpha_n = \frac{1}{8-\alpha_{n-1}} \quad (3 \le n \le N). \end{cases}$$

証明 [Step 12] より, $\alpha_n \equiv \lim_{w \to 0} \alpha_n(w)$ とおくことができる. [Step 7], [Step 11], [Step 12] より, 定理 7.4.1 が証明される. (証明終)

7.5 KM₂O-ランジュヴァン行列系の構成定理

有限集合 $\{-N, -N+1, \dots, N-1, N\}$ の上で定義され, $M(d; \mathbf{R})$ の値をとる関数 $R = (R(n); |n| \le N)$ が与えられたとする. この節の目的は, $M(d; \mathbf{R})$ の部分集合 $\mathcal{LM}(R) = \{\gamma_+^0(n, k), \gamma_-^0(n, k), \delta_+^0(n), \delta_-^0(n), V_+^0(l), V_-^0(l); 0 \le k < n \le N, 0 \le l \le N\}$ で, その成分が散逸散逸定理 ((DDT-1),(DDT-2)) と揺動散逸定理 ((FDT-1),(FDT-2),(FDT-3)) を満たすものを構成することである.

そのための条件を与えるために, 行列関数 R を用いて, 各自然数 n $(1 \le n \le N+1)$ に対して, **テープリッツ行列** (Toeplitz matrix) とよばれるブロック行列 $T_+(n)(\in M(nd; \mathbf{R}))$ を

$$T_+(n) \equiv \begin{pmatrix} R(0) & R(1) & \cdots & R(n-1) \\ R(-1) & R(0) & \cdots & R(n-2) \\ \vdots & \vdots & \ddots & \vdots \\ R(-(n-1)) & R(-(n-2)) & \cdots & R(0) \end{pmatrix} \quad (7.84)$$

で定義する. テープリッツ行列の概念は定理 6.2.3 を証明する問 6.2.10 の解答の中に出ていた. 一般の場合の意味は次の節で与えられる. 次のテープリッツ条件 ((7.85), (7.86), (7.87)) が成り立つ場合を考察する.

$$^tR(n) = R(-n) \qquad (0 \le n \le N) \tag{7.85}$$

$$R(0) \in GL(d; \mathbf{R}) \tag{7.86}$$

$$(T_+(n)\xi, \xi) \ge 0 \qquad (\xi \in \mathbf{R}^{nd}, 1 \le n \le N+1). \tag{7.87}$$

特に, 式 (7.85) から, 次のことが成り立つ.

7.5 KM₂O-ランジュヴァン行列系の構成定理 185

$$T_+(1) = R(0) \tag{7.88}$$

$$^t T_+(n) = T_+(n) \qquad (1 \le n \le N+1). \tag{7.89}$$

7.2 節の式 (7.56) と同様に, 各正数 w に対し, 関数 $R^{(w)} = (R^{(w)}(n); |n| \le N)$ を次で定義する.

$$R^{(w)}(n) \equiv R(n) + w^2 \delta_{n,0} I \qquad (|n| \le N). \tag{7.90}$$

[Step 0] $V_+(0), V_-(0)$ を次で定義する.

$$V_+(0) \equiv R(0) \tag{7.91}$$

$$V_-(0) \equiv R(0). \tag{7.92}$$

[Step 1] $\delta_+^{(w)}(1), \delta_-^{(w)}(1)$ を次で定義する.

$$\delta_+^{(w)}(1) \equiv -R^{(w)}(1)R^{(w)}(0)^{-1} \tag{7.93}$$

$$\delta_-^{(w)}(1) \equiv -R^{(w)}(1)R^{(w)}(0)^{-1}. \tag{7.94}$$

[Step 1-DDT] $\gamma_+^{(w)}(1,0), \gamma_-^{(w)}(1,0)$ を次で定義する.

$$\gamma_+^{(w)}(1,0) \equiv \delta_+^{(w)}(1) \tag{7.95}$$

$$\gamma_-^{(w)}(1,0) \equiv \delta_-^{(w)}(1). \tag{7.96}$$

[Step 1-FDT] $V_+^{(w)}(1), V_-^{(w)}(1)$ を次で定義する.

$$V_+^{(w)}(1) \equiv (I - \delta_+^{(w)}(1)\delta_-^{(w)}(1))R^{(w)}(0) \tag{7.97}$$

$$V_-^{(w)}(1) \equiv (I - \delta_-^{(w)}(1)\delta_+^{(w)}(1))R^{(w)}(0). \tag{7.98}$$

[Step n] ある自然数 n $(1 \le n \le N-1)$ に対し, $M(d; \mathbf{R})$ の部分集合 $\mathcal{LM}(R^{(w)}; n) = \{\gamma_+^{(w)}(m,k), \gamma_-^{(w)}(m,k), \delta_+^{(w)}(m), \delta_-^{(w)}(m), V_+^{(w)}(l), V_-^{(w)}(l)$ $(0 \le k < m \le n, 0 \le l \le n)\}$ で, その成分が (DDT-1),(DDT-2),(FDT-1), (FDT-2),(FDT-3) を満たすものが構成されたとする.

[Step $n+1$] そのとき, [Step n] から [Step $n+1$] に移る手順において, 行列 $\delta_+^{(w)}(n+1), \delta_-^{(w)}(n+1)$ を関数 $R^{(w)}(m)$ $(|m| \le n+1)$ と $\mathcal{LM}(R^{(w)}; n)$

の要素を用いて次のように定義する.

$$\delta_{\pm}^{(w)}(n+1) \equiv -\{R^{(w)}(\pm(n+1)) + \sum_{k=0}^{n-1} \gamma_{\pm}^{(w)}(n,k) R^{(w)}(\pm(k+1))\} V_{\mp}^{(w)}(n)^{-1}.$$
(7.99)

[Step $n+1$-DDT] 次に, $\delta_{+}^{(w)}(n+1), \delta_{-}^{(w)}(n+1)$ と $\mathcal{LM}(R^{(w)}; n)$ の要素である $\gamma_{+}^{(w)}(n,k), \gamma_{-}^{(w)}(n,k)$ $(0 \le k \le n-1)$ を用いて, 行列 $\gamma_{+}^{(w)}(n+1,k)$, $\gamma_{-}^{(w)}(n+1,k)$ を (DDT-1),(DDT-2) に従って次のように定義する.

$$\begin{cases} \gamma_{\pm}^{(w)}(n+1,0) \equiv \delta_{\pm}^{(w)}(n+1) \\ \gamma_{\pm}^{(w)}(n+1,k) \equiv \gamma_{\pm}^{(w)}(n,k-1) + \delta_{\pm}^{(w)}(n+1) \gamma_{\mp}^{(w)}(n,n-k) . \end{cases}$$
$$(1 \le k \le n) \quad (7.100)$$

[Step $n+1$-FDT] さらに, $\delta_{+}^{(w)}(n+1)$, $\delta_{-}^{(w)}(n+1)$ と $\mathcal{LM}(R^{(w)}; n)$ の要素である $V_{+}^{(w)}(n)$, $V_{-}^{(w)}(n)$ を用いて, 行列 $V_{+}^{(w)}(n+1)$, $V_{-}^{(w)}(n+1)$ を (FDT-1),(FDT-2) に従って次のように定義する.

$$V_{\pm}^{(w)}(n+1) \equiv (I - \delta_{\pm}^{(w)}(n+1) \delta_{\mp}^{(w)}(n+1)) V_{\pm}^{(w)}(n).$$
(7.101)

以上のことをまとめて, 次の補題が得られる.

補題 7.5.1. テープリッツ条件を満たす行列関数 $R = (R(n); |n| \le N)$ が与えられているとする. このとき, 各正数 w に対し, $M(d; \mathbf{R})$ の部分集合 $\mathcal{LM}(R^{(w)}) = \{\gamma_{+}^{(w)}(n,k), \gamma_{-}^{(w)}(n,k), \delta_{+}^{(w)}(n), \delta_{-}^{(w)}(n), V_{+}^{(w)}(l), V_{-}^{(w)}(l)$ $(0 \le k < n \le N, 0 \le l \le N)\}$ で, その成分が (DDT-1),(DDT-2),(FDT-1), (FDT-2),(FDT-3) を満たし, 次の関係を満たすものが唯一つ存在する.

$$\begin{cases} \delta_{+}^{(w)}(n+1) = -\left(R^{(w)}(n+1) + \sum_{k=0}^{n-1} \gamma_{+}^{(w)}(n,k) R^{(w)}(k+1)\right) V_{-}^{(w)}(n)^{-1} \\ \delta_{-}^{(w)}(n+1) = -\left({}^t R^{(w)}(n+1) + \sum_{k=0}^{n-1} \gamma_{-}^{(w)}(n,k) \, {}^t R^{(w)}(k+1)\right) V_{+}^{(w)}(n)^{-1}. \end{cases}$$

上の補題で正数 w を 0 に近づけることによって, 次の定理を示すことができる.

定理 7.5.1.[82]　任意の自然数 k, m, n $(0 \le k < m \le N, 0 \le n \le N)$ に対し

(i) $\lim_{w \to 0} \gamma_+^{(w)}(m, k)$ が存在する．これを $\gamma_+^0(m, k)$ と書く．

　　特に，$\delta_+^0(m) \equiv \gamma_+^0(m, 0)$ と書く．

(ii) $\lim_{w \to 0} \gamma_-^{(w)}(m, k)$ が存在する．これを $\gamma_-^0(m, k)$ と書く．

　　特に，$\delta_-^0(m) \equiv \gamma_-^0(m, 0)$ と書く．

(iii) $\lim_{w \to 0} V_+^{(w)}(n) = V_+^0(n)$.

(iv) $\lim_{w \to 0} V_-^{(w)}(n) = V_-^0(n)$.

補題 7.5.1 と定理 7.5.1 より，次の定理が成り立つ．

定理 7.5.2.[82]　テープリッツ条件を満たす行列関数 $R = (R(n); |n| \le N)$ が与えられているとする．$M(d; \mathbf{R})$ の部分集合 $\mathcal{LM}(R) \equiv \{\gamma_+^0(n, k), \gamma_-^0(n, k), \delta_+^0(n), \delta_-^0(n), V_+^0(l), V_-^0(l)$ $(0 \le k \le n \le N, 0 \le l \le N)\}$ はその成分が (DDT-1),(DDT-2),(FDT-1),(FDT-2),(FDT-3) を満たす．

定理 7.5.2 で構成された $M(d; \mathbf{R})$ の部分集合 $\mathcal{LM}(R)$ を行列関数 R に付随する **KM$_2$O-ランジュヴァン行列系**という．

7.6 揺動散逸原理

前節で扱ったテープリッツ条件 ((7.85), (7.86), (7.87)) を満たす有限集合 $\{-N, -N+1, \ldots, N-1, N\}$ の上で定義され，$M(d; \mathbf{R})$ の値をとる関数 $R = (R(n); |n| \le N)$ が与えられたとする．$\mathcal{LM}(R)$ を定理 7.5.2 で構成された行列関数 R に付随する KM$_2$O-ランジュヴァン行列系とする．

二つの d 次元の確率過程 $\mathbf{X} = (X(n); 0 \le n \le N), \xi = (\xi(n); 0 \le n \le N)$ が与えられ，次の関係式で結ばれているとする．

$$X(n) = -\sum_{k=0}^{n-1} \gamma_+^0(n, k) X(k) + \xi(n) \qquad (0 \le n \le N). \qquad (7.102)$$

これには二つの解釈がある．一つは，d 次元確率過程 $\mathbf{X} = (X(n); 0 \le n \le N)$ が先に与えられ，d 次元の確率過程 $\xi = (\xi(n); 0 \le n \le N)$ を次のアルゴリズムに従って導くという解釈である．

$$X(n) \equiv -\sum_{k=0}^{n-1} \gamma_+^0(n,k)X(k) + \xi(n) \qquad (0 \le n \le N). \tag{7.103}$$

二つめの解釈は, d 次元の確率過程 $\xi = (\xi(n); 0 \le n \le N)$ が先に与えられ, d 次元の確率過程 $\mathbf{X} = (X(n); 0 \le n \le N)$ を次のアルゴリズムに従って**構成**するという解釈である.

$$\xi(n) \equiv X(n) + \sum_{k=0}^{n-1} \gamma_+^0(n,k)X(k) \qquad (0 \le n \le N). \tag{7.104}$$

このとき, 定理 7.3.1 と定理 7.5.2 を用いることによって, 次の定理を示すことができる.

定理 7.6.1. (揺動散逸原理) 確率過程 $\mathbf{X}$ が弱定常性を満たし, その共分散行列関数が R と一致するための必要十分条件は確率過程 ξ が次の性質を満たすことである.

(WN) $\quad (\xi(n), {}^t\xi(m)) = \delta_{m,n}V_+^0(n) \qquad (0 \le m, n \le N).$

上の定理より, テープリッツ行列はある d 次元ベクトルの内積行列, すなわち, グラム行列となる.

7.7 確率過程の線形予測公式 (1)：一般の場合

この節では 7.2 節で扱った確率空間 $(\Omega, \mathcal{B}, P)$ で定義された d 次元の確率過程 $\mathbf{X} = (X(n); 0 \le n \le N)$ を対象とする. 時刻 l からある時刻 r $(0 \le l \le r < N)$ までの $\mathbf{M}_l^r(\mathbf{X})$ という「線形の情報」がわかったとき, それ以後を予測する前向きの線形予測公式を求めよう.

前向きの線形予測公式 (forward linear prediction formula) とは, 時刻 l から時刻 r $(0 \le l \le r < N)$ までの線形の情報 $\mathbf{M}_l^r(\mathbf{X})$ を用いて, p 期先の未来 $X(r+p)$ $(0 < p \le N - r)$ の動きを予測する公式のことである. 数学的には, ベクトル $X(r+p)$ を部分空間 $\mathbf{M}_l^r(\mathbf{X})$ に射影したベクトル

$$P_{\mathbf{M}_l^r(\mathbf{X})}X(r+p) \tag{7.105}$$

7.7 確率過程の線形予測公式 (1)：一般の場合 189

を具体的に求めることである. $P_{\mathbf{M}_l^r(\mathbf{X})}X(r+p)$ を p 期先の線形予測子 (linear predictor of p period ahead) と名付ける. 予測する際の基本的な考えは, $\mathbf{M}_l^r(\mathbf{X})$ と直交する線形の情報は切り捨てることである.

この節では一般の確率過程を扱うので, $l = 0$ とする. 式 (7.8), (7.75) より, 1 期先の線形予測公式は次で与えられる.

定理 7.7.1. (1 期先の線形予測公式) 各 r $(0 \leq r < N)$ に対して

$$P_{\mathbf{M}_0^r(\mathbf{X})}X(r+1) = -\sum_{k=0}^{r} \gamma_+^0(\mathbf{X})(r+1,k)X(k).$$

長期先の線形予測公式を求めるために, d 次の正方行列の系 $\{Q_+(m,n;k); 0 \leq k, m, n \leq N, k \leq n < m\}$ を次のアルゴリズムに従って定める. 任意の k, n, m $(0 \leq k \leq n < m \leq N)$ に対して

$$\begin{cases} Q_+(n+1,n;k) \equiv -\gamma_+^0(\mathbf{X})(n+1,k) \\ Q_+(m,n;k) \equiv -\displaystyle\sum_{j=n+1}^{m-1} \gamma_+^0(\mathbf{X})(m,j)Q_+(j,n;k) - \gamma_+^0(\mathbf{X})(m,k). \end{cases}$$

$$(7.106)$$

p を $1 \leq p \leq N$ を満たす任意の自然数として, p 期先の線形予測公式を求めよう.

定理 7.7.2. (p 期先の線形予測公式) 各 r $(0 \leq r \leq N - p)$ に対して

$$P_{\mathbf{M}_0^r(\mathbf{X})}X(r+p) = \sum_{k=0}^{r} Q_+(r+p,r;k)X(k).$$

証明 p に関する数学的帰納法で示す. $p = 1$ のときは定理 7.7.1 より従う. p_0 を $1 \leq p_0 < N - r$ として, 定理 7.7.2 が $p = 1, 2, \ldots, p_0$ に対して成立したと仮定する. 前向き KM$_2$O-ランジュヴァン方程式 (7.75) で n を $r+p_0+1$ として

$$\begin{aligned} X(r+p_0+1) = &-\sum_{k=0}^{r} \gamma_+^0(\mathbf{X})(r+p_0+1,k)X(k) \\ &-\sum_{j=r+1}^{r+p_0} \gamma_+^0(\mathbf{X})(r+p_0+1,j)X(j) + \nu_+(\mathbf{X})(r+p_0+1) \end{aligned}$$

と分解し，これを部分空間 $\mathbf{M}_0^r(\mathbf{X})$ へ射影して

$$
\begin{aligned}
P_{\mathbf{M}_0^r(\mathbf{X})}X(r+p_0+1) &= -\sum_{k=0}^{r}\gamma_+^0(\mathbf{X})(r+p_0+1,k)X(k) \\
&\quad -\sum_{j=r+1}^{r+p_0}\gamma_+^0(\mathbf{X})(r+p_0+1,j)P_{\mathbf{M}_0^r(\mathbf{X})}X(j)
\end{aligned}
$$

$$(7.107)$$

を得る．数学的帰納法の仮定より，各 j $(r+1\leq j\leq r+p_0)$ に対して

$$
P_{\mathbf{M}_0^r(\mathbf{X})}X(j) = \sum_{k=0}^{r}Q_+(j,r;k)X(k)
$$

が成り立つ．これらを式 (7.107) の項 $P_{\mathbf{M}_0^r(\mathbf{X})}X(j)$ に代入して

$$
\begin{aligned}
&P_{\mathbf{M}_0^r(\mathbf{X})}X(r+p_0+1) \\
&= -\sum_{k=0}^{r}\gamma_+^0(\mathbf{X})(r+p_0+1,k)X(k) \\
&\quad -\sum_{j=r+1}^{r+p_0}\gamma_+^0(\mathbf{X})(r+p_0+1,j)\left\{\sum_{k=0}^{r}Q_+(j,r;k)X(k)\right\} \\
&= \sum_{k=0}^{r}\left\{-\gamma_+^0(\mathbf{X})(r+p_0+1,k)\right. \\
&\qquad\left. -\sum_{j=r+1}^{r+p_0}\gamma_+^0(\mathbf{X})(r+p_0+1,j)Q_+(j,r;k)\right\}X(k) \\
&= \sum_{k=0}^{r}Q_+(r+p_0+1,r;k)X(k)
\end{aligned}
$$

が得られる．これは定理 7.7.2 が $p=p_0+1$ のとき成り立つことを示す．したがって，数学的帰納法によって，定理 7.7.2 が証明された． (証明終)

7.8 弱定常性とユニタリー性

この節では前節で扱った d 次元の確率過程 $\mathbf{X}=(X(n);0\leq n\leq N)$ が弱定

常性を満たす場合を扱う. 弱定常性を関数解析的に特徴付けよう. すなわち, 次
の定理を示そう.

定理 7.8.1. 各整数 l, r, n $(0 \leq l \leq r \leq N, 0 \leq n \leq N - r)$ に対し, ユニタ
リー作用素 $U_l^r(n) : \mathbf{M}_l^r(\mathbf{X}) \longrightarrow \mathbf{M}_{l+n}^{r+n}(\mathbf{X})$ で次の性質を満たすものが存在
する.

$$U_l^r(n)(X_p(m)) = X_p(m + n) \qquad (1 \leq p \leq d, l \leq m \leq r).$$

証明 部分空間 $\mathbf{M}_r^l(\mathbf{X})$ の任意の元 w は次の形をしている.

$$w = \sum_{p=1}^{d} \sum_{j=l}^{r} c_{p,j} X_p(j). \tag{7.108}$$

ここで, $c_{p,j}$ は実数の定数である. 上の表現 (7.108) は一意的でないが, ベクト
ル $U_l^r(n)(w)$ を

$$U_l^r(n)(w) = \sum_{p=1}^{d} \sum_{j=0}^{N} c_{p,j} X_p(j + n) \tag{7.109}$$

で定める. これがうまく定義されている (well defined) であることを見るため
には, 別の定数 $d_{j,m}$ でもって

$$w = \sum_{p=1}^{d} \sum_{j=l}^{r} d_{p,j} X_p(j) \tag{7.110}$$

と書けたとき

$$\text{式 (7.109) の右辺} = \sum_{p=1}^{d} \sum_{j=l}^{r} d_{p,j} X_p(j + n) \tag{7.111}$$

を示す必要がある. これを証明するには,

$$\| \text{式 (7.109) の右辺} - \text{式 (7.111) の右辺} \| = 0 \tag{7.112}$$

を示せばよい. そのために, 任意の実数 $e_{p,j}$ に対して

$$\left\|\sum_{p=1}^{d}\sum_{j=l}^{r}e_{p,j}X_p(j)\right\| = \left\|\sum_{p=1}^{d}\sum_{j=l}^{r}e_{p,j}X_j(j+n)\right\| \tag{7.113}$$

を示せばよい. なぜなら, 式 (7.113) において $e_{p,j} \equiv c_{p,j} - d_{p,j}$ とおくと, 式 (7.108), (7.109) より

$$\left\|\sum_{p=1}^{d}\sum_{j=l}^{r}e_{p,j}X_p(j+n)\right\| = \left\|\sum_{p=1}^{d}\sum_{j=l}^{r}e_{p,j}X_j(j)\right\| = 0$$

となり, 式 (7.112) が成り立つからである. したがって, 式 (7.113) を示そう. 内積の性質より

$$\left\|\sum_{p=1}^{d}\sum_{j=l}^{N}e_{p,j}X_p(j+n)\right\|^2 = \sum_{p=1}^{d}\sum_{q=1}^{d}\sum_{j=l}^{r}\sum_{k=l}^{r}e_{p,j}e_{q,k}(X_p(j+n),X_q(k+n))$$

が従う. 確率過程 $\mathbf{X}$ の弱定常性より

$$(X_p(j+n),X_q(k+n)) = (X_p(j),X_q(k)) \quad (0 \le j,k \le N) \tag{7.114}$$

であるので, 上の計算を逆にたどって, 式 (7.113) が示された.

以上のことより, $\mathbf{M}_l^r(\mathbf{X})$ から $\mathbf{M}_{l+n}^{r+n}(\mathbf{X})$ への写像 $U_l^r(n)$ で定理 7.8.1 を満たすものが構成された. 式 (7.109) で示した well-definedness より, この写像 $U_l^r(n)$ は線形性をもち, 式 (7.113) は写像 $U_l^r(n)$ が等距離性をもつことを意味する. 以上のことをまとめて定理 7.8.1 が証明された. (証明終)

問 7.8.1 定理 7.8.1 が成り立つ確率過程 $\mathbf{X}$ は弱定常性を満たすことを示せ.

7.9 確率過程の線形予測公式 (2)：弱定常性を満たす場合

前節と同じく, 前向き KM₂O-ランジュヴァン方程式 (7.75) でその時間発展を記述する d 次元の確率過程 $\mathbf{X} = (X(n); 0 \le n \le N)$ は弱定常性を満たすとする. 7.7 節で扱った $l = 0$ の場合をはずして, 一般の l の場合を扱い, 時刻 l から時刻 r $(0 \le l \le r < N)$ までの線形の情報がわかったとき, それ以後を予

測する前向きの線形予測公式を求めよう.

1 期先の線形予測公式は次のように与えられる.

定理 7.9.1. (1 期先の線形予測公式)　各 l, r $(0 \le l \le r < N)$ に対して

(i) $X(r+1) = P_{\mathbf{M}_l^r(\mathbf{X})} X(r+1) + U_0^{r-l+1}(l)\nu_+(\mathbf{X})(r-l+1)$

(ii) $P_{\mathbf{M}_l^r(\mathbf{X})} X(r+1) = -\displaystyle\sum_{k=l}^{r} \gamma_+^0(\mathbf{X})(r-l+1, k-l)X(k).$

証明　定理 7.8.1 より, $\mathbf{M}_0^{r-l+1}(\mathbf{X})$ から $\mathbf{M}_l^{r+1}(\mathbf{X})$ の上へのユニタリー作用素 $U_0^{r-l+1}(l)$ を閉部分空間 $\mathbf{M}_0^{r-l}(\mathbf{X})$ に制限した作用素は $U_0^{r-l}(l)$: $\mathbf{M}_0^{r-l}(\mathbf{X}) \longrightarrow \mathbf{M}_l^r(\mathbf{X})$ となるので

$$U_0^{r-l+1}(l)(P_{\mathbf{M}_0^{r-l}(\mathbf{X})} X(r-l+1)) = P_{\mathbf{M}_l^r(\mathbf{X})} X(r+1) \qquad (7.115)$$

が得られる. (i), (ii) は, 前向き KM$_2$O-ランジュヴァン方程式 (7.75) において, n を $r-l+1$ とおいた式の両辺にユニタリー作用素 $U_0^{r-l+1}(l)$ を作用することによって, 式 (7.115) より得られる.　　　　　　　　　　(証明終)

p を $1 \le p \le N$ を満たす任意の自然数として, p 期先の線形予測公式を求めよう.

定理 7.9.2. (p 期先の線形予測公式)　各 l, r $(0 \le l \le r \le N-p)$ に対して

$$P_{\mathbf{M}_l^r(\mathbf{X})} X(r+p) = \sum_{k=l}^{r} Q_+(r-l+p, r-l; k-l)X(k).$$

証明　7.7 節の定理 7.7.2 を導いた推論において, r を $r-l$ とおくことによって

$$P_{\mathbf{M}_0^{r-l}(\mathbf{X})} X(r-l+p) = \sum_{k=0}^{r-l} Q_+(r-l+p, r-l; k)X(k) \qquad (7.116)$$

が得られる. 定理 7.9.1 の証明と同様に, 式 (7.116) の両辺にユニタリー作用素 $U_0^{r-l+p}(l)$ を施すことによって, 定理 7.9.2 が示される.　　　　　(証明終)

7.10 非線形情報空間の生成系と非線形 KM₂O-ランジュヴァン方程式

この章の今までは確率過程の線形構造を調べてきた. この節では, 確率過程の非線形情報空間について議論し, その生成系を構成することによって, 確率過程の非線形予測公式を求める準備を行う.

$\mathbf{X} = (X(n); 0 \leq n \leq N)$ を確率空間 $(\Omega, \mathcal{B}, P)$ 上で定義された実数 $\mathbf{R}$ の値をとる確率過程で, 次の条件を満たすとする.

(B) $\mathbf{X}$ は有界である, すなわち, 正数 $c > 0$ が存在して
$$P(|X(n)| \leq c) = 1 \qquad (0 \leq n \leq N)$$

(M) $X(n)$ の平均は 0 $\qquad (0 \leq n \leq N)$.

7.10.1 非線形情報空間

各確率変数 $X(n)$ $(0 \leq n \leq N)$ はヒルベルト空間 $L^2(\Omega, \mathcal{B}, P)$ の中のベクトルと見なすことができる. さらに, 各 m, n $(0 \leq m \leq n \leq N)$ に対して, 式 (6.10) でテント写像に付随する確率過程に対して定義したときと同様に, ヒルベルト空間 $L^2(\Omega, \mathcal{B}, P)$ の中の閉部分空間で $\mathbf{X}$ の時刻 0 から時刻 n までの非線形の情報を表す部分空間 $\mathbf{N}_0^n(\mathbf{X})$ を

$$\mathbf{N}_0^n(\mathbf{X}) \equiv \{ f(X(0), X(1), \ldots, X(n)) \in L^2(\Omega, \mathcal{B}, P);$$
$$f \text{ は } \mathcal{B}(\mathbf{R}^{n+1})\text{-可測なボレル関数} \} \qquad (7.117)$$

で定義し, $\mathbf{X}$ の時刻 0 から時刻 n までの**非線形情報空間** (non-linear information space) という.

7.10.2 非線形情報空間の多項式近似

各 n $(0 \leq n \leq N)$ に対して, ヒルベルト空間 $L^2(\Omega, \mathcal{B}, P)$ の部分集合 $\mathbf{F}_0^n(\mathbf{X})$ を次で定義する.

$$\mathbf{F}_0^n(\mathbf{X}) \equiv \left\{ \prod_{k=0}^{n-l} X(n-k)^{p_k} - E \left(\prod_{k=0}^{n-l} X(n-k)^{p_k} \right) ; \right.$$

7.10 非線形情報空間の生成系と非線形 KM$_2$O-ランジュヴァン方程式 195

$$p_0 \in \mathbf{N}, p_k \in \mathbf{N}^* \ (1 \le k \le N) \Bigg\} \qquad (7.118)$$

定理 4.6.4 で証明した連続関数の多項式近似定理を用いて, 次の定理を示すことができる.

定理 7.10.1.[82)] $\mathbf{N}_0^n(\mathbf{X}) = [\{1\}] \oplus \left[\displaystyle\bigcup_{m=0}^{n} \mathbf{F}_0^m(\mathbf{X}) \right] \qquad (0 \le n \le N)$.

注意 7.10.1. ドブルーシン・ミンロス[33)] (Roland L'vovick Dobrushin, 1929–1995; Robert Adol'fovich, Minlos, 1931–) は次の条件

(E)   任意の n $(0 \le n \le N)$ に対して, 正の定数 $\lambda_0(n)$ が存在して, 次の不等式が成り立つ.

$$E(\exp(\lambda X(n))) < \infty \qquad (|\lambda| \le \lambda_0(n))$$

のもとで, 確率過程に対する多項式汎関数の作る空間が稠密であることを示した. この結果より, 条件 (B) を緩めて条件 (E) と (M) のもとで, 定理 7.10.1 を示すことができる. したがって, この節の結果は条件 (E) と (M) のもとで成り立つ[82)].

7.10.3 添 数 付 け

部分集合 $\bigcup_{n=0}^{N} \mathbf{F}_0^n(\mathbf{X})$ の要素に添数 (パラメータ) を付けよう. そのために, 集合 $\mathbf{N}^*$ の $N+1$ 個の直積空間 $(\mathbf{N}^*)^{N+1}$ の部分集合 Λ を

$$\Lambda \equiv \{\mathbf{p} = (p_0, p_1, \ldots, p_N) \in (\mathbf{N}^*)^{N+1}; p_0 \ge 1\} \qquad (7.119)$$

で定義する. Λ の各元 $\mathbf{p}$ に対して, $\sigma(\mathbf{p}) \in \{0, 1, \ldots, N\}$ を次で定める.

$$\sigma(\mathbf{p}) \equiv \max\{k \in \{0, 1, \ldots, N\}; p_k \ne 0\}. \qquad (7.120)$$

このとき, 1 次元の確率過程 $\boldsymbol{\varphi}_{\mathbf{p}} = (\varphi_{\mathbf{p}}(n); \sigma(\mathbf{p}) \le n \le N)$ を

$$\varphi_{\mathbf{p}}(n) \equiv \prod_{k=0}^{\sigma(\mathbf{p})} X(n-k)^{p_k} \qquad (7.121)$$

で定義し, それらの全体を

$$G \equiv \{\varphi_{\mathbf{p}}; \mathbf{p} \in \Lambda\} \tag{7.122}$$

と記す. 式 (7.118) は次のように書き直せる. 各 $n\ (l \leq n \leq N)$ に対して

$$\mathbf{F}_0^n(\mathbf{X}) = \{\varphi_{\mathbf{p}}(n) - E(\varphi_{\mathbf{p}}(n)); \mathbf{p} \in \Lambda, \sigma(\mathbf{p}) \leq n\}. \tag{7.123}$$

任意の自然数 q に対して, Λ の部分集合 $\Lambda(q)$ と G の部分集合 $G(q)$ を

$$\Lambda(q) \equiv \left\{ \mathbf{p} = (p_0, p_1, \ldots, p_N) \in \Lambda; \sum_{k=0}^{N} (k+1)p_k = q \right\} \tag{7.124}$$

$$G(q) \equiv \{\varphi_{\mathbf{p}}; \mathbf{p} \in \Lambda(q)\} \tag{7.125}$$

で定めると, G は次のように直和分解される.

$$G = \bigcup_{q \in \mathbf{N}} G(q). \tag{7.126}$$

7.10.4 辞書式順序

集合 G に辞書式順序を入れる. G の任意の二つの元 Y, Y' をとる. そのとき, $q, q' \in \mathbf{N}$ と $\varphi_{\mathbf{p}} \in G(q), \varphi_{\mathbf{p}'} \in G(q')$ が存在して, $Y = \varphi_{\mathbf{p}}, Y' = \varphi_{\mathbf{p}'}$ と一意的に書ける. Y が Y' より先行するとは, 次の (i) あるいは (ii) が成り立つときをいう:

(i) $q < q'$

(ii) $q = q'$ のときはさらに

  (ii-1) $p_0 > p_0'$

  (ii-2) $p_0 = p_0'$ のときはさらにある $k_0 \in \{1, 2, \ldots, r-l\}$ が存在して

$$p_k = p_k'\ (0 \leq \forall k \leq k_0 - 1), \qquad p_{k_0} > p_{k_0}'.$$

この順序に従って, 集合 G の元に添数 ($j \in \mathbf{N}$) をつけて

$$G = \{\varphi_j; j \in \mathbf{N}^*\} \tag{7.127}$$

と表現できる.

各 j $(j \in \mathbf{N}^*)$ に対し, G の成分である 1 次元確率過程 φ_j は, 一意的に定まる $\mathbf{p}_j \in \Lambda$ があって, $\varphi_j = \varphi_{\mathbf{p}_j}$ となるので, 次のように記す.

$$\begin{cases} \varphi_j \equiv (\varphi_j(n); \sigma(j) \le n \le N) \\ \sigma(j) \equiv \sigma(\mathbf{p}_j). \end{cases} \tag{7.128}$$

各自然数 q に対して, d_q を

$$d_q \equiv \left(\text{集合} \bigcup_{s=1}^{q} G(s) \text{ の要素の数} \right) - 1 \tag{7.129}$$

で定義したとき, $G(q)$ は次のように表現される.

$$G(q) = \{\varphi_{d_{q-1}+1}, \varphi_{d_{q-1}+2}, \ldots, \varphi_{d_q}\}. \tag{7.130}$$

$N \ge q - 2 \ge 1$ のとき, $G(q)$ の元の具体的な表現は次のようになる.

$$\begin{cases} \varphi_{d_{q-1}+1} = (X(n)^q; 0 \le n \le N) \\ \varphi_{d_{q-1}+2} = (X(n)^{q-2}X(n-1); 1 \le n \le N) \\ \vdots \\ \varphi_{d_q} = (X(n)X(n-q+2); q-2 \le n \le N). \end{cases} \tag{7.131}$$

特に, $q = 6, N \ge 4$ のときは

$$(d_1, d_2, d_3, d_4, d_5, d_6) = (0, 1, 3, 6, 11, 18) \tag{7.132}$$

$$
\left\{
\begin{aligned}
\varphi_0 &= (X(n); 0 \leq n \leq N) \\
\varphi_1 &= (X(n)^2; 0 \leq n \leq N) \\
\varphi_2 &= (X(n)^3; 0 \leq n \leq N) \\
\varphi_3 &= (X(n)X(n-1); 1 \leq n \leq N) \\
\varphi_4 &= (X(n)^4; 0 \leq n \leq N) \\
\varphi_5 &= (X(n)^2 X(n-1); 1 \leq n \leq N) \\
\varphi_6 &= (X(n)X(n-2); 2 \leq n \leq N) \\
\varphi_7 &= (X(n)^5; 0 \leq n \leq N) \\
\varphi_8 &= (X(n)^3 X(n-1); 1 \leq n \leq N) \\
\varphi_9 &= (X(n)^2 X(n-2); 2 \leq n \leq N) \\
\varphi_{10} &= (X(n)X(n-1)^2; 1 \leq n \leq N) \\
\varphi_{11} &= (X(n)X(n-3); 3 \leq n \leq N) \\
\varphi_{12} &= (X(n)^6; 0 \leq n \leq N) \\
\varphi_{13} &= (X(n)^4 X(n-1); 1 \leq n \leq N) \\
\varphi_{14} &= (X(n)^3 X(n-2); 2 \leq n \leq N) \\
\varphi_{15} &= (X(n)^2 X(n-1)^2; 1 \leq n \leq N) \\
\varphi_{16} &= (X(n)^2 X(n-3); 3 \leq n \leq N) \\
\varphi_{17} &= (X(n)X(n-1)X(n-2); 2 \leq n \leq N) \\
\varphi_{18} &= (X(n)X(n-4); 4 \leq n \leq N).
\end{aligned}
\right.
\tag{7.133}
$$

7.10.5 階数有限の非線形変換を施して得られる確率過程のクラス (1)

任意の q $(q \in \mathbf{N})$ と j $(0 \leq j \leq d_q)$ を固定する. 式 (7.128) より, 確率過程 φ_j の時間域は $\{\sigma(j), \sigma(j)+1, \ldots, N\}$ である. 式 (7.123) を考慮して, 1 次元の確率過程 $\mathbf{X}_j = (X_j(n); \sigma(j) \leq n \leq N)$ を

$$
X_j(n) \equiv \varphi_j(n) - E(\varphi_j(n))
\tag{7.134}
$$

で定義する. $\mathbf{X}_0 = \mathbf{X}$ であることを注意する. これら $d_q + 1$ 個の確率過程の全体 $\{\mathbf{X}_j; 0 \leq j \leq d_q\}$ を確率過程 $\mathbf{X}$ に階数 q の非線形変換 (non-linear transformation of rank q) を施して得られる確率過程のクラスといい, $\mathcal{T}^{(q)}(\mathbf{X})$ と記す.

7.10 非線形情報空間の生成系と非線形 KM₂O-ランジュヴァン方程式 *199*

$$\mathcal{T}^{(q)}(\mathbf{X}) \equiv \{\mathbf{X}_j; 0 \leq j \leq d_q\}. \tag{7.135}$$

7.10.6 時間域の延長

任意の q $(q \in \mathbf{N})$ と j $(0 \leq j \leq d_q)$ を固定する. 局所的な場合に注意しなければならないのは, 各確率過程 φ_j の時間域が異なる点である. そこで, 確率過程 φ_j の時間域の外で値を 0 とすることによって, 時間域を共通な集合 $\{0, 1, \ldots, N\}$ に広げた確率過程を $\tilde{\varphi}_j = (\tilde{\varphi}_j(n); 0 \leq n \leq N)$ とする:

$$\tilde{\varphi}_j(n) \equiv \begin{cases} 0 & (0 \leq n < \sigma(j)) \\ \varphi_j(n) & (\sigma(j) \leq n \leq N). \end{cases} \tag{7.136}$$

式 (7.134) と同じく, q $(q \in \mathbf{N})$ と j $(0 \leq j \leq d_q)$ に対して, 1 次元の確率過程 $\tilde{\mathbf{X}}_j = (\tilde{X}_j(n); 0 \leq n \leq N)$ を次で定義する:

$$\tilde{X}_j(n) \equiv \tilde{\varphi}_j(n) - E(\tilde{\varphi}_j(n)). \tag{7.137}$$

式 (7.134), (7.136), (7.137) より, 次のことが成り立つ.

定理 7.10.2.[82)] 任意の q, j $(q \in \mathbf{N}, 0 \leq j \leq d_q)$ に対して

(i) $\tilde{X}_j(n) = \begin{cases} 0 & (0 \leq n < \sigma(j)) \\ X_j(n) & (\sigma(j) \leq n \leq N) \end{cases}$

(ii) $\mathbf{M}_0^n(\tilde{\mathbf{X}}_j) = \begin{cases} \{0\} & (0 \leq n < \sigma(j)) \\ \mathbf{M}_{\sigma(j)}^n(\mathbf{X}_j) & (\sigma(j) \leq n \leq N). \end{cases}$

7.10.7 非線形情報空間の生成系

任意の自然数 q を固定する. $d_q + 1$ 次元の確率過程 $\tilde{\mathbf{X}}^{(q)} = (\tilde{X}^{(q)}(n); 0 \leq n \leq N)$ と $d_{q+1} - d_q$ 次元確率過程 $\tilde{\mathbf{Y}}^{(q+1)} = (\tilde{Y}^{(q+1)}(n); 0 \leq n \leq N)$ を次のように定義する.

$$\tilde{X}^{(q)}(n) \equiv \begin{pmatrix} \tilde{X}_0(n) \\ \tilde{X}_1(n) \\ \vdots \\ \tilde{X}_{d_q}(n) \end{pmatrix} \tag{7.138}$$

$$\tilde{Y}^{(q+1)}(n) \equiv \begin{pmatrix} \tilde{X}_{d_q+1}(n) \\ \tilde{X}_{d_q+2}(n) \\ \vdots \\ \tilde{X}_{d_{q+1}}(n) \end{pmatrix}. \tag{7.139}$$

各 j $(1 \le j \le d_q + 1)$ に対して, $d_q + 1$ 次元の確率変数 $\tilde{X}^{(q)}(n)$ の j 成分を $\tilde{X}_j^{(q)}(n)$ とするとき, 次のことを注意する.

$$\tilde{X}_j^{(q)}(n) = \tilde{X}_{j-1}(n) \qquad (0 \le n \le N). \tag{7.140}$$

これらの確率過程 $\tilde{\mathbf{X}}^{(q)}, \tilde{\mathbf{Y}}^{(q+1)}$ と, もとの確率過程 $\mathbf{X}$ との関係として, 定理 7.10.1 より, 次のことが成り立つ.

定理 7.10.3.[82]

(i) $\tilde{\mathbf{X}}^{(1)} = \mathbf{X}$

(ii) $\tilde{X}^{(q+1)}(n) = \begin{pmatrix} \tilde{X}^{(q)}(n) \\ \tilde{Y}^{(q+1)}(n) \end{pmatrix} \qquad (q \in \mathbf{N})$

(iii) $\left[\displaystyle\bigcup_{0 \le m \le n} \mathbf{F}_0^m(\mathbf{X}) \right] = \left[\displaystyle\bigcup_{q=1}^{\infty} \mathbf{M}_0^n(\tilde{\mathbf{X}}^{(q)}) \right] \qquad (0 \le n \le N)$

(iv) $\mathbf{N}_0^n(\mathbf{X}) = [\{1\}] \oplus \left[\displaystyle\bigcup_{q=1}^{\infty} \mathbf{M}_0^n(\tilde{\mathbf{X}}^{(q)}) \right] \qquad (0 \le n \le N).$

定理 7.10.3 (iv) は確率過程 $\mathbf{X}$ の非線形情報空間の元は定数と確率過程 $\tilde{\mathbf{X}}^{(q)}$ の線形情報空間の元の 1 次結合で近似できることを示している. この意味で, $d_q + 1$ 次元の確率過程 $\tilde{\mathbf{X}}^{(q)}$ の集まり $\{\tilde{\mathbf{X}}^{(q)}; q \in \mathbf{N}\}$ を確率過程 $\mathbf{X}$ の非線形情報空間の**生成系** (system of generators) という.

7.10.8 生成系に対する KM$_2$O-ランジュヴァン方程式

任意の自然数 q を固定する. 7.2 節の結果 (特に, 式 (7.75)) を式 (7.138) で構成した $d_q + 1$ 次元の確率過程 $\tilde{\mathbf{X}}^{(q)} = (\tilde{X}^{(q)}(n); 0 \le n \le N)$ に適用して, 確率過程 $\tilde{\mathbf{X}}^{(q)}$ に対する前向き KM$_2$O-ランジュヴァン方程式を導くことがで

きる. 任意の n $(0 \leq n \leq N)$ に対して

$$\tilde{X}^{(q)}(n) = -\sum_{k=0}^{n-1} \gamma_+^0(\tilde{\mathbf{X}}^{(q)})(n,k)\tilde{X}^{(q)}(k) + \nu_+(\tilde{\mathbf{X}}^{(q)})(n). \qquad (7.141)$$

7.10.9 階数有限の非線形変換を施して得られる確率過程のクラス (2)

任意の自然数 q を固定する. 7.10.6~7.10.8 項で, 各確率過程 φ_j $(0 \leq j \leq d_q)$ の時間域を延長して, 局所的な一般の確率過程に対する非線形情報解析を行った. しかし, 局所的な弱定常過程に対しては, 7.10.6 項で延長したものは弱定常性を満たさない. すなわち, 式 (7.128) で構成された 1 次元の確率過程 φ_j は弱定常性を満たすが, 式 (7.136) で定義された 1 次元の確率過程 $\tilde{\varphi}_j$ は弱定常性を満たさない. したがって, 式 (7.138) と式 (7.139) で定義された d_q+1 次元確率過程 $\tilde{\mathbf{X}}^{(q)}$ と $d_{q+1} - d_q$ 次元確率過程 $\tilde{\mathbf{Y}}^{(q+1)}$ も弱定常性を満たさない. 後の予測解析, 因果解析, モデル解析を局所的な弱定常過程に適用して詳細な議論を行い, 時系列解析において時系列データから未知の情報としての定常性・因果性・決定性を抽出するためには一工夫が必要となる.

そのための準備を行う. 7.10.5 項に戻り, 任意の自然数 q, d $(1 \leq d \leq d_q+1)$ を固定する. $\{0,1,2,\ldots,d_q\}$ から, 任意の d 個の自然数 j_k $(1 \leq k \leq d)$, $0 \leq j_1 < j_2 < \cdots < j_d \leq d_q$ をとる. 各成分の順序は, j_k が小さい順に並べ, 時間域を狭めることによって, d 次元の確率過程 $\mathbf{X}_{(j_1,j_2,\ldots,j_d)} = (X_{(j_1,j_2,\ldots,j_d)}(n); \sigma(j_1,j_2,\ldots,j_d) \leq n \leq N)$ を次のように構成する.

$$X_{(j_1,j_2,\ldots,j_d)}(n) \equiv \begin{pmatrix} X_{j_1}(n) \\ X_{j_2}(n) \\ \vdots \\ X_{j_d}(n) \end{pmatrix} \qquad (7.142)$$

$$\sigma(j_1,j_2,\ldots,j_d) \equiv \max\{\sigma(j_k); 1 \leq k \leq d\}. \qquad (7.143)$$

確率過程 $\mathbf{X}_{(j_1,j_2,\ldots,j_d)}$ の時間域を $\{0,1,\ldots,r-\sigma(j_1,j_2,\ldots,j_d)\}$ に変更することによって, 確率過程 $\mathbf{X}_{(j_1,j_2,\ldots,j_d)}$ に対する前向き KM$_2$O-ランジュヴァン方程式を導くことができる.

$$X_{(j_1,j_2,\ldots,j_d)}(n + \sigma(j_1, j_2, \ldots, j_d))$$

$$= -\sum_{k=0}^{n-1} \gamma_+^0(\mathbf{X}_{(j_1,j_2,\ldots,j_d)})(n,k) X_{(j_1,j_2,\ldots,j_d)}(k + \sigma(j_1, j_2, \ldots, j_d))$$

$$+ \nu_+(\mathbf{X}_{(j_1,j_2,\ldots,j_d)})(n) \qquad (0 \leq n \leq N - \sigma(j_1, j_2, \ldots, j_d)).$$

$$(7.144)$$

これらの流れ $\mathbf{X}_{(j_1,j_2,\ldots,j_d)}$ の全体を $\mathcal{T}^{(q,d)}(\mathbf{X})$ とする：

$$\mathcal{T}^{(q,d)}(\mathbf{X}) \equiv \{\mathbf{X}_{(j_1,j_2,\ldots,j_d)}; 0 \leq j_1 < j_2 < \cdots < j_d \leq d_q\}. \qquad (7.145)$$

7.11 非線形予測公式

マサニ・ウィーナーの**非線形予測問題** (Pesi R. Masani, 1919–; non-linear prediction problem) に関する研究[19] では，大域的な強定常過程を対象とし，有限次元分布の支えに関する強い仮定をおいていた．この節では，前節の条件 (E)，(M) を満たす一般の局所的な確率過程 $\mathbf{X} = (X(n); 0 \leq n \leq N)$ を対象とし，それに対する非線形予測公式を求めよう．

任意の q $(q \in \mathbf{N})$ を固定する．$\tilde{\mathbf{X}}^{(q)} = (\tilde{X}^{(q)}(n); 0 \leq n \leq N)$ を前節の 7.10.6 項で構成した $d_q + 1$ 次元の確率過程とする．

定理 7.9.2 をこの確率過程 $\tilde{\mathbf{X}}^{(q)}$ に適用して，各 r $(0 \leq r \leq N - p)$ に対して，次の式が成り立つ．

$$P_{\mathbf{M}_0^r(\tilde{\mathbf{X}}^{(q)})} \tilde{X}^{(q)}(r+p) = \sum_{k=0}^{r} Q_+(\tilde{\mathbf{X}}^{(q)})(r+p, r; k) \tilde{X}^{(q)}(k). \qquad (7.146)$$

ここで，$d_q + 1$ 次の正方行列の系 $\{Q_+(\tilde{\mathbf{X}}^{(q)})(m,n;k); 0 \leq k, m, n \leq N, k \leq n < m\}$ は (7.106) と同じ次のアルゴリズムに従って定まる．任意の k, n, m $(0 \leq k \leq n < m \leq N)$ に対して

$$\begin{cases} Q_+(\tilde{\mathbf{X}}^{(q)})(n+1, n; k) \equiv -\gamma_+^0(\tilde{\mathbf{X}}^{(q)})(n+1, k) \\ Q_+(\tilde{\mathbf{X}}^{(q)})(m, n; k) \equiv -\sum_{j=n+1}^{m-1} \gamma_+^0(\tilde{\mathbf{X}}^{(q)})(m, j) Q_+(\tilde{\mathbf{X}}^{(q)})(j, n; k) \\ \qquad\qquad\qquad\qquad -\gamma_+^0(\tilde{\mathbf{X}}^{(q)})(m, k). \end{cases}$$

$$(7.147)$$

式 (7.146) の第 1 成分をとることによって, 次の予測公式を与えることができる.

定理 7.11.1.[82]　(**p 期先の階数有限の非線形予測公式**)　各 p, r $(1 \leq p \leq N, 0 \leq r \leq N - p)$ に対して

$$P_{\mathbf{M}_0^r(\tilde{\mathbf{X}}^{(q)})} X(r + p) = \sum_{k=0}^{r} \sum_{j=1}^{d_q+1} Q_+(\tilde{\mathbf{X}}^{(q)})(r + p, r; k)_{1j} \tilde{X}_j^{(q)}(k).$$

定理 7.11.1 は階数有限の非線形情報に基づく予測子の公式である. これの極限をとることによって, 非線形情報に基づく予測子の公式を与えよう.

定理 7.11.2.[82]　(**p 期先の非線形予測公式**)　各 p, r $(1 \leq p \leq N, 0 \leq r \leq N - p)$ に対して

$$P_{\mathbf{N}_0^r(\mathbf{X})} X(r + p) = \lim_{q \to \infty} \left(\sum_{k=0}^{r} \sum_{j=1}^{d_q+1} Q_+(\tilde{\mathbf{X}}^{(q)})(r + p, r; k)_{1j} \tilde{X}_j^{(q)}(k) \right).$$

証明　$E(X(r + p)) = 0$ であるから

$$P_{\mathbf{N}_0^r(\mathbf{X})} X(r + p) = P_{\mathbf{N}_0^r(\mathbf{X}) \ominus [\{1\}]} X(r + p)$$

となる. 定理 7.10.3 の (v) より

$$\mathbf{M}_0^r(\tilde{\mathbf{X}}^{(q)}) \nearrow \mathbf{N}_0^r(\mathbf{X}) \ominus [\{1\}] \quad (q \to \infty)$$

であるから, 射影作用素の極限定理を適用して, 定理 7.11.2 が示される.

(証明終)

定理 7.11.2 は, 局所的な確率過程に対する非線形予測問題が条件 (E), (M) のもとで解かれたことを意味する. そこでの考えを用いて, 大域的な確率過程に対する非線形予測問題を条件 (E), (M) を大域的なものにおきかえた条件のもとで, 解決することができる. 詳しくは文献 82 と, 文献 84 の予測解析の章を見て頂きたい.

8

時系列解析と実験数学

　本書で強調してきた「データからモデルへ」の姿勢で時系列解析を行う実験数学の方法を本章で紹介する．大切なことは適用する理論の前提条件である「時系列の定常性」をどのように検証するかである．そのためには，確率過程の弱定常性と等価である揺動散逸定理に従って，時系列の見本共分散行列関数から時系列のランダム的な要素を記述する揺動項を取り出す．その後，取り出した揺動項がホワイトノイズの実現であるかどうかの基準を中心極限定理と大数の法則を用いて作ることによって，「時系列の定常性」の基準を作る．その後，時系列の将来を予測する公式を与える．

8.1　時系列の変換

　この節では，時刻 n $(0 \le n \le N)$ とともに変化する $N+1$ 個のデータ $\mathcal{Z}(n)$ $(\in \mathbf{R}^d)$ からなる時系列 $\mathcal{Z} = (\mathcal{Z}(n); 0 \le n \le N)$ を対象とし，時系列解析における実践で使ういろいろな変換を紹介しよう．

　[規格化]　$\mathcal{Z} = (\mathcal{Z}(n); 0 \le n \le N)$ を任意の d 次元の時系列とする．ベクトル $\mathcal{Z}(n)$ の成分表示を

$$\mathcal{Z}(n) = {}^t(\mathcal{Z}_1(n), \ldots, \mathcal{Z}_d(n)) \qquad (0 \le n \le N) \tag{8.1}$$

とする．時系列 $\mathcal{Z}$ の見本平均ベクトル (sample mean vector) $\mu^{\mathcal{Z}} = {}^t(\mu_1^{\mathcal{Z}}, \mu_2^{\mathcal{Z}}, \ldots, \mu_d^{\mathcal{Z}})$ $(\in \mathbf{R}^d)$ と見本分散ベクトル (sample covariance vector) $v^{\mathcal{Z}} = {}^t(v_1^{\mathcal{Z}}, v_2^{\mathcal{Z}}, \ldots, v_d^{\mathcal{Z}})$ $(\in \mathbf{R}^d)$ を次で定義する．各 j $(1 \le j \le d)$ に対し

$$\mu_j^{\mathcal{Z}} \equiv \frac{1}{N+1} \sum_{n=0}^{N} \mathcal{Z}_j(n) \quad (1 \le j \le d) \tag{8.2}$$

$$v_j^{\mathcal{Z}} \equiv \frac{1}{N+1} \sum_{n=0}^{N} (\mathcal{Z}_j(n) - \mu_j^{\mathcal{Z}})^2 \quad (1 \le j \le d). \tag{8.3}$$

時系列 $\mathcal{Z}$ を次の時系列 $\widetilde{\mathcal{Z}} = {}^t(\widetilde{\mathcal{Z}}_1(n), \widetilde{\mathcal{Z}}_2(n), \ldots, \widetilde{\mathcal{Z}}_d(n))$ に変換する.

$$\widetilde{\mathcal{Z}}_j(n) \equiv (v_j^{\mathcal{Z}}(0))^{-1/2}(\mathcal{Z}_j(n) - \mu_j^{\mathcal{Z}}) \qquad (1 \le j \le d, 0 \le n \le N). \tag{8.4}$$

行列表現すると, 次のようになる.

$$\widetilde{\mathcal{Z}}(n) = \begin{pmatrix} \sqrt{v_1^{\mathcal{Z}}(0)^{-1}} & & 0 \\ & \ddots & \\ 0 & & \sqrt{v_d^{\mathcal{Z}}(0)^{-1}} \end{pmatrix} (\mathcal{Z}(n) - \mu^{\mathcal{Z}}) \qquad (0 \le n \le N). \tag{8.5}$$

新しい時系列 $\widetilde{\mathcal{Z}}$ の見本平均ベクトル $\mu^{\widetilde{\mathcal{Z}}}$ と見本分散ベクトル $v^{\widetilde{\mathcal{Z}}}$ は次の性質をもつ.

$$\mu_j^{\widetilde{\mathcal{Z}}} = 0 \qquad (1 \le j \le d) \tag{8.6}$$

$$v_j^{\widetilde{\mathcal{Z}}} = 1 \qquad (1 \le j \le d). \tag{8.7}$$

時系列 $\mathcal{Z}$ を時系列 $\widetilde{\mathcal{Z}}$ に変換する手順を $\mathcal{Z}$ の**規格化** (standardization) とよぶ.

[**ウェイト変換**] $\mathcal{Z} = (\mathcal{Z}(n); 0 \le n \le N)$ を任意の d 次元の時系列とする. d 次元の規格化された物理乱数 $\xi = (\xi(n); 0 \le n \le N)$ と正数 $w \in (0, 1)$ に対し, 新しい d 次元の時系列 $\mathcal{Z}^w = (\mathcal{Z}^w(n); 0 \le n \le N)$ を

$$\mathcal{Z}^w(n) \equiv \tilde{\mathcal{Z}}(n) + w\xi(n) \qquad (0 \le n \le N) \tag{8.8}$$

で定義する. ここで, $\tilde{\mathcal{Z}}$ は $\mathcal{Z}$ を規格化した時系列である. w を**ウェイト** (weight), この変換を**ウェイト変換** (weight transformation) とよぶ. この変換は, ξ を観測にかからない「雑音」と見なすと, 式 (8.8) は一つのシステムを構成し, 係数 w は雑音の大きさを表すものと見なすことができる.

[逆正接変換] $\mathcal{Z} = (\mathcal{Z}(n); 0 \le n \le N)$ を任意の 1 次元の時系列とする. これに逆正接変換を施した時系列を $\mathrm{Arc}\mathcal{Z}=(\mathrm{Arc}\mathcal{Z}(n); 0 \le n \le N)$ とする.

$$\mathrm{Arc}\mathcal{Z}(n) \equiv \arctan(\tilde{\mathcal{Z}}(n)). \tag{8.9}$$

[差分変換] $\mathcal{Z} = (\mathcal{Z}(n); 0 \le n \le N)$ を任意の d 次元の時系列とする. $\mathcal{Z}(n)$ の 1 階差分 $\triangle\mathcal{Z}(n)$ を

$$\triangle\mathcal{Z}(n) \equiv \mathcal{Z}(n) - \mathcal{Z}(n-1) \qquad (1 \le n \le N) \tag{8.10}$$

で定める. これから, 1 階差分時系列 $\triangle\mathcal{Z} = (\triangle\mathcal{Z}(n); 1 \le n \le N)$ が得られる. 2 階差分時系列 $\triangle^2\mathcal{Z} = (\triangle^2\mathcal{Z}(n); 2 \le n \le N)$ は次のように定義される.

$$\triangle^2\mathcal{Z}(n) \equiv \mathcal{Z}(n) - 2\mathcal{Z}(n-1) + \mathcal{Z}(n-2) \qquad (2 \le n \le N). \tag{8.11}$$

一般に, 自然数 h $(1 \le h \le N)$ に対して, h 階差分時系列 $\triangle^h\mathcal{Z} = (\triangle^h\mathcal{Z}(n); h \le n \le N)$ は次のように帰納的に定義される.

$$\triangle^h\mathcal{Z}(n) \equiv (\triangle^{h-1}\mathcal{Z})(n) - (\triangle^{h-1}\mathcal{Z})(n-1) \qquad (h \le n \le N). \tag{8.12}$$

[対数変換] $\mathcal{Z} = (\mathcal{Z}(n); 0 \le n \le N)$ を正の実数のデータから作られた 1 次元の時系列とする. これに対数変換を施した時系列を $\mathrm{Log}\ \mathcal{Z}=(\mathrm{Log}\ \mathcal{Z}(n); 0 \le n \le N)$ とする.

$$\mathrm{Log}\mathcal{Z}(n) \equiv \log(\mathcal{Z}(n)). \tag{8.13}$$

[対数差分変換] $\mathcal{Z} = (\mathcal{Z}(n); 0 \le n \le N)$ を正の実数のデータから作られた 1 次元の時系列とする. このとき, 対数変換した時系列 $\mathrm{Log}\ \mathcal{Z}=(\mathrm{Log}\ \mathcal{Z}(n); 0 \le n \le N)$ に差分変換を施した時系列を $\triangle\mathrm{Log}\mathcal{Z} = (\triangle\mathrm{Log}\mathcal{Z}(n); 1 \le n \le N)$ とする.

$$\triangle\mathrm{Log}\mathcal{Z}(n) \equiv \mathrm{Log}\mathcal{Z}(n) - \mathrm{Log}\mathcal{Z}(n-1) \qquad (1 \le n \le N). \tag{8.14}$$

このような変換を対数差分変換とよぶ.

経済的時系列に対して, 一つ前の時刻との変化 (差, 比) に経済的意味があるときがある. このときは, 時系列に階差や対数を施す変換が, 経済現象に現れる時系列に対して有効である. 特に, 時系列 $\triangle\mathrm{Log}\mathcal{Z}$ は元の時系列 $\mathcal{Z}$ の**対数収益率** (rate of logarithmic return) とよばれている.

8.2 時系列解析におけるモデリングの原理：揺動散逸原理

時系列データを通して現象と接触する時系列解析の重要な目的は 5.3 節で述べたように，「空即是色」の「即是」を適用する理論の前提条件を「検証」することと捉え，「データからモデルへ」の姿勢でデータの背後にある時間発展を記述する方程式を導くことである．さらにいうと，「時系列を解とするモデル」を導くことが「データからモデルへ」の心でもある．そのために，適用するモデルを特徴付ける定性的性質を通して，「データからモデルへ」を

$$「データからモデルへ」=「データの定性的性質の検証」$$
$$+「定性的性質からモデルへ」 \quad (8.15)$$

と分解する．

この節では，定理 7.6.1 に基づき，**弱定常性** (weakly stationarity) という定性的性質に着目したときの時系列解析の実践的な指導原理である**揺動散逸原理** (fluctuation-dissipation principle) を述べよう．「時間とともに変化する自然・工学・社会・生命などにおける複雑な現象に関連して観測・観察されるデータから作られる時系列が定常性をもつかという情報の探求は，天下り的に確率モデルを立てるのではなく，揺動散逸定理というアルゴリズムに従って時系列から取り出した前向き KM_2O-ランジュヴァン揺動過程の実現ともいうべき時系列がホワイトノイズ性を満たすことを検証することで実現される」．

本書で紹介する**定常性の検証** (test of stationarity) を実行する方法を与えるためには，弱定常性を満たす離散時間の確率過程を特徴付けることが必要である．それは式 (8.15) の「定性的性質からモデルへ」に当たり，定理 7.3.2 が示された．

8.3 時系列の定常性

8.3.1 見本共分散行列関数

$\mathcal{Z} = (\mathcal{Z}(n); 0 \leq n \leq N)$ を任意の d 次元の時系列とする．このとき，行列関

数 $R^{\mathcal{Z}} = (R_{jk}^{\mathcal{Z}}(*))_{1 \le j,k \le d} : \{-N, -N+1, \ldots, N-1, N\} \longrightarrow M(d; \mathbf{R})$ を次で定義する.

$$\begin{cases} R_{jk}^{\mathcal{Z}}(n) \equiv \dfrac{1}{N+1} \displaystyle\sum_{m=0}^{N-n} (\mathcal{Z}_j(n+m) - \mu_j^{\mathcal{Z}})(\mathcal{Z}_k(m) - \mu_k^{\mathcal{Z}}) \quad (0 \le n \le N) \\ R_{jk}^{\mathcal{Z}}(-n) \equiv R_{kj}^{\mathcal{Z}}(n) \quad (0 \le n \le N). \end{cases}$$

$$(8.16)$$

この関数 $R^{\mathcal{Z}}$ を時系列 Z の**見本共分散行列関数** (sample covariance matrix function) とよぶ. この見本共分散行列関数が非負定符号性をもつこと, すなわち, 次のことを証明しよう.

定理 8.3.1.

(i) ${}^t R^{\mathcal{Z}}(n) = R^{\mathcal{Z}}(-n)$ $\quad (|n| \le N)$

(ii) 見本共分散行列関数 $R^{\mathcal{Z}}$ は非負定符号性を満たす, すなわち, 任意個数 (l 個) の任意の c_j $(\in \mathbf{C}^d), n_j$ $(\in \{0, 1, \ldots, N\})$ $(1 \le j \le l)$ に対して

$$\sum_{j,k=1}^{l} {}^t \overline{c_j} R^{\mathcal{Z}}(n_j - n_k) c_k \ge 0.$$

証明 (i) は式 (8.16) より従う. 与えられた $N+1$ 個のデータ $\mathcal{Z}(n)$ $(\in \mathbf{R}^d)$ を延長して, 可算無限個のデータ $\mathcal{X}(n)$ $(\in \mathbf{R}^d)$ を

$$\mathcal{X}(n) \equiv \begin{cases} \mathcal{Z}(n) - \mu^{\mathcal{Z}} & (0 \le n \le N) \\ 0 & (それ以外の\ n) \end{cases} \qquad (8.17)$$

で定義し, 関数 $R = R(\cdot) : \mathbf{Z} \longrightarrow M(d; \mathbf{R})$ を

$$R(n) \equiv \frac{1}{N+1} \sum_{k=-\infty}^{\infty} \mathcal{X}(n+k) \, {}^t \mathcal{X}(k) \qquad (n \in \mathbf{Z}) \qquad (8.18)$$

で定める. 時刻 n での値である行列 $R(n)$ の (p, q) 成分 $R_{pq}(n)$ $(1 \le p, q \le d)$ は

$$R_{pq}(n) = \frac{1}{N+1} \sum_{k=-\infty}^{\infty} \mathcal{X}_p(n+k) \, \mathcal{X}_q(k)$$

となるので, 式 (8.17) より, 式 (8.18) の和は有限和であることを注意する. 再び, 式 (8.17) に注意して, 式 (8.18) より次の関係式が従う.

$$R(n) = \begin{cases} R^{\mathcal{Z}}(n) & (|n| \leq N) \\ 0 & (|n| > N). \end{cases} \tag{8.19}$$

したがって, これと式 (8.18) より

$$R^{\mathcal{Z}}(n_j - n_k) = \frac{1}{N+1} \sum_{l=-\infty}^{\infty} \mathcal{X}(n_j - n_k + l) \, {}^{t}\mathcal{X}(l)$$

となるが, 上式で $l - n_k$ を l に変数変換することによって

$$R^{\mathcal{Z}}(n_j - n_k) = \frac{1}{N+1} \sum_{l=-\infty}^{\infty} \mathcal{X}(n_j + l) \, {}^{t}\mathcal{X}(n_k + l)$$

となる. したがって

$$\sum_{j,k=1}^{l} {}^{t}\overline{c_j} R^{\mathcal{Z}}(n_j - n_k) c_k$$

$$= \frac{1}{N+1} \sum_{l=-\infty}^{\infty} \left(\sum_{j=1}^{l} {}^{t}\overline{c_j} \mathcal{X}(n_j + l) \right) \left(\sum_{k=1}^{l} {}^{t}\mathcal{X}(n_k + l) c_k \right)$$

$$= \frac{1}{N+1} \sum_{l=-\infty}^{\infty} \left| \sum_{j=1}^{l} {}^{t}c_j \mathcal{X}(n_j + l) \right|^2 \geq 0$$

が得られる. ゆえに, (ii) が示された. (証明終)

この定理 8.3.1 の証明より, 次の定理を得る.

定理 8.3.2. 見本共分散行列関数 $R^{\mathcal{Z}}$ を, 定義域 $\{-N, -N+1, \ldots, -1, 0, 1, \cdots, N\}$ の外での値を 0 として全空間 $\mathbf{Z}$ に拡張した行列関数 $R^{\widetilde{\mathcal{Z}}}$ は非負定符号性をもつ.

定理 8.3.1 のポイントは, どのような時系列に対しても, その見本共分散行列関数は非負定符号性をもつことである. 8.3.3 項で, 与えられた時系列データが弱定常過程の実現値であるかどうか, すなわち, 時系列の定常性の検定を行う.

8.3.2 見本 KM_2O-ランジュヴァン行列系と見本前向き KM_2O-ランジュヴァン揺動列

任意の d 次元の時系列 $\mathcal{Z} = (\mathcal{Z}(n); 0 \le n \le N)$ が与えられ, その規格化した時系列を $\widetilde{\mathcal{Z}} = (\widetilde{\mathcal{Z}}(n); 0 \le n \le N)$ とする. この項の目的は, 時系列 $\widetilde{\mathcal{Z}}$ に付随した見本 KM_2O-ランジュヴァン行列系と見本前向き KM_2O-ランジュヴァン揺動列を求めることである.

見本共分散行列関数 $R^{\widetilde{\mathcal{Z}}}$ の定義域は $\{-N, -N+1, \ldots, -1, 0, 1, \ldots, N\}$ であるが, 定義式 (8.16) (定理 8.3.1 (i)) より, 実質的な範囲は $\{0, 1, \ldots, N\}$ である. しかし, 見本共分散行列関数の定義式 (8.16) からわかるように, n が N に近いときは, 式 (8.16) の右辺の分子の項数と比べて分母 $N+1$ が大きくなる. すなわち, 見本共分散行列関数の信頼数あるいは有効数が問題となる. 時系列解析の経験則[28] より, 見本共分散行列関数 $R^{\widetilde{\mathcal{Z}}}$ の $N+1$ 個の値 $R^{\widetilde{\mathcal{Z}}}(n)$ $(0 \le n \le N)$ のうちで有効な数は, $[2\sqrt{N+1}/d]$ から $[3\sqrt{N+1}/d]$ の範囲にあることが知られている. ここで, 実数 x に対して, $[x]$ は x を越えない最大の整数を意味する. たとえば, $[30/4] = 7$. 我々は最大限の個数を選び, それを M とおく.

$$M \equiv [3\sqrt{N+1}/d] - 1. \tag{8.20}$$

今後, 見本共分散行列関数 $R^{\widetilde{\mathcal{Z}}}$ の定義域を $\{-M, -M+1, \ldots, -1, 0, 1, \ldots, M\}$ に制限する. 実質的に大切な範囲は $\{0, 1, \ldots, M\}$ である.

定理 8.3.1 より, 次のことを示すことができる.

補題 8.3.1. 見本共分散行列関数 $R^{\widetilde{\mathcal{Z}}}$ はテープリッツ条件 (式 (7.85), (7.86), (7.87)) を満たす.

したがって, 7.5 節の定理 7.5.2 を見本共分散行列関数 $R^{\widetilde{\mathcal{Z}}}$ に適用でき, 時系列 $\widetilde{\mathcal{Z}}$ に付随する**見本 KM_2O-ランジュヴァン行列系** (system of sample KM_2O-Langevin matrices) $\mathcal{LM}(\widetilde{\mathcal{Z}})$ を導入できる.

$$\mathcal{LM}(\widetilde{\mathcal{Z}}) = \{\gamma_\pm^0(\widetilde{\mathcal{Z}})(n,k), \delta_\pm^0(\widetilde{\mathcal{Z}})(n), V_\pm^0(\widetilde{\mathcal{Z}})(l);$$
$$1 \le n \le M, 0 \le k \le n-1, 0 \le l \le M\}. \tag{8.21}$$

さらに, 7.6 節の定理 7.6.1 を用いて, $\mathbf{R}^d$ に値をとる弱定常過程 $\mathbf{X} =$

$(X(n); 0 \leq n \leq M)$ で

$$R^{\widetilde{Z}}(n) = E(X(n)\,{}^t X(0)) \qquad (0 \leq n \leq M) \qquad (8.22)$$

を満たすものが存在する. このことは見本共分散行列関数 $R^{\widetilde{Z}}$ が d 次元弱定常過程 $\mathbf{X}$ の共分散行列関数となり得ることを示している.

弱定常過程 $\mathbf{X}$ が満たす前向き KM$_2$O-ランジュヴァン方程式の散逸項に現れる $X(\cdot)$ を $\widetilde{Z}(\cdot)$ に置き換えることによって, 新しい時系列 $\nu_+(\widetilde{Z}) = (\nu_+(\widetilde{Z})(n);$ $0 \leq n \leq M)$ を

$$\nu_+(\widetilde{Z})(n) \equiv \widetilde{Z}(n) + \sum_{k=0}^{n-1} \gamma_+^0(\widetilde{Z})(n,k)\widetilde{Z}(k) \qquad (0 \leq n \leq M) \qquad (8.23)$$

によって抜き出す. この時系列を時系列 $\widetilde{Z}$ に付随する**見本前向き KM$_2$O-ランジュヴァン揺動列** (sample forward KM$_2$O-Langevin fluctuation series) とよぶ.

8.3.3 定常性のテスト：Test(S)

任意の d 次元の時系列 $\mathcal{Z} = (\mathcal{Z}(n); 0 \leq n \leq N)$ が与えられたとする.

$$\mathcal{Z}(n) = {}^t(\mathcal{Z}_1(n), \mathcal{Z}_2(n), \dots, \mathcal{Z}_d(n)). \qquad (8.24)$$

それを規格化した時系列を $\widetilde{Z}$, その見本共分散行列関数を $R^{\widetilde{Z}} = R^{\widetilde{Z}}(n)$ $(|n| \leq N)$ とする. この項の目的は, 時系列 $\widetilde{Z}$ の定常性を

(S-$\widetilde{Z}$) $\begin{cases} \text{時系列 } \widetilde{Z} \text{ が } R^{\widetilde{Z}} \text{ を共分散行列関数とする } d \text{ 次元弱定常過程} \\ \mathbf{X} = (X(n); 0 \leq n \leq N) \text{ の実現値である} \end{cases}$

と定義し, これを判定する検定—Test(S)—を作ることである.

[Step 1] $\widetilde{Z}(n)$ の成分を

$$\widetilde{Z}(n) = {}^t(\widetilde{Z}_1(n), \widetilde{Z}_2(n), \dots, \widetilde{Z}_d(n)) \qquad (8.25)$$

とする. d が 2 以上のときは, 時系列 $\widetilde{Z}$ の定常性は, 任意の j, k $(1 \leq j < k \leq d)$ に対して, $\widetilde{Z}(n)$ の j 成分と k 成分から作った 2 次元の時系列 $\widetilde{Z}_{jk} = (\widetilde{Z}_{jk}(n); 0 \leq n \leq N)$ の定常性と同値である.

$$\widetilde{\mathcal{Z}}_{jk}(n) = \left(\begin{array}{c} \widetilde{\mathcal{Z}}_j(n) \\ \widetilde{\mathcal{Z}}_k(n) \end{array} \right). \tag{8.26}$$

したがって, Test(S) は, 1 次元あるいは 2 次元の時系列に対して求めればよい. そこで, 以下において扱う時系列 $\widetilde{\mathcal{Z}} = (\widetilde{\mathcal{Z}}(n); 0 \le n \le N)$ の次元 d は 1 あるいは 2 とする.

[Step 2]　8.3.2 項で説明したように, 我々が時系列解析に使える情報は信頼できる見本共分散行列関数 $R^{\widetilde{\mathcal{Z}}} = R^{\widetilde{\mathcal{Z}}}(n)$ $(0 \le n \le M)$ である. M は式 (8.20) で定まっている. したがって, 信頼できる見本 KM$_2$O-ランジュヴァン行列系 $\mathcal{LM}(\widetilde{\mathcal{Z}})$ は式 (8.21) である.

$$\mathcal{LM}(\widetilde{\mathcal{Z}}) = \{\gamma_\pm^0(\widetilde{\mathcal{Z}})(n,k), \delta_\pm^0(\widetilde{\mathcal{Z}})(n), V_\pm^0(\widetilde{\mathcal{Z}})(l);$$
$$1 \le n \le M, 0 \le k \le n-1, 0 \le l \le M\}. \tag{8.27}$$

我々が対象としている時系列は $\widetilde{\mathcal{Z}} = (\widetilde{\mathcal{Z}}(n); 0 \le n \le N)$ である. 出発点の時刻を i $(0 \le i \le N-M)$ にずらすことによって, データ $\widetilde{\mathcal{Z}}(i)$ を出発点とする時系列 $\widetilde{\mathcal{Z}}_i = (\widetilde{\mathcal{Z}}_i(n); 0 \le n \le M)$ を構成する.

$$\widetilde{\mathcal{Z}}_i(n) \equiv \widetilde{\mathcal{Z}}(i+n) \qquad (0 \le n \le M). \tag{8.28}$$

目的が「時系列 $\widetilde{\mathcal{Z}}$ の定常性の検証」であるので, 時系列 $\widetilde{\mathcal{Z}}_i$ も同じ構造をもっているはずである. それゆえ, 時系列 $\widetilde{\mathcal{Z}}_i$ は時系列 $\widetilde{\mathcal{Z}}$ の「コピー」と見なせる.

以下において, 任意の $i \in \{0, 1, \ldots, N-M\}$ を固定する.

[Step 3]　式 (8.23) と同様に, 見本 KM$_2$O-ランジュヴァン行列系 $\mathcal{LM}(\widetilde{\mathcal{Z}})$ を用いて, 時系列 $\widetilde{\mathcal{Z}}_i$ から見本前向き KM$_2$O-ランジュヴァン揺動列 $\nu_+(\widetilde{\mathcal{Z}}_i) = (\nu_+(\widetilde{\mathcal{Z}}_i)(n); 0 \le n \le M)$ を抜き出す.

$$\nu_+(\widetilde{\mathcal{Z}}_i)(n) \equiv \widetilde{\mathcal{Z}}_i(n) + \sum_{k=0}^{n-1} \gamma_+^0(\widetilde{\mathcal{Z}})(n,k)\widetilde{\mathcal{Z}}_i(k) \qquad (0 \le n \le M). \tag{8.29}$$

[Step 4]　各 n $(0 \le n \le M)$ に対して, d 次の下三角行列 $W_+(n)$ で

$$V_+^0(\widetilde{\mathcal{Z}})(n) = W_+(n) \, {}^t W_+(n) \tag{8.30}$$

を満たすものをとる. $d = 1$ のとき, $W_+(n)$ は

$$W_+(n) \equiv \sqrt{V_+^0(\widetilde{\mathcal{Z}})(n)} \tag{8.31}$$

と求まる. $d = 2$ のときは, 行列 $V_+^0(\widetilde{\mathcal{Z}})(n)$ の (j,k) 成分を $V_{+jk}^0(\widetilde{\mathcal{Z}})(n)$ とするとき, 行列 $W_+(n)$ の (j,k) 成分 $W_{+jk}(n)$ は次のように求まる.

$$\begin{cases} W_{+11}(n) \equiv \sqrt{V_{+11}^0(\widetilde{\mathcal{Z}})(n)} \\[2mm] W_{+12}(n) \equiv 0 \\[2mm] W_{+21}(n) \equiv \dfrac{V_{+12}^0(\widetilde{\mathcal{Z}})(n)}{\sqrt{V_{+11}^0(\widetilde{\mathcal{Z}})(n)}} \\[4mm] W_{+22}(n) \equiv \dfrac{\sqrt{V_{+11}^0(\widetilde{\mathcal{Z}})(n)V_{+22}^0(\widetilde{\mathcal{Z}})(n) - V_{+12}^0(\widetilde{\mathcal{Z}})(n)^2}}{\sqrt{V_{+11}^0(\widetilde{\mathcal{Z}})(n)}}. \end{cases} \tag{8.32}$$

[Step 5]　式 (8.32) の行列 $W_+(n)$ を用いて, d 次元の時系列 $\xi_{+i} = (\xi_{+i}(n); 0 \le n \le M)$ を

$$\xi_{+i}(n) \equiv W_+(n)^{-1}\nu_+(\widetilde{\mathcal{Z}}_i)(n) \tag{8.33}$$

で定め, そのベクトル表示を

$$\xi_{+i}(n) = {}^t(\xi_{+i1}(n), \xi_{+i2}(n), \ldots, \xi_{+id}(n)) \tag{8.34}$$

とする. これらの $d(M+1)$ 個のデータ $\xi_{+ij}(n)$ を次のように 1 列に並べて, 1 次元の時系列 $\xi_i = (\xi_i(n); 0 \le n \le d(M+1)-1)$ を構成する.

$$\xi_i \equiv (\xi_{+i1}(0), \ldots, \xi_{+id}(0), \xi_{+i1}(1), \ldots, \xi_{+id}(1), \ldots, \xi_{+i1}(M), \ldots, \xi_{+id}(M)). \tag{8.35}$$

[Step 6]　7.6 節の揺動散逸原理 (定理 7.6.1) より, 次の主張

(WN-ξ_i)　1 次元時系列 ξ_i は弱い意味でのホワイトノイズ ν_i の実現値であるが成り立つ i $(0 \le i \le N-M)$ の割合が大きいとき, 時系列 $\widetilde{\mathcal{Z}}$ の定常性 (S-$\widetilde{\mathcal{Z}}$) は成り立っているという情報が得られる.

[Step 7]　各 i $(0 \le i \le N-M)$ を固定する. 主張 (WN-ξ_i) の検定のために, 1 次元の時系列 ξ_i の見本平均 μ^{ξ_i}, 見本擬似分散 v^{ξ_i}, 見本擬似共分散関数の系 $R^{\xi_i}(n;m)$ $(0 \le n \le L, 0 \le m \le L-n)$ を次で定義する.

$$\mu^{\xi_i} \equiv \frac{1}{d(M+1)} \sum_{k=0}^{d(M+1)-1} \xi_i(k) \tag{8.36}$$

$$v^{\xi_i} \equiv \frac{1}{d(M+1)} \sum_{k=0}^{d(M+1)-1} \xi_i(k)^2 \tag{8.37}$$

$$R^{\xi_i}(n;m) \equiv \frac{1}{d(M+1)} \sum_{k=m}^{d(M+1)-1-n} \xi_i(k)\xi_i(n+k). \tag{8.38}$$

ここで, L は

$$L \equiv [2\sqrt{d(M+1)}] - 1 \tag{8.39}$$

で定まる. L は見本擬似共分散関数 $R^{\xi_i}(n;0)$ の信頼できる n の最小の数である.

調べるべきことは, (WN-ξ_i) が成り立っている基準を

$$\begin{cases} \mu^{\xi_i}, v^{\xi_i} - 1, R^{\xi_i}(n;m) \ (1 \leq n \leq L, 0 \leq m \leq L-n) \ \text{が} \\ 0 \text{に近い割合を定める規準} \end{cases} \tag{8.40}$$

として求めることである. 以下において, 時系列 ξ_i を実現値にもつホワイトノイズ ν_i の直交性を独立性に置き換えて, 規準 (8.40) を定めることにする.

式 (8.36) で定義した時系列 ξ_i の見本平均 μ^{ξ_i} を

$$\sqrt{d(M+1)}\mu^{\xi_i} = \frac{1}{\sqrt{d(M+1)}} \sum_{k=0}^{d(M+1)-1} \xi_i(k) \tag{8.41}$$

と変形する. 中心極限定理より, M が十分大きければ, $\sqrt{d(M+1)}\mu^{\xi_i}$ は近似的に平均 0, 分散 1 のガウス分布に従う確率変数の実現値になる. したがって, 近似的に確率 0.95 で

$$\sqrt{d(M+1)}|\mu^{\xi_i}| < 1.96 \tag{8.42}$$

が成立する. そこで, 次の規準 $(\mathrm{M})_i$ をおく.

規準 $(\mathrm{M})_i$　不等式 (8.42) が成立する.

式 (8.37) で定義した時系列 ξ_i の見本擬似分散 v^{ξ_i} を

$$v^{\xi_i} - 1 = \frac{1}{d(M+1)} \sum_{k=0}^{d(M+1)-1} (\xi_i(k)^2 - 1) \tag{8.43}$$

と変形する. ホワイトノイズ ν_i の4次のモーメントに関する情報は共分散行列関数 $R^{\widetilde{Z}}$ からは得られない. ホワイトノイズ ν_i の2乗の分散 σ_i^2 は, 大数の弱法則より近似的に

$$\frac{1}{d(M+1)} \sum_{k=0}^{d(M+1)-1} (\nu_i(k)^2 - 1)^2 \longrightarrow \sigma_i^2 \quad (\text{確率収束}) \tag{8.44}$$

として得られることを考慮して, 式 (8.43) の $v^{\xi_i} - 1$ の代わりに, 式 (5.86) と同様に, 次の統計量

$$(v^{\xi_i} - 1)^{\sim} \equiv \frac{\sum_{k=0}^{d(M+1)-1} (\xi_i(k)^2 - 1)}{\sqrt{\sum_{k=0}^{d(M+1)-1} (\xi_i(k)^2 - 1)^2}} \tag{8.45}$$

を導入し, 次のように変形する.

$$(v^{\xi_i} - 1)^{\sim} = \frac{\frac{1}{\sqrt{d(M+1)}\sigma_i} \sum_{k=0}^{d(M+1)-1} (\xi_i(k)^2 - 1)}{\frac{1}{\sqrt{d(M+1)}\sigma_i} \sqrt{\sum_{k=0}^{d(M+1)-1} (\xi_i(k)^2 - 1)^2}}. \tag{8.46}$$

中心極限定理より

$$\frac{1}{\sqrt{d(M+1)}\sigma_i} \sum_{k=0}^{d(M+1)-1} (\nu_i(k)^2 - 1) \longrightarrow N(0,1) \quad (\text{法則収束}) \tag{8.47}$$

が成り立つ. 一方, 定理 4.1.2 を式 (8.44) に適用して

$$\frac{1}{\sqrt{d(M+1)}\sigma_i} \sqrt{\sum_{k=0}^{d(M+1)-1} (\nu_i(k)^2 - 1)^2} \longrightarrow 1 \quad (\text{確率収束}) \tag{8.48}$$

が得られる. したがって, 式 (8.47), (8.48) より, 定理 4.1.4 を式 (8.46) に適用することによって, 式 (8.42) を導いたときと同じ理由で, 近似的に確率 0.975 で

$$|(v^{\xi_i} - 1)^{\sim}| < 2.2414 \tag{8.49}$$

が成立する. そこで次の規準 $(\text{V})_i$ をおく.

216   8. 時系列解析と実験数学

規準 $(V)_i$　不等式 (8.49) が成立する.

式 (8.38) で定義した時系列 ξ_i の見本擬似共分散関数の系を

$$d(M+1)R^{\xi_i}(n;m) = \sum_{k=m}^{d(M+1)-1-n} \xi_i(k)\xi_i(n+k) \tag{8.50}$$

と書き直し, この右辺を互いに独立な確率変数の和からなる実現値 $R_1^{\xi_i}(n;m)$, $R_2^{\xi_i}(n;m)$ の和として表現する.

$$d(M+1)R^{\xi_i}(n;m) = R_1^{\xi_i}(n;m) + R_2^{\xi_i}(n;m). \tag{8.51}$$

分解 (8.51) を得るために, $d(M+1)-1, m$ をともに $2n$ で割り, 商をそれぞれ q, s, 余りをそれぞれ r, t とする.

$$d(M+1)-1 = q(2n)+r \qquad (0 \le r \le 2n-1) \tag{8.52}$$

$$m = s(2n)+t \qquad (0 \le t \le 2n-1). \tag{8.53}$$

余り r が $0 \le r \le n-1$ を満たすときは

$R_1^{\xi_i}(n;m)$

$$= \begin{cases} \sum_{k=0}^{n-t-1} \xi_i(m+k)\xi_i(m+n+k) \\ \quad + \sum_{j=s+1}^{q-1}(\sum_{k=0}^{n-1} \xi_i(2jn+k)\xi_i((2j+1)n+k)) \ (0 \le t \le n-1) \\ \sum_{j=s+1}^{q-1}(\sum_{k=0}^{n-1} \xi_i(2jn+k)\xi_i((2j+1)n+k)) \qquad (n \le t \le 2n-1) \end{cases}$$
$$\tag{8.54}$$

$R_2^{\xi_i}(n;m)$

$$= \begin{cases} \sum_{j=s}^{q-2}(\sum_{k=0}^{n-1} \xi_i((2j+1)n+k)\xi_i(2(j+1)n+k)) \\ \quad + \sum_{k=0}^{r} \xi_i((2q-1)n+k)\xi_i(2qn+k) \qquad (0 \le t \le n-1) \\ \sum_{k=0}^{2n-1-t} \xi_i(m+k)\xi_i(m+n+k) \\ \quad + \sum_{j=s+1}^{q-2}(\sum_{k=0}^{n-1} \xi_i((2j+1)n+k)\xi_i(2(j+1)n+k)) \\ \quad + \sum_{k=0}^{r} \xi_i((2q-1)n+k)\xi_i(2qn+k) \qquad (n \le t \le 2n-1). \end{cases}$$
$$\tag{8.55}$$

余り r が $n \leq r \leq 2n-1$ を満たすときは

$$
R_1^{\xi_i}(n;m)
$$

$$
= \begin{cases}
\sum_{k=0}^{n-t-1} \xi_i(m+k)\xi_i(m+n+k) \\
\quad + \sum_{j=s+1}^{q-1}(\sum_{k=0}^{n-1}\xi_i(2jn+k)\xi_i((2j+1)n+k)) \\
\quad + \sum_{k=0}^{r-n}\xi_i(2qn+k)\xi_i((2q+1)n+k) \quad (0 \leq t \leq n-1) \\
\sum_{j=s+1}^{q-1}(\sum_{k=0}^{n-1}\xi_i(2jn+k)\xi_i((2j+1)n+k)) \\
\quad + \sum_{k=0}^{r-n}\xi_i(2qn+k)\xi_i((2q+1)n+k) \quad (n \leq t \leq 2n-1)
\end{cases}
$$

$$(8.56)$$

$$
R_2^{\xi_i}(n;m)
$$

$$
= \begin{cases}
\sum_{j=s}^{q-1}(\sum_{k=0}^{n-1}\xi_i((2j+1)n+k)\xi_i(2(j+1)n+k)) \\
\qquad\qquad\qquad\qquad\qquad\qquad\qquad (0 \leq t \leq n-1) \\
\sum_{k=0}^{2n-1-t}\xi_i(m+k)\xi_i(m+n+k) + \sum_{j=s+1}^{q-1}(\sum_{k=0}^{n-1}\xi_i((2j+1)n \\
\quad +k)\xi_i(2(j+1)n+k)). \quad (n \leq t \leq 2n-1).
\end{cases}
$$

$$(8.57)$$

注意 8.3.1. $R_1^{\xi_i}(n;m), R_2^{\xi_i}(n;m)$ は原論文 55 と同じものであるが表現が異なる. それは, 原論文 55 では, 式 (8.52) において $d(M+1)$ を $2n$ で割り, 式 (8.53) において m を n で割っていたからである.

$R_1^{\xi_i}(n;m), R_2^{\xi_i}(n;m)$ の項の総数をそれぞれ $L_{n,m}^{(1)}, L_{n,m}^{(2)}$ とする. 式 (8.50), (8.51) より

$$
L_{n,m}^{(1)} + L_{n,m}^{(2)} = d(M+1) - n - m \tag{8.58}
$$

が成り立つ. それらは次で具体的に与えられる.

余り r が $0 \leq r \leq n-1$ を満たすときは

$$
\begin{cases}
L_{n,m}^{(1)} = \begin{cases} n(q+s) - m & (0 \leq t \leq n-1) \\ n(q-s-1) & (n \leq t \leq 2n-1) \end{cases} \\
L_{n,m}^{(2)} = \begin{cases} n(q-s-1) + r + 1 & (0 \leq t \leq n-1) \\ n(q+s) + r + 1 - m & (n \leq t \leq 2n-1). \end{cases}
\end{cases}
\tag{8.59}
$$

余り r が $n+1 \leq r \leq 2n-1$ を満たすときは

$$\begin{cases} L_{n,m}^{(1)} = \begin{cases} n(q+s-1)+r+1-m & (0 \leq t \leq n-1) \\ n(q-s-2)+r+1 & (n \leq t \leq 2n-1) \end{cases} \\ L_{n,m}^{(2)} = \begin{cases} n(q-s) & (0 \leq t \leq n-1) \\ n(q+s+1)-m & (n \leq t \leq 2n-1). \end{cases} \end{cases} \tag{8.60}$$

特別な場合, 分解 (8.51) の具体的な表示を見てみよう.

例 8.3.1　$d=1, N=99$ とする. このとき

$$(M, d(M+1), L) = (29, 30, 9)$$

となる. さらに, $n=3, m=5$ のときを扱う. 式 (8.52), (8.53) の q, r, s, t は

$$(q, r, s, t) = (4, 5, 0, 5)$$

となるので, $R_1^{\xi_i}(3;5), R_2^{\xi_i}(3;5)$ はそれぞれ式 (8.56), (8.57) より

$$dM+1)R^{\xi_i}(3;5) = \xi_i(5)\xi_i(8) + \xi_i(6)\xi_i(9) + \cdots + \xi_i(27)\xi_i(30)$$

$$\begin{aligned} R_1^{\xi_i}(3;5) ={} & (\xi_i(6)\xi_i(9) + \xi_i(7)\xi_i(10) + \xi_i(8)\xi_i(11)) \\ & + (\xi_i(12)\xi_i(15) + \xi_i(13)\xi_i(16) + \xi_i(14)\xi_i(17)) \\ & + (\xi_i(18)\xi_i(21) + \xi_i(19)\xi_i(22) + \xi_i(20)\xi_i(23)) \\ & + \xi_i(24)\xi_i(27) + \xi_i(25)\xi_i(28) + \xi_i(26)\xi_i(29) + \xi_i(27)\xi_i(30) \end{aligned}$$

$$\begin{aligned} R_2^{\xi_i}(3;5) ={} & \xi_i(5)\xi_i(8) \\ & + (\xi_i(9)\xi_i(12) + \xi_i(10)\xi_i(13) + \xi_i(11)\xi_i(14)) \\ & + (\xi_i(15)\xi_i(18) + \xi_i(16)\xi_i(19) + \xi_i(17)\xi_i(20)) \\ & + (\xi_i(21)\xi_i(24) + \xi_i(22)\xi_i(25) + \xi_i(23)\xi_i(26)) \end{aligned}$$

となる. $R_1^{\xi_i}(3;5)$ は互いに独立な 13 個, $R_2^{\xi_i}(3;5)$ は互いに独立な 10 個の確率変数の実現値の和として表現されている.

例 8.3.2　$d=2, N=99$ とする. このとき

$$(M, d(M+1), L) = (14, 30, 9)$$

8.3 時系列の定常性 219

となる. さらに, $n = 2, m = 9$ のときを扱う. 式 (8.52), (8.53) の q, r, s, t は

$$(q, r, s, t) = (7, 1, 2, 1)$$

となるので, $R_1^{\xi_i}(2; 9), R_2^{\xi_i}(2; 9)$ はそれぞれ式 (8.54), (8.55) より

$$d(M + 1)R^{\xi_i}(2; 9) = \xi_i(9)\xi_i(11) + \xi_i(10)\xi_i(12) + \cdots + \xi_i(27)\xi_i(29)$$

$$\begin{aligned}
R_1^{\xi_i}(2; 9) = {} & \xi_i(9)\xi_i(11) + (\xi_i(12)\xi_i(14) + \xi_i(13)\xi_i(15)) + (\xi_i(16)\xi_i(18) \\
& + \xi_i(17)\xi_i(19)) + (\xi_i(20)\xi_i(22) + \xi_i(21)\xi_i(23)) + (\xi_i(24)\xi_i(26) \\
& + \xi_i(25)\xi_i(27))
\end{aligned}$$

$$\begin{aligned}
R_2^{\xi_i}(2; 9) = {} & (\xi_i(10)\xi_i(12) + \xi_i(11)\xi_i(13)) + (\xi_i(14)\xi_i(16) + \xi_i(15)\xi_i(17)) \\
& + (\xi_i(18)\xi_i(20) + \xi_i(19)\xi_i(21)) + (\xi_i(19)\xi_i(21) + \xi_i(20)\xi_i(22)) \\
& + \xi_i(26)\xi_i(28) + \xi_i(27)\xi_i(29)
\end{aligned}$$

となる. $R_1^{\xi_i}(2; 9)$ は互いに独立な 9 個, $R_2^{\xi_i}(2; 9)$ は互いに独立な 10 個の確率変数の実現値の和として表現されている.

各 n, m $(1 \leq n \leq L, 0 \leq m \leq L - n)$ に対して, 中心極限定理より, M が十分大きければ, $(\sqrt{L_{n,m}^{(1)}})^{-1}R_1^{\xi_i}(n; m), (\sqrt{L_{n,m}^{(2)}})^{-1}R_2^{\xi_i}(n; m)$ は近似的に平均 0, 分散 1 のガウス分布に従う確率変数の実現値になる. したがって

$$(\sqrt{L_{n,m}^{(1)}})^{-1}|R_1^{\xi_i}(n; m)| < 1.96 \qquad (8.61)$$

$$(\sqrt{L_{n,m}^{(2)}})^{-1}|R_2^{\xi_i}(n; m)| < 1.96 \qquad (8.62)$$

が近似的に確率 0.95 で成立する. したがって, 近似的に確率 0.90 で

$$\begin{aligned}
& d(M + 1)|R^{\xi_i}(n; m)| \\
& = |\sqrt{L_{n,m}^{(1)}}((\sqrt{L_{n,m}^{(1)}})^{-1}R_1^{\xi_i}(n; m)) + \sqrt{L_{n,m}^{(2)}}((\sqrt{L_{n,m}^{(2)}})^{-1}R_2^{\xi_i}(n; m))| \\
& < 1.96(\sqrt{L_{n,m}^{(1)}} + \sqrt{L_{n,m}^{(2)}})
\end{aligned}$$

が得られる. これを書き換えて

$$d(M + 1)(\sqrt{L_{n,m}^{(1)}} + \sqrt{L_{n,m}^{(2)}})^{-1}|R^{\xi_i}(n; m)| < 1.96 \qquad (8.63)$$

となる．そこで次の規準 $(O)_i$ をおく

規準 $(O)_i$ 不等式 (8.63) が成立する．

今までのことをまとめる．規準 $(WN\text{-}\xi_i)$ の検証は次の三つの規準 $(M)_i$, $(V)_i$, $(O)_i$ によってチェックされる．

$$
\begin{cases}
\text{規準 } (M)_i & \text{不等式 (8.42) が成立する} \\
\text{規準 } (V)_i & \text{不等式 (8.49) が成立する} \\
\text{規準 } (O)_i & \text{不等式 (8.63) が成立する割合} \\
& (1 \leq n \leq L,\ 0 \leq m \leq L-n) \text{ が9割以上．}
\end{cases}
\tag{8.64}
$$

注意 8.3.2. 原論文 55 では，基準 $(O)_i$ は不等式 (8.63) がすべての n, m $(1 \leq n \leq L,\ 0 \leq m \leq L-n)$ に対して成立するとしていた．

[Step 8] 最後に，時系列 $\mathcal{Z} = (\mathcal{Z}(n); 0 \leq n \leq N)$ に対する定常性のテスト–Test(S)–とは

$$
\textbf{Test(S)}
\begin{cases}
\text{規準 } (M)_i \text{ が通過する割合 } (0 \leq i \leq N-M) \text{ が8割以上} \\
\text{規準 } (V)_i \text{ が通過する割合 } (0 \leq i \leq N-M) \text{ が7割以上} \\
\text{規準 } (O)_i \text{ が通過する割合 } (0 \leq i \leq N-M) \text{ が8割以上}
\end{cases}
\tag{8.65}
$$

のことをいう．Test(S) を通過するとき，時系列 $\mathcal{Z}$ は定常性をもつという．

8.3.4　見本前向き KM₂O-ランジュヴァン方程式

d 次元の時系列 $\mathcal{Z} = (\mathcal{Z}(n); 0 \leq n \leq N)$ が与えられ，8.3.3 項の定常性のテスト–Test(S)–を通過したとする．$\mu^{\mathcal{Z}}$, $R^{\mathcal{Z}} = (R^{\mathcal{Z}}(n); |n| \leq M)$ をそれぞれ時系列 $\mathcal{Z}$ の見本平均ベクトル，見本共分散行列関数とする．ただし，M は式 (8.20) で定義されている．さらに，時系列 $\widetilde{\mathcal{Z}}$ を時系列 $\mathcal{Z}$ の規格化とし，$\mathcal{LM}(\widetilde{\mathcal{Z}})$ を時系列 $\widetilde{\mathcal{Z}}$ に付随する見本 KM₂O-ランジュヴァン行列系とする．

a.　見本前向き KM₂O-ランジュヴァン方程式 (1)

各 i $(0 \leq i \leq N-M)$ を固定する．$\nu_+(\widetilde{\mathcal{Z}}_i) = (\nu_+(\widetilde{\mathcal{Z}}_i)(n); 0 \leq n \leq M)$ を時系列 $\widetilde{\mathcal{Z}}_i = (\widetilde{\mathcal{Z}}(i+n); 0 \leq n \leq M)$ に付随する見本前向き KM₂O-ランジュ

8.3 時系列の定常性 221

ヴァン揺動列とする. 式 (8.29) を書き直して, 次の式が得られる.

$$\widetilde{\mathcal{Z}}(i+n) = -\sum_{k=0}^{n-1} \gamma_+^0(\widetilde{\mathcal{Z}})(n,k)\widetilde{\mathcal{Z}}(i+k) + \nu_+(\widetilde{\mathcal{Z}}_i)(n) \qquad (0 \leq n \leq M).$$

(8.66)

見本前向き $\mathrm{KM_2O}$-ランジュヴァン揺動列 $\nu_+(\widetilde{\mathcal{Z}}_i)$ はある弱定常過程 $\mathbf{X}_i = (X_i(n); 0 \leq n \leq M)$ に付随する前向き $\mathrm{KM_2O}$-ランジュヴァン揺動過程 $\nu_+(\mathbf{X}_i)$ の実現値と見なせる. このとき, 式 (8.66) を, $\widetilde{\mathcal{Z}}(i)$ を出発点とし, $\nu_+(\widetilde{\mathcal{Z}}_i) = (\nu_+(\widetilde{\mathcal{Z}}_i)(n); 0 \leq n \leq M)$ を見本前向き $\mathrm{KM_2O}$-ランジュヴァン揺動列とする時系列 $\widetilde{\mathcal{Z}}$ に対する見本前向き $\mathrm{KM_2O}$-ランジュヴァン方程式という. これを規格化する前のもとの時系列 $\mathcal{Z}$ に対する時間発展の方程式に戻すと

$$
\mathcal{Z}(i+n) - \mu^{\mathcal{Z}}
$$

$$
= -\sum_{k=0}^{n-1} \begin{pmatrix} \sqrt{R_{11}^{\mathcal{Z}}(0)} & & 0 \\ & \ddots & \\ 0 & & \sqrt{R_{dd}^{\mathcal{Z}}(0)} \end{pmatrix} \gamma_+^0(\widetilde{\mathcal{Z}})(n,k)
$$

$$
\cdot \begin{pmatrix} \sqrt{R_{11}^{\mathcal{Z}}(0)^{-1}} & & 0 \\ & \ddots & \\ 0 & & \sqrt{R_{dd}^{\mathcal{Z}}(0)^{-1}} \end{pmatrix} (\mathcal{Z}(i+k) - \mu^{\mathcal{Z}})
$$

$$
+ \begin{pmatrix} \sqrt{R_{11}^{\mathcal{Z}}(0)} & & 0 \\ & \ddots & \\ 0 & & \sqrt{R_{dd}^{\mathcal{Z}}(0)} \end{pmatrix} \cdot \nu_+(\widetilde{\mathcal{Z}}_i)(n) \qquad (0 \leq n \leq M)
$$

(8.67)

となる. この方程式を, $\mathcal{Z}(i)$ を出発点とし $\nu_+(\widetilde{\mathcal{Z}}_i) = (\nu_+(\widetilde{\mathcal{Z}}_i)(n); 0 \leq n \leq M)$ を見本前向き $\mathrm{KM_2O}$-ランジュヴァン揺動列とする時系列 $\mathcal{Z}$ に対する**見本前向き $\mathrm{KM_2O}$-ランジュヴァン方程式** (sample forward $\mathrm{KM_2O}$-Langevin equation) という.

b. 見本前向き $\mathrm{KM_2O}$-ランジュヴァン方程式 (2)

予測公式を求める際に有効となる, 別の形の方程式を導く. 各 i $(0 \leq i \leq N-$

M) を固定する. 7.8 節の定理 7.8.1 を弱定常過程 $\mathbf{X}_i = (X_i(n); 0 \le n \le M)$ に適用し, $l = 1, r = n$ とおいて

$$X_i(n+1) = P_{\mathbf{M}_1^n(\mathbf{X}_i)} X_i(n+1) + \zeta_+(\mathbf{X}_i)(n+1) \qquad (0 \le n \le M-1) \tag{8.68}$$

$$P_{\mathbf{M}_1^n(\mathbf{X}_i)} X_i(n+1) = -\sum_{k=1}^{n} \gamma_+^0(\widetilde{\mathcal{Z}})(n, k-1) X_i(k) \qquad (0 \le n \le M-1) \tag{8.69}$$

が得られる. ここで, $\zeta_+(\mathbf{X}_i)(n+1)$ は次で定義される.

$$\zeta_+(\mathbf{X}_i)(n+1) \equiv U_0^n(1)\nu_+(\mathbf{X}_i)(n) \qquad (0 \le n \le M-1). \tag{8.70}$$

式 (8.69) において, 弱定常過程 $\mathbf{X}_i$ に付随する KM$_2$O-ランジュヴァン行列系は時系列 $\widetilde{\mathcal{Z}}$ に付随する見本 KM$_2$O-ランジュヴァン行列系 $\mathcal{LM}(\widetilde{\mathcal{Z}})$ と一致することを用いた.

時系列 $\widetilde{\mathcal{Z}}_i$ は弱定常過程 $\mathbf{X}_i$ の実現であるから, 式 (8.68), (8.69) より, 次の方程式が得られる. 任意の n $(0 \le n \le M-1)$ に対して

$$\widetilde{\mathcal{Z}}(i+n+1) = -\sum_{k=0}^{n-1} \gamma_+^0(\widetilde{\mathcal{Z}})(n, k)\widetilde{\mathcal{Z}}(i+k+1) + \zeta_+(\widetilde{\mathcal{Z}}_i)(n+1). \tag{8.71}$$

ここで, $\zeta_+(\widetilde{\mathcal{Z}}_i)(n+1)$ は確率変数 $\zeta_+(\mathbf{X}_i)(n+1)$ の実現値である. 方程式 (8.71) を, $\widetilde{\mathcal{Z}}(i+1)$ を出発点, $\zeta_+(\widetilde{\mathcal{Z}}_i) = (\zeta_+(\widetilde{\mathcal{Z}}_i)(n+1); 0 \le n \le M-1)$ を時系列 $\widetilde{\mathcal{Z}}$ に対する見本前向き KM$_2$O-ランジュヴァン揺動列とする見本前向き KM$_2$O-ランジュヴァン方程式という.

注意 8.3.3. $0 \le i < N - M$ を満たす i に対しては, 次のことが成り立つ.

$$\zeta_+(\widetilde{\mathcal{Z}}_i)(n+1) = \nu_+(\widetilde{\mathcal{Z}}_{i+1})(n) \qquad (0 \le n \le M-1). \tag{8.72}$$

したがって, $i = N - M$ のときの方程式 (8.71) は方程式 (8.66) と本質的に異なる.

方程式 (8.67) と同様に, $\mathcal{Z}(i+1)$ を出発点とし, $\zeta_+(\widetilde{\mathcal{Z}}_i) = (\zeta_+(\widetilde{\mathcal{Z}}_i)(n+1); 0 \le n \le M-1)$ を見本前向き KM$_2$O-ランジュヴァン揺動列とする時系列 $\mathcal{Z}$ に対

する見本前向き **KM$_2$O-**ランジュヴァン方程式 (8.73) を方程式 (8.71) より導ける. 任意の n $(0 \leq n \leq M-1)$ に対して

$$
\mathcal{Z}(i+n+1) - \mu^{\mathcal{Z}}
$$

$$
= -\sum_{k=0}^{n-1} \begin{pmatrix} \sqrt{R_{11}^{\mathcal{Z}}(0)} & & 0 \\ & \ddots & \\ 0 & & \sqrt{R_{dd}^{\mathcal{Z}}(0)} \end{pmatrix} \gamma_+^0(\widetilde{\mathcal{Z}})(n,k)
$$

$$
\cdot \begin{pmatrix} \sqrt{R_{11}^{\mathcal{Z}}(0)^{-1}} & & 0 \\ & \ddots & \\ 0 & & \sqrt{R_{dd}^{\mathcal{Z}}(0)^{-1}} \end{pmatrix} \cdot (\mathcal{Z}(i+k+1) - \mu^{\mathcal{Z}})
$$

$$
+ \begin{pmatrix} \sqrt{R_{11}^{\mathcal{Z}}(0)} & & 0 \\ & \ddots & \\ 0 & & \sqrt{R_{dd}^{\mathcal{Z}}(0)} \end{pmatrix} \cdot \zeta_+(\widetilde{\mathcal{Z}_i})(n+1). \tag{8.73}
$$

8.3.5 線形予測公式

7.9 節で準備した線形予測公式 (定理 7.9.1) を時系列データに適用して, 時系列データの将来を予測する線形予測公式を求めよう.

自然数 d, N を固定する. d 次元の時系列 $\mathcal{Z} = (\mathcal{Z}(n); 0 \leq n \leq N)$ が与えられたとする. それを規格化した時系列を $\widetilde{\mathcal{Z}} = (\widetilde{\mathcal{Z}}(n); 0 \leq n \leq N)$, 見本共分散行列関数を $R^{\widetilde{\mathcal{Z}}} = (R^{\widetilde{\mathcal{Z}}}(n); |n| \leq M)$ とする. ここで, M は式 (8.20) で定めた見本共分散行列関数 $R^{\widetilde{\mathcal{Z}}}(n)$ の信頼できる n の最大数である.

$$
M \equiv [3\sqrt{N+1}/d] - 1. \tag{8.74}
$$

このことを考慮して, 時系列 $\widetilde{\mathcal{Z}}$ に付随する見本 KM$_2$O-ランジュヴァン行列系を $\mathcal{LM}(\widetilde{\mathcal{Z}}; M)$ と表記する.

$$
\mathcal{LM}(\widetilde{\mathcal{Z}}; M) \equiv \{\gamma_\pm^0(\widetilde{\mathcal{Z}})(n,k), \delta_\pm^0(\widetilde{\mathcal{Z}})(n), V_\pm^0(\widetilde{\mathcal{Z}})(l);
$$
$$
1 \leq n \leq M, 0 \leq k \leq n-1, 0 \leq l \leq M\}. \tag{8.75}
$$

時系列 $\widetilde{\mathcal{Z}} = (\widetilde{\mathcal{Z}}(n); 0 \leq n \leq N)$ は Test(S) を通過したとする. 時系列

$\widetilde{\mathcal{Z}}_{N-M} = (\widetilde{\mathcal{Z}}(N - M + n); 0 \le n \le M)$ はある d 次元の弱定常過程 $\mathbf{X}_{N-M}$ $= (X_{N-M}(n); 0 \le n \le M)$ の実現値であり, 系 $\mathcal{LM}(\widetilde{\mathcal{Z}}; M)$ は $\mathbf{X}_{N-M}$ に付随する KM$_2$O-ランジュヴァン行列系と一致する.

任意の自然数 p に対して, 時系列 $\widetilde{\mathcal{Z}}$ の時刻 N での1期ごとの p 期先線形予測値 $\overrightarrow{\mathcal{Z}}_M^{(L;1)}(N + p)$ を与える予測公式を求める.

はじめに, $p = 1$ の場合を考える. その際の**戦略**は確率過程 $\mathbf{X}_{N-M}$ が1期先まで弱定常性を保ち, 時刻 $N - M$ から時刻 $N + 1$ まではそのダイナミクスを変えないで時間発展すると**仮定**することである. 式 (8.68), (8.69) で $i = N - M$ とおいて, 確率過程 $\mathbf{X}_{N-M}$ のダイナミクスが得られる. 任意の n $(0 \le n \le M - 1)$ に対して

$$X_{N-M}(n+1) = P_{\mathbf{M}_1^n(\mathbf{X}_{N-M})}X_{N-M}(n+1) + \zeta_+(\mathbf{X}_{N-M})(n+1)$$
(8.76)

が得られる. これより, 線形の情報 $\mathbf{M}_1^n(\mathbf{X}_{N-M})$ を用いたときの確率変数 $X_{N-M}(n+1)$ の予測子 $P_{\mathbf{M}_1^n(\mathbf{X}_{N-M})}X_{N-M}(n+1)$ は次で求められる.

$$P_{\mathbf{M}_1^n(\mathbf{X}_{N-M})}X_{N-M}(n+1) = -\sum_{k=1}^{n} \gamma_+^0(\widetilde{\mathcal{Z}})(n, k-1)X_{N-M}(k).$$
(8.77)

式 (8.76) において, 左辺と右辺のどの項も $n = M$ とおけない. しかし, 式 (8.77) の右辺は $n = M$ のときにも意味がある. その実現値が**時系列 $\widetilde{\mathcal{Z}}$ の時刻 N での1期ごとの1期先線形予測値** $\overrightarrow{\mathcal{Z}}_M^{(L;1)}(N + 1)$ である. その**公式**は次のように与えることができる.

$$\begin{aligned}
\overrightarrow{\mathcal{Z}}_M^{(L;1)}(N+1) &\equiv P_{\mathbf{M}_1^M(\mathbf{X}_{N-M})}X_{N-M}(M+1) \text{ の実現値} \\
&= \left(-\sum_{k=1}^{M} \gamma_+^0(\widetilde{\mathcal{Z}})(M, k-1)X_{N-M}(k) \right) \text{ の実現値} \\
&= -\sum_{k=0}^{M-1} \gamma_+^0(\widetilde{\mathcal{Z}})(M, k)\widetilde{\mathcal{Z}}(N-M+1+k).
\end{aligned}$$
(8.78)

さらに, 確率過程 $\mathbf{X}_{N-M}$ のダイナミクス (8.76) より, 線形の情報

8.3 時系列の定常性　　　225

$\mathbf{M}_1^n(\mathbf{X}_{N-M})$ を用いたときの確率変数 $X_{N-M}(n+1)$ の予測誤差は次で与えられる.

$$(\zeta_+(\mathbf{X}_{N-M})(n+1),\ {}^t\zeta_+(\mathbf{X}_{N-M})(n+1)) = R^{\tilde{Z}}(0)$$
$$- \left(\sum_{k=1}^n \gamma_+^0(\widetilde{\mathcal{Z}})(n,k-1)X_{N-M}(k),\ {}^t\sum_{k=1}^n \gamma_+^0(\widetilde{\mathcal{Z}})(n,k-1)X_{N-M}(k) \right)$$
$$(8.79)$$

式 (8.79) の左辺は $n = M$ のとき意味がないが, その右辺は $n = M$ のときにも意味がある. それを時系列 $\widetilde{\mathcal{Z}}$ の時刻 N での 1 期ごとの 1 期先線形予測誤差行列という. これを計算してみよう.

命題 8.3.1.

(i) 式 (8.77) の右辺で $n = M$ とおいたときのベクトルの内積行列は次で与えられる.

$$\left(-\sum_{k=1}^M \gamma_+^0(\widetilde{\mathcal{Z}})(M,k-1)X_{N-M}(k), \right.$$
$$\left. {}^t\left(-\sum_{k=1}^M \gamma_+^0(\widetilde{\mathcal{Z}})(M,k-1)X_{N-M}(k) \right) \right) = R^{\tilde{Z}}(0) - V_+^0(\tilde{\mathcal{Z}})(M).$$

(ii) 時系列 $\widetilde{\mathcal{Z}}$ の時刻 N での 1 期ごとの 1 期先線形予測誤差行列は $V_+^0(\tilde{\mathcal{Z}})(M)$ である.

証明　(i) のみを示せばよい. 定理 7.8.1 を弱定常過程 $\mathbf{X}_{N-M}$ に適用し, ユニタリー作用素 $U_0^{M-1}(1)$ を用いることによって, 次のように (i) が示される.

$$\left(-\sum_{k=1}^M \gamma_+^0(\widetilde{\mathcal{Z}})(M,k-1)X_{N-M}(k),\ {}^t\left(-\sum_{k=1}^M \gamma_+^0(\widetilde{\mathcal{Z}})(M,k-1)X_{N-M}(k) \right) \right)$$
$$= \left(U_0^{M-1}(1) \left(\sum_{k=0}^{M-1} \gamma_+^0(\widetilde{\mathcal{Z}})(M,k)X_{N-M}(k) \right), \right.$$
$$\left. {}^tU_0^{M-1}(1) \left(\sum_{k=0}^{M-1} \gamma_+^0(\widetilde{\mathcal{Z}})(M,k)X_{N-M}(k) \right) \right)$$

$$= \left(-\sum_{k=0}^{M-1} \gamma_+(\widetilde{\mathcal{Z}})(M,k) X_{N-M}(k), \ {}^t\!\left(-\sum_{k=0}^{M-1} \gamma_+^0(\widetilde{\mathcal{Z}})(M,k) X_{N-M}(k) \right) \right)$$

$$= (X_{N-M}(M) - \nu_+(\mathbf{X}_{N-M})(M), \ {}^t(X_{N-M}(M) - \nu_+(\mathbf{X}_{N-M})(M)))$$

$$= R^{\widetilde{\mathcal{Z}}}(0) - V_+^0(\widetilde{\mathcal{Z}})(M). \qquad \text{(証明終)}$$

もとの時系列 $\mathcal{Z}$ の時刻 N での 1 期ごとの 1 期先線形予測値 $\overrightarrow{\mathcal{Z}}_M^{(L;1)}(N+1)$ の公式は, 規格化の変換 (8.4) を逆にたどって, 式 (8.78) より次で与えられる.

$$\overrightarrow{\mathcal{Z}}_{M\cdot}^{(L;1)}(N+1) = H_M^{(L;1)}(\mathcal{Z}(N), \mathcal{Z}(N-1), \ldots, \mathcal{Z}(N-M+1)). \quad (8.80)$$

ここで, $H_M^{(L;1)} = H_M^{(L;1)}(z(N), z(N-1), \ldots, z(N-M+1))$ は M 変数の行列関数で次で定義される.

$$H_M^{(L;1)}(z(N), z(N-1), \ldots, z(N-M+1))$$

$$\equiv \mu^{\mathcal{Z}} - \sum_{k=0}^{M-1} \begin{pmatrix} \sqrt{R_{11}^{\mathcal{Z}}(0)} & & 0 \\ & \ddots & \\ 0 & & \sqrt{R_{dd}^{\mathcal{Z}}(0)} \end{pmatrix} \gamma_+^0(\widetilde{\mathcal{Z}})(M,k)$$

$$\cdot \begin{pmatrix} \sqrt{R_{11}^{\mathcal{Z}}(0)^{-1}} & & 0 \\ & \ddots & \\ 0 & & \sqrt{R_{dd}^{\mathcal{Z}}(0)^{-1}} \end{pmatrix} (z(N-M+k+1) - \mu^{\mathcal{Z}}).$$

$$(8.81)$$

一般に, 任意の自然数 p に対して, もとの時系列 $\mathcal{Z}$ の時刻 N での 1 期ごとの p 期先線形予測値 $\overrightarrow{\mathcal{Z}}_M^{(L;1)}(N+p)$ の公式は次で与えられる.

$$\overrightarrow{\mathcal{Z}}_M^{(L;1)}(N+p) \equiv H_M^{(L;1)}(\overrightarrow{\mathcal{Z}}_M^{(L;1)}(N+p-1), \ldots, \overrightarrow{\mathcal{Z}}_M^{(L;1)}(N+p-M)).$$

$$(8.82)$$

ただし, $0 \le k \le N$ なる k に対しては

$$\overrightarrow{\mathcal{Z}}_M^{(L;1)}(k) \equiv \mathcal{Z}(k). \qquad (8.83)$$

8.3.6 非線形予測公式

前項で線形予測公式を求めたときと同様な考えで, 7.11 節で準備した非線形予測公式 (定理 7.11.1) を時系列データに適用し, 時系列データの将来を予測する非線形予測公式を求めることができる. 本書では少し難しくなるのでその詳細は省くことにする. 詳しくは文献 82, 84 を見て頂きたい.

9

金融工学と実験数学

　数理ファイナンス・金融工学の代表的な研究テーマとして，デリバティブ (derivatives, 金融派生商品) の理論の基礎となる無裁定価格理論がある．その数理的な出発点となったのはブラックとショールズの研究で，彼らは株価の不規則な動きが幾何ブラウン運動という連続時間の確率過程に従うと仮定し，デリバティブの一つである「株価に対するヨーロッパ型コールオプション」の「客観的で公平な価格付け問題」をヘッジ・ポートフォリオ (hedge portfolio) を用いて熱方程式を導き，それを解くことによって，「客観的で公平な価格」を計算する公式を与えることで解決した．「ブラック・ショールズモデル知らずしてディーラにあらず」といわれたほど，かれらの研究はその後の投資業界において理論的にも実務的にも重要な役割を果たした．しかし，1988 年のデリバティブ取引の失敗によるヘッジファンドの「ロングターム・キャピタル・マネージメント」社の破産などの背後には，ブラック・ショールズモデルの「破綻」があるといわれ，モデルの修正が行われ，ブラック・ショールズモデルにおける株価のボラティリティ (volatility, 変動度合) を変化させた連続時間の数理モデルやさまざまな離散時間の確率過程が提案された．しかし，「破綻」の原因は「はじめにモデルありき」・「モデルからデータへ」の姿勢にあり，そのモデルを株価のデータに適用する前提条件を検証する実験数学的側面が欠けていたように思われる．大切なことは，「モデルリスク」の問題はいつになっても消えないが，それを正面から解決あるいは回避する姿勢で「データからモデルへ」を実行する実験数学的研究が必要なように思われる．

　本章では金融派生商品の説明とそれに関する金融工学的研究の歴史を振り返り，上記に述べた「モデルリスク」の問題を実験数学の立場から非線形時系列

解析を用いてどのように調べるかの概観を述べることにする.

9.1 金融派生商品

金融派生商品 (derivatives) とは，その支払い価格が株価や外国為替などの**原資産** (underlying asset) の価格に依存した金融商品のことである．たとえば，金融商品の一つである**ヨーロッパ型コールオプション** (European call option) を説明しよう．A 社の株に関するヨーロッパ型コールオプションとは，「A 社の株を T 年後に，一株 K 円で買う権利」のことである．T 年後に A 社の株価 (株の市場価格) が S 円であったとする．$S > K$ ならばこの権利を行使し，契約相手から A 社の一株を K 円で買って市場で S 円で売却することによって，一株当たり $S - K$ 円儲かる．$S \leq K$ ならばこの権利を放棄し，儲けはないが「損はない」ことになる．この権利は買い手に有利なものであるために，この権利をある「価格」で買うという契約を結ぶことになる．A 社の株価の将来の動きが不規則であるがゆえに，この権利を売り買いする商品が成り立つ訳であるが，問題はこの「権利の価格」をいくらに設定するかである．「不当な価格」をつければ，買い手には非常な損を与え，売り手は儲けることになる．それでは「不当な価格」ではない「正当な価格」をつける理論的な方法があるのだろうか．それを調べるのが無裁定価格理論である．

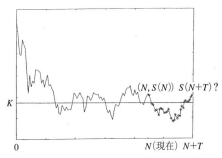

図 **9.1** 株価に対するヨーロッパ型コールオプション

9.2 金融工学の歴史

投機に関する研究をはじめて行ったのはバシュリエ (Louis Bachlier, 1870–1946) で, 彼は 1900 年の博士論文の中で, 不規則に動く株価はその当時問題となり物理的に調べられていた「ブラウン運動」に従っているとして, **投機理論** (theory of speculation) を打ち立てた. この研究は 5 年後のアインシュタインのブラウン運動の理論と物理的にはほとんど同じであった. 1952 年のマルコビッツ (Harry Markowitz, 1921–) による**投資理論** (theory of portfolio), 1964 年のシャープ (William Sharpe, 1934–) による**資本資産評価モデル** (capital asset pricing model), 1966 年のロス (Stephan Ross, 1944–) による**裁定価格理論** (arbitrage pricing theory), 1973 年のブラック (Fischer Black, 1938–1995) とショールズ (Myron Scholes, 1941–) による**ブラック・ショールズモデル** (Black-Scholes Model), 1979 年のハリソン (J.M. Harrison, 1944–) とクレプス (D.M. Kreps, 1950–) による**マーチンゲール理論に基づく無裁定価格理論** (no arbitrage pricing theory based upon martingale theory) などが現在の投資業界において理論的にも実務的にも重要な役割を果たしている.

ブラックとショールズがヨーロッパ型コールオプションの「公平な価格付け」を与えた研究は金融市場のみならずその後の数理ファイナンスの理論的な研究に大きな影響を与えた. 特に, 確率論における確率解析が金融工学に本質的に使われている. それは, マートン (Merton, 1944–) が確率論における伊藤の公式を用いてブラックとショールズの論文の数学的不備を正当化し, ハリソンとクレプスが無裁定価格の定式化にマーチンゲールの理論が関連していることを見抜いたことがきっかけになったように思われる.

無裁定条件 (no arbitrage condition) とは「ただで飯は食えない」ことで,「現在の投資額が負で, 将来確実にゼロ以上の利益を得る機会は存在しない」と経済の言葉で述べられる. その数学的表現をマーチンゲールの言葉で与えることができる.

9.3 モデルリスク

ブラック・ショールズモデルは**幾何ブラウン運動** (geometrical Brownian motion) という確率過程 $\mathbf{S} = (S(t); t \geq 0)$ の時間発展を記述するモデルのことである.

$$S(t) = S(0) + \int_0^t \mu S(s)ds + \int_0^t \alpha S(s)dB(s) \qquad (t \geq 0). \qquad (9.1)$$

ここで, μ は実数, α は正の実数であり, $\mathbf{B} = (B(t); t \geq 0)$ がブラウン運動であり, 上の第2項はブラウン運動に関する**伊藤積分** (Ito integral) である. α の2乗はボラティリティとよばれる. このモデルの解は伊藤の公式を用いて

$$S(t) = S(0)e^{(\mu - \frac{\alpha^2}{2})t + \alpha B(t)} \qquad (t \geq 0) \qquad (9.2)$$

のように具体的に求まる.

この章の冒頭で述べたように, 株価の動きは幾何ブラウン運動では説明できないことが指摘され,「幾何ブラウン運動は実際の株価の動きを記述しない」という「ブラック・ショールズモデルの破綻」があり, ブラック・ショールズモデルを修正した連続時間の確率過程や条件付きガウス過程のようなさまざまな離散時間の確率過程が提案されている.

実はそれ以前に, 統計物理学において「実際のブラウン運動はマルコフ性をもたない」というショッキングな研究が 1969 年にアルダー・ウェインライト (Berni Julian Alder, 1925–; Thomas Everett Wainwright, 1925–) のコンピュータシミュレーションによる実験でなされていた[25, 26]. それは, 速度相関関数の無限時間後の挙動が指数的ではなく分数べきで減衰するという**アルダー・ウェインライト効果** (Alder-Wainwright effect) によって発見された. その後の統計物理学的研究によって, 彼らの発見は理論的にも実験的にも裏付けられ,「アインシュタインのブラウン運動は実際のブラウン運動の動きを記述しない」を意味することになった[27, 36, 41].

それによると, 実際のブラウン運動は注意 3.7.1 で述べたオルンシュタイン・ウーレンベックのブラウン運動ではなく, 次の特別な積分の項をもった確率微

分積分方程式で記述される.

$$m^* \dot{X}(t) = -6\pi\eta X(t) - 6\pi r^2 (\rho\eta/\pi)^{\frac{1}{2}} \int_{-\infty}^{t} (t-s)^{-\frac{1}{2}} \dot{X}(s) ds$$
$$+ W(t) \quad (t \in \mathbf{R}). \tag{9.3}$$

式 (9.3) は, 半径 r, 質量 m の剛体球が粘性 η, 密度 ρ の液体中を動くときの速度に関する方程式を表している. $X(t)$ は時刻 t の速度である. m^* は有効質量といわれ, 次で与えられる.

$$m^* \equiv m + \frac{2}{3}\pi r^3 \rho. \tag{9.4}$$

式 (9.3) の右辺は球に作用する力を表している. 第 1 項は摩擦力, 特別な積分項をもつ第 2 項は球によってはじかれた液体が十分の時間のあとに球に作用する力, 第 3 項は揺動力を表している. アルダー・ウェインライト効果は, 久保の線形応答理論 (久保亮五, 1920–1995) に現れる揺動力のもとで, 方程式 (9.3) の解は弱定常性を満たし, その共分散関数 R は次の挙動をすることで証明された.

$$R(t) \sim t^{-\frac{3}{2}} \quad (t \to \infty). \tag{9.5}$$

上の統計物理学における研究は数学的に深められた[45~47, 51]. 特に, 上で述べた揺動力は久保の揺動力として数学的に定式化され, 方程式 (9.3) の解である弱定常過程は **T-正値性** (T-positivity)(あるいは**鏡映正値性** (reflection positivity) ともいう) をもつことが示された. 特に, 方程式 (9.3) は**ストークス・ブシネ–ランジュヴァン方程式** (Stokes–Boussinesq–Langevin equation: George Gabriel Stokes, 1819–1903; Joseph Boussinesq, 1842–1929) とよばれた. 逆に, T-正値性を満たす連続時間の弱定常過程の時間発展を記述する方程式が特徴付けられ, KMO-ランジュヴァン方程式とよばれた. さらに, そのクラスのなかで, アルダー・ウェインライント効果は KMO-ランジュヴァン方程式のドリフト項に現れる積分項の形で特徴付けられた. KMO-ランジュヴァン方程式は大域的な連続時間の弱定常過程のダイナミクスであるが, この大域的な方程式を連続時間の確率過程の初期時刻から現在までの情報に依存する局所的な方程式に表現し直したのが三好 (三好透, 1955–) の $(\alpha, \beta, \gamma, \delta)$-ランジュヴァン方程

式である[43, 44]. 本書で紹介した KM$_2$O-ランジュヴァン方程式は一般の多次元の離散時間の確率過程の時間発展を記述するものである.「KMO」,「KM$_2$O」はそれぞれ, 久保・森 (森肇, 1926–)・岡部, 久保・森・三好・岡部の頭文字からきている.

日経平均株価などの時系列データの分布はガウス分布ではなく裾野をもったものであると指摘されている. 物理学的観点から, ストークス・ブシネ-ランジュヴァン方程式を用いて株価の研究を行う研究が行われている.

金融工学で「ブラック・ショールズモデル」が破綻しても, 統計物理学で「アインシュタインのブラウン運動の理論」が破綻しても, それらの対象に適用すべき確率論や統計物理学の基礎理論は安泰である. 金融工学で必要なことは, 確率過程に対する確率解析という「牛刀」を振るうべき対象である「モデル」を「データからモデルへ」の姿勢で探し出すことではないだろうか.

さらに, 金融資産価格の変動は本来離散時間的現象であるから連続的なモデルよりも離散的なモデルを理論的かつ実践的に解析する必要がある. 金融工学の研究を行う対象となる株価データの背後にある確率過程はどのようなものなのだろうか.

連続時間の確率解析で「牛刀」として重要な役割を果たしている伊藤の公式は連続時間の確率過程 (実は半マーチンゲール) に対するドゥーヴ・メイエの分解定理 (Joseph Leo Doob, 1910–; Paul André Meyer, 1934–) の精密化とみることができる. 伊藤の公式は離散時間 (もちろんそのあとの連続時間) のドゥーヴ・メイエの分解定理より前に証明されていたことを注意する. 離散時間の場合の「牛刀」となる (ように研究すべき) 道具の一つはドゥーヴ・メイエの分解定理とそれに基づくギルサーノフ (Igor' Vladimirovich Girsanov, 1934–1967) の分解定理である. もう一つはそれらを計算するアルゴリズムを与える非線形予測理論・非線形フィルタリング理論である. 非線形予測理論については第 7 章で説明した. 非線形フィルタリング理論に関しては文献 84 の因果解析の章を見て頂きたい.

9.4 日経平均株価とマネーサプライ

この節では, 1989 年から 1990 年までの日経平均株価と日本のマネーサプライ

(M_2+CD) の月別の時系列データを扱い,その定常解析とモデル解析を行う.

[時系列データの表とグラフ] 表9.1 は1990年1月から1999年12月までの日経平均株価の月別の時系列データを表し,それから作られる時系列を $\mathcal{Z}_1 = (\mathcal{Z}_1(n); 0 \leq n \leq 119)$ と記す.

表 9.1 日経平均株価 (1990年1月–1999年12月) (単位は円)

	1990	1991	1992	1993	1994	1995	1996	1997	1998	1999
1	37188.95	23293.14	22023.05	17023.78	20229.12	18649.82	20812.74	18330.01	16628.47	14499.25
2	34591.99	26409.22	21338.81	16953.35	19997.2	17053.43	20125.37	18557	16831.67	14367.54
3	29980.45	26292.04	19345.95	18591.45	19111.92	16139.95	21406.85	18003.4	16527.17	15836.59
4	29584.8	26111.25	17390.71	20919.18	19725.25	16806.75	22041.3	19151.12	15641.26	16701.53
5	33130.8	25789.62	18347.75	20552.35	20973.59	15436.79	21956.19	20068.81	15670.78	16111.65
6	31940.24	23290.96	15951.73	19590	20643.93	14517.4	22530.75	20604.96	15830.27	17529.74
7	31035.66	24120.75	15910.28	20380.14	20449.39	16677.53	20692.83	20331.43	16378.97	17861.86
8	25978.37	22335.87	18061.12	21026.6	20628.53	18117.22	20166.9	18229.42	14107.89	17436.56
9	20983.5	23916.44	17399.08	20105.71	19563.81	17913.06	21556.4	17887.71	13406.39	17605.46
10	25194.1	25222.28	16767.4	19702.97	19989.6	17654.64	20466.86	16458.94	13564.51	17942.08
11	22454.63	22687.35	17683.65	16406.54	19075.62	18744.42	21020.36	16636.26	14883.7	18558.34
12	23848.71	22983.77	16924.95	17417.24	19723.06	19868.15	19361.35	15258.74	13842.17	18934.34

時系列 $\mathcal{Z}_1$ に対数差分変換を施した時系列を $\mathcal{X}_1 = (\mathcal{X}_1(n); 1 \leq n \leq 119)$ とする:

$$\mathcal{X}_1(n) \equiv \log(\mathcal{Z}_1(n)) - \log(\mathcal{Z}_1(n-1)). \tag{9.6}$$

時系列 $\mathcal{Z}_1, \mathcal{X}_1$ を図示化したグラフがそれぞれ図9.2, 図9.3である.

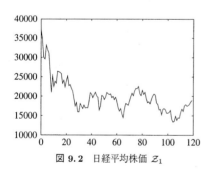

図 9.2 日経平均株価 $\mathcal{Z}_1$

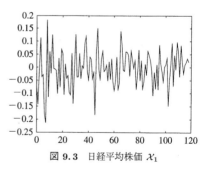

図 9.3 日経平均株価 $\mathcal{X}_1$

表9.2は,1990年1月から1999年12月までの日本のマネーサプライ (M_2+CD) の月別の時系列データを表し,それから作られる時系列を $\mathcal{Z}_2 = (\mathcal{Z}_2(n); 0 \leq n \leq 119)$ と記す. M_2+CD(エムツー) とは現金,預金通貨,定期性預金の合計を意味する.

9.4 日経平均株価とマネーサプライ

表 9.2 マネーサプライ ($M_2 + CD$) (1990 年 1 月–1999 年 12 月) (単位は円)

	1990	1991	1992	1993	1994	1995	1996	1997	1998	1999
1	4604137	4879956	5003790	5065415	5103100	5279149	5420250	5588590	5880468	6116531
2	4644180	4887468	5066944	5074185	5113868	5296591	5435842	5593603	5926304	6153414
3	4724778	5048968	5084141	5144702	5237180	5401777	5587794	5698278	5897978	6146748
4	4857644	4960504	5047676	5140616	5281035	5440063	5564856	5719765	5939343	6185383
5	4725648	4920097	5083109	5087856	5162550	5331455	5504946	5746306	5994941	6164148
6	4880557	5057908	5084226	5160344	5254246	5412462	5661611	5773311	5998149	6227500
7	4851157	4990529	5054269	5185363	5282422	5377194	5571393	5746954	5983584	6234356
8	4845521	5037075	5005457	5097878	5220610	5343287	5605056	5775838	5959439	6151611
9	4959013	5042478	5044042	5168101	5272995	5454624	5592748	5722228	5959311	6180517
10	4864182	4999302	5040998	5142319	5220940	5375078	5556287	5710630	6020853	6202029
11	4878400	5082171	5010225	5077899	5228681	5404036	5631316	5822988	6029840	6189145
12	5049720	5163460	5154843	5268396	5414194	5588043	5752981	5974938	6214936	6380106

式 (9.6) と同じく，時系列 $\mathcal{Z}_2$ に対数差分変換を施した時系列を $\mathcal{X}_2 = (\mathcal{X}_2(n); 1 \leq n \leq 119)$ とする：

$$\mathcal{X}_2(n) \equiv \log(\mathcal{Z}_2(n)) - \log(\mathcal{Z}_2(n-1)). \tag{9.7}$$

時系列 $\mathcal{Z}_2, \mathcal{X}_2$ を図示化したグラフがそれぞれ図 9.4, 図 9.5 である．

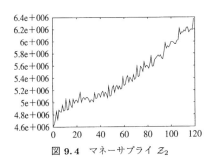

図 9.4 マネーサプライ $\mathcal{Z}_2$

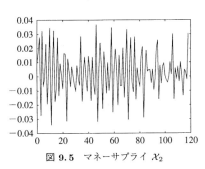

図 9.5 マネーサプライ $\mathcal{X}_2$

これからは時系列 $\mathcal{X}_j$ ($1 \leq j \leq 2$) に非線形時系列解析を行う．

[定常解析] 時系列 $\mathcal{X}_1$ を規格化して，階数 6 の非線形変換を施して得られる 19 個の 1 次元の時系列に対する Test(S) の結果は表 9.3 の通りである．

もとの時系列のみが定常性を満たす．時系列データ $\mathcal{X}_1$ は弱定常過程 $\mathbf{X}_1$

表 9.3 Test(S)：日経平均株価 (1990 年 1 月–1999 年 12 月)—階数 6 の非線形変換から生成した 1 次元の時系列

0	1	2	3	4	5	6	7	8	9	10	11	12	13	14	15	16	17	18
○	×	×	×	×	×	×	×	×	×	×	×	×	×	×	×	×	×	×

$= (X_1(n); 1 \leq n \leq 119)$ の実現と見なすことができる.

表 9.4 は, 時系列 $\mathcal{X}_1$ を規格化して, 階数 6 の非線形変換を施して得られる 171 個の 2 次元の時系列に対する Test(S) の結果を示している.

表 9.4 Test(S)：日経平均株価 (1990 年 1 月–1999 年 12 月)

	1	2	3	4	5	6	7	8	9	10	11	12	13	14	15	16	17	18
0	○	○	×	○	×	○	×	×	×	×	○	×	×	×	×	×	×	○
1		×	×	×	×	×	×	×	×	×	○	×	×	×	×	○	×	×
2			×	×	×	×	○	×	○	×	×	×	×	×	×	×	×	○
3				×	×	×	×	×	×	×	×	×	×	×	×	×	×	○
4					×	×	×	×	×	×	○	×	×	×	×	×	×	×
5						×	×	×	×	×	○	×	×	×	×	×	×	×
6							×	×	×	×	○	×	×	×	○	×	×	×
7								×	×	×	○	×	×	×	×	×	×	×
8									×	×	×	×	×	×	×	×	×	×
9										×	○	×	×	×	×	×	×	○
10											○	×	×	×	×	×	×	○
11												×	×	○	×	×	×	×
12													×	×	×	×	×	×
13														×	×	×	×	×
14															×	×	×	×
15																×	×	×
16																	×	×
17																		×

2 次元の組で Test(S) を通過するものは少ない. 1 次元の Test(S) の結果と合わせると, 日経平均株価の時系列は線形のもとの $\mathcal{X}_1$ のみしか使えない.

時系列 $\mathcal{X}_2$ を規格化して, 階数 6 の非線形変換を施して得られる 19 個の 1 次元の時系列に対する Test(S) の結果は表 9.5 に, 171 個の 2 次元の時系列に対する Test(S) の結果は表 9.6 に示している.

表 9.5 Test(S)：マネーサプライ (1990 年 1 月–1999 年 12 月)—階数 6 の非線形変換から生成した 1 次元の時系列

0	1	2	3	4	5	6	7	8	9	10	11	12	13	14	15	16	17	18
○	○	○	○	○	○	○	○	○	○	○	○	○	○	○	○	×	×	○

日経平均株価と異なり, マネーサプライの時系列は Test(S) を通過する非線形変換は多い. 時系列データ $\mathcal{X}_2$ も弱定常過程 $\mathbf{X}_2 = (X_2(n); 1 \leq n \leq 119)$ の実現と見なすことができる.

9.4 日経平均株価とマネーサプライ

表 9.6 Test(S)：マネーサプライ (M_2) (1990 年 1 月–1999 年 12 月)

	1	2	3	4	5	6	7	8	9	10	11	12	13	14	15	16	17	18
0	○	○	○	○	○	○	○	○	○	○	○	○	○	○	○	○	○	○
1		○	○	○	×	○	○	○	○	×	○	○	×	○	○	○	×	○
2			○	○	○	○	○	×	○	○	○	○	○	○	×	○	○	○
3				○	×	○	○	○	×	×	○	○	×	○	○	○	○	○
4					×	○	○	○	○	×	○	×	×	○	○	○	○	○
5						×	×	×	×	○	×	○	○	×	×	×	×	○
6							○	×	×	×	○	×	×	○	×	×	×	×
7								×	×	○	○	○	×	○	×	○	○	○
8									×	×	×	×	×	×	○	×	×	×
9										○	×	×	×	×	×	×	×	○
10											×	×	○	×	×	○	×	×
11												○	×	○	×	○	×	×
12													×	×	×	○	×	○
13														×	×	×	×	×
14															○	×	×	×
15																×	×	×
16																	×	×
17																		×

[決定解析] 日経平均株価とマネーサプライの時系列の決定性を調べる.

一般に, 時系列の決定性をどのように調べるかを説明する. 時系列データ $\mathcal{X}$ が定常性を満たし, 弱定常過程 **X** の実現と見なすことができるとする. 時系列データ $\mathcal{X}$ の**見本決定値** (sample causal value) を計算する. それは, 弱定常過程 **X** に対し, 階数 6 の非線形変換を施し, それらから定常性を通過する 1 次元と 2 次元の確率過程から作られる時刻 $n-1$ までの線形情報空間を構成する. そして確率変数 $X(n)$ をそれらの部分空間に射影したベクトルのノルムを計算する. それらの中で一番大きい値を与える非線形変換の組を選択し, そのときのノルムが弱定常過程 **X** の理論的な決定値である. それを標本である時系列データ $\mathcal{X}$ から計算するアルゴリズムに従って求める. それが見本決定値である. 詳しいことは文献 84 を見て頂きたい.

日経平均株価の時系列の見本決定値とマネーサプライの時系列の見本決定値はそれぞれ表 9.7, 表 9.8 に与えられている.

日経平均株価の場合, 定常解析で見たように, Test(S) を通過する 2 次元の組でその成分の 1 次元も Test(S) を通過するものはないので, 表 9.7 で 2 次元の

238　　　　　　　　　　9. 金融工学と実験数学

表 9.7　日経平均株価の見本決定値

原因の次元	見本共分散行列関数の信頼域の幅	見本因果値が最大の組	最大見本因果値
1	15	(0)	0.304
2			

表 9.8　マネーサプライの見本決定値

原因の次元	見本共分散行列関数の信頼域の幅	見本因果値が最大の組	最大見本因果値
1	15	(0)	0.847
2	9	(0,10)	0.870

行は空欄になっている.

　時系列 $\mathcal{X}_1$ の見本決定値は 1 次元の組 (0) の 0.304 である. この値が時系列 $\mathcal{X}_1$ の決定性を保証するかどうかの検証である Test(D) を施すと, 時系列 $\mathcal{X}_1$, したがって, 日経平均株価の時系列は決定性をもたないことが判定される. Test(D) についても文献 84 を見て頂きたい.

　一方, 時系列 $\mathcal{X}_2$ の見本決定値は 2 次元の組 (0,10) の 0.870 であると判断する. Test(D) を時系列 $\mathcal{X}_2$ に施すと, 時系列 $\mathcal{X}_2$, したがって, マネーサプライの時系列も決定性をもたないと判断する. しかし, 日経平均株価の時系列の見本決定値と比べたとき, かなりの相違を見ることができる. これは経済的時系列データの中で, マネーサプライは「経済における気象データ」といわれていることの一つのサポートを与えているように思える.

[モデル解析]

　日経平均株価の時系列のダイナミクスとしては, 式 (8.67) において, $d = 1$, $M = 15$, $i = 118 - 15 = 103$ とした次の線形の見本前向き $\mathrm{KM_2O}$-ランジュヴァン方程式を採用する.

$$\mathcal{X}_1(103 + n) - \mu^{\mathcal{X}_1} = -\sum_{k=0}^{n-1} \gamma_+^0(\widetilde{\mathcal{X}_1})(n,k)(\mathcal{X}_1(103 + k) - \mu^{\mathcal{X}_1})$$
$$+ \sqrt{R^{\mathcal{X}_1}}(0)\nu_+(\widetilde{\mathcal{X}_{1103}})(n) \quad (0 \leq n \leq 15). \quad (9.8)$$

　一方, マネーサプライの時系列のダイナミクスを求めるために, 2 次元の時系列 $\mathcal{Z} = (\mathcal{Z}(n); 2 \leq n \leq 119)$ を

$$\mathcal{Z}(n) \equiv {}^t(\mathcal{X}_2(n), \mathcal{X}_2(n)\mathcal{X}_2(n-1)^2) \quad\quad (9.9)$$

で定義する. このとき, マネーサプライの時系列のダイナミクスは, 式 (8.67) において, $d = 2, M = 9, i = 117 - 9 = 108$ とした線形の見本前向き $\text{KM}_2\text{O-}$ランジュヴァン方程式の第 1 成分をとって, 次の非線形の見本前向き $\text{KM}_2\text{O-}$ランジュヴァン方程式として求まる.

$$
\begin{aligned}
\mathcal{X}_2(108 + n) &- \mu_1^{\mathcal{Z}} \\
= -\sum_{k=0}^{n-1} &\{\gamma_{+11}^0(\widetilde{\mathcal{Z}})(n, k)(\mathcal{X}_2(108 + k) - \mu_1^{\mathcal{Z}}) \\
&+ \sqrt{R_{11}^{\mathcal{Z}}(0)}\sqrt{R_{22}^{\mathcal{Z}}(0)^{-1}}(\mathcal{X}_2(108 + k)\mathcal{X}_2(107 + k)^2 - \mu_2^{\mathcal{Z}})\} \\
&+ \sqrt{R_{11}^{\mathcal{Z}}(0)}\nu_+(\widetilde{\mathcal{Z}}_{108})(n) \quad (1 \le n \le 9).
\end{aligned} \tag{9.10}
$$

[金融解析]　さらに, 非線形予測公式を求めたときの考えを用いて, 上のモデル解析で導かれた離散時間の確率過程に基づくヨーロッパ型コールオプションの無裁定価格を求め, それを計算するアルゴリズムを求めるという実験数学に基づく金融工学の研究を行っている. 異常気象, 株の暴落や地震の発生などの異常を「定常性の破れ」とみて, 時系列データの異常発生の兆候の検出の問題を Test(S) の応用として調べている[85]. 本書で詳しく述べることができないのは残念だが, 今後を見守って頂きたい.

節末問題の解答

第 3 章

問 3.1.1 $X^{-1}(\emptyset) = \emptyset$, $X^{-1}(S) = \Omega$ となるから, $P_X(\emptyset) = P(\emptyset) = 0$, $P_X(S) = P(\Omega) = 1$ となる. さらに, $\mathcal{F}$ の元 F_n $(n \in \mathbf{N})$ で互いに交わらないとする. このとき, これらの集合 F_n の確率変数 X による逆像 $X^{-1}(F_n)$ も互いに交わらない. したがって, 確率 P の完全加法性より, $P_X(\cup_{n=1}^{\infty} F_n) = \sum_{n=1}^{\infty} P_X(F_n)$ が示される.

問 3.5.1 ステップ 1 は確率を求める対象である事象を明確にすることで, 今の場合は事象 $(U(n) = p)$ を

$$(U(n) = p) = \{x \in [0,1); n(\{j \in \{1,2,\ldots,n\}; Z(j)(x) = 1\}) = p\}$$

と捉えることである.

ステップ 2 はこの事象が起こる確率 $P(U(n) = p)$ を求めることで, 問 3.5.1 で解くべきことである. それには, ステップ 3 で事象 $(U(n) = p)$ を直和分解することである. そのために, 1.5 節の組み合わせの例 1.5.1 で見たように, 集合 $\{1,2,\ldots,n\}$ から相異なる k 個を選んで小さい順に並べる結果の集合を D とする.

$$D \equiv \Big\{ (j_1, j_2, \ldots, j_k) \in \{1,2,\ldots,n\}; j_1 < j_2 < \cdots < j_k \leq n \Big\}.$$

このとき, 事象 $(U(n) = p)$ の次の直和分解が得られる.

$$
\begin{aligned}
&(U(n) = k) \\
&= \cup_{(j_1, j_2, \ldots, j_k) \in D} \Big(Z(j_m) = 1 \ (1 \leq m \leq k), Z(j) = 0 \ (j \notin \{j_1, j_2, \ldots, j_k\}) \Big).
\end{aligned}
$$

したがって, 確率の有限加法性より

$$
\begin{aligned}
&P(U(n) = k) \\
&= \sum_{(j_1, j_2, \ldots, j_k) \in D} P(Z(j_m) = 1 \ (1 \leq m \leq k), Z(j) = 0 \ (j \notin \{j_1, j_2, \ldots, j_k\})).
\end{aligned}
$$

さらに, 集合 D の任意の元 $(j_1, j_2, \ldots, j_k)$ に対し, 定理 3.5.1 の (iii) より

242   節末問題の解答

$$P(Z(j_m) = 1 \ (1 \leq m \leq k), Z(j) = 0 \ (j \notin \{j_1, j_2, \ldots, j_k\})) = p^k (1-p)^{n-k}$$

となる. したがって, $P(U(n) = k) = n(D)p^k(1-p)n-k$ が得られる. $n(D) = \binom{n}{k}$
であるから, 問 3.5.1 は示された.

第 4 章

問 4.1.1　f を実数上で定義された任意の有界連続関数とする. 定理 4.1.3 の証
明の中の式 (4.11), (4.12), (4.13) を満たすように定数 c, M, δ を選ぶ. ただし, M, δ
は任意に与えられた正数 ϵ に依存する.

$$E(f(X_n + Y_n)) = E(f(X + c)) + E(f(X_n + Y_n) - f(X + c))$$

と分解する. n を大きくするとき, 第 2 項が 0 に収束することを示せばよい. その証
明は基本的には定理 4.1.3 の証明と同じである.

$$
\begin{aligned}
|E(f(X_n + Y_n) &- f(X + c))| \\
&\leq E(|f(X_n + Y_n) - f(X + c)|) \\
&= E(|f(X_n + Y_n) - f(X + c)|; (|Y_n - c| < \delta)) \\
&\quad + E(|f(X_n + Y_n) - f(X + c)|; (|Y_n - c| \geq \delta)).
\end{aligned}
$$

式 (4.11) を上の不等式の第 2 項に適用して

$$E(|f(X_n + Y_n) - f(X + c)|; (|Y_n - c| \geq \delta)) \leq 2cP(|Y_n - c| \geq \delta)$$

が得られる. 一方, 第 1 項は定理 4.1.3 の証明と同様に, 積分領域 $(|Y_n - c| < \delta)$ を
$((|Y_n - c| < \delta) \cap (|X| \leq M)) \cup ((|Y_n - c| < \delta) \cap (|X| > M))$ に直和分解すること
によって

$$E(|f(X_n + Y_n) - f(X + c)|; (|Y_n - c| < \delta)) \leq \frac{\epsilon}{3} + 2c\left(\frac{\epsilon}{6c}\right)$$

が得られる. したがって

$$|E(f(X_n + Y_n) - f(X + c))| \leq \frac{\epsilon}{3} + 2c\left(\frac{\epsilon}{6c}\right) + 2cP(|Y_n - c| \geq \delta)$$

が成り立つ.

　最後に, 確率変数列 $(Y_n; n \in \mathbf{N})$ が c に確率収束するので, 十分大きな自然数 n_0
をとることによって, これより大きなすべての自然数 n に対して

$$2cP(|P_n - c| > \delta) < \frac{\epsilon}{3}$$

が成り立つ. ゆえに, 次の不等式

$$|E(f(X_n + Y_n) - f(X + c))| < \epsilon \quad (n \geq n_0)$$

が成り立ち, 問 4.1.1 が示された.

問 4.1.2 問 4.1.1 と同様に示すことができる.

問 4.1.3 定理 4.1.2 によって, $1/Y_n$ は $1/c$ に確率収束する. したがって, 問 4.1.2 より, 問 4.1.3 が従う.

問 4.1.4 確率収束の概念は d 次元の確率変数列 $({}^t(X_{1n}, X_{2n}, \ldots, X_{dn}); n \in \mathbf{N})$ に対して定義ができる. この確率変数列が確率変数 ${}^t(X_1, X_2, \ldots, X_d)$ に確率収束するとは, 丁寧に述べると, 任意の正数 ϵ に対し

$$\lim_{n \to \infty} P\left(\left\{ \omega \in \Omega; \sqrt{\sum_{j=1}^{d} |X_{jn}(\omega) - X_j(\omega)|^2} > \epsilon \right\} \right) = 0$$

が成り立つときをいう. この問の証明は定理 4.1.3 の証明と同様に行うことができる. 是非, 自分の手を動かし続けて欲しい.

問 4.2.1 正規分布の平均を求めるときに用いた方法によって

$$\int_{\mathbf{R}^d} N(\mu, V)(dx) = \prod_{n=1}^{d} \left(\int_{\mathbf{R}} \frac{1}{\sqrt{2\pi\alpha_n}} e^{-\frac{\alpha_n^{-1}y_n^2}{2}} dy_n \right)$$

が得られる. したがって, $d = 1$ の場合に, 任意の正数 α に対し

$$\int_{\mathbf{R}} \frac{1}{\sqrt{2\pi\alpha}} e^{-\frac{\alpha^{-1}y^2}{2}} dy = 1$$

を示せばよい. $y = \sqrt{\alpha}x$ という変数変換をすれば, 上式は

$$\int_{\mathbf{R}} \frac{1}{\sqrt{2\pi}} e^{-\frac{x^2}{2}} dx = 1$$

となる. これは次のように示される. 上の考え方は d 次元ユークリッド空間 $\mathbf{R}^d$ 上の定積分を 1 次元ユークリッド空間 $\mathbf{R}$ 上の定積分 (の d 個の積) に帰着した. これを逆にたどって上の 1 次元ユークリッド空間 $\mathbf{R}$ 上の定積分の 2 乗を 2 次元ユークリッド空間 $\mathbf{R}^2$ 上の積分に戻ると

$$\left(\int_{\mathbf{R}} \frac{1}{\sqrt{2\pi}} e^{-\frac{x^2}{2}} dx \right) \left(\int_{\mathbf{R}} \frac{1}{\sqrt{2\pi}} e^{-\frac{y^2}{2}} dy \right) = \int_{\mathbf{R}^2} \frac{1}{2\pi} e^{-\frac{x^2+y^2}{2}} dxdy$$

となる. さらに, 局座標を用いた変数変換 $(x, y) = (r\cos\theta, r\sin\theta)$ $(r > 0, 0 \leq \theta <$

2π) を行うことによって

$$\int_{\mathbf{R}^2} \frac{1}{2\pi} e^{-\frac{x^2+y^2}{2}} dxdy = \int_0^\infty \left(\int_0^{2\pi} e^{-\frac{r^2}{2}} \frac{r}{2\pi} d\theta \right) dr$$

$$= \int_0^\infty e^{-\frac{r^2}{2}} r dr = [-e^{-\frac{r^2}{2}}]_0^\infty = 1$$

が成り立つ. したがって, 問 4.2.1 が示された.

問 4.2.2 恒等式 $\sum_{k=0}^n k \binom{n}{k} p^k (1-p)^{n-k} = np$ を p に関して微分して

$$\sum_{k=0}^n k^2 \binom{n}{k} p^{k-1} (1-p)^{n-k} - \sum_{k=0}^n k(n-k) \binom{n}{k} p^k (1-p)^{n-k-1} = n$$

となる. これを整理すると

$$\left(\frac{1}{p} + \frac{1}{1-p} \right) \sum_{k=0}^n k^2 \binom{n}{k} p^k (1-p)^{n-k} - \frac{n}{1-p} \left(\sum_{k=0}^n k \binom{n}{k} p^k (1-p)^{n-k} \right) = n$$

が得られる. したがって, $\sum_{k=0}^n k \binom{n}{k} p^k (1-p)^{n-k} = np$ を再び用いて

$$\left(\frac{1}{p} + \frac{1}{1-p} \right) \sum_{k=0}^n k^2 \binom{n}{k} p^k (1-p)^{n-k} - \frac{n^2 p}{1-p} = n$$

となる. 両辺に $p(1-p)$ を掛けることによって, $\sum_{k=0}^n k^2 \binom{n}{k} p^k (1-p)^{n-k} = (np)$ $((n-1)p+1)$ が得られる.

問 4.2.3 恒等式 $\sum_{k=0}^\infty e^{-\lambda} \frac{\lambda^k}{k!} = 1$ より, $\sum_{k=0}^\infty \frac{\lambda^k}{k!} = e^\lambda$ となる. この恒等式を λ に関して微分して

$$\sum_{k=1}^\infty k \frac{\lambda^{k-1}}{k!} = e^\lambda$$

が得られる. これより, (i) が従う. さらに, 恒等式 (i) を λ に関して微分して

$$\sum_{k=1}^\infty k^2 \frac{\lambda^{k-1}}{k!} = (\lambda+1)e^\lambda$$

が得られる. これより, (ii) が従う. (iii) は (i), (ii) より従う. 実際

$$\int_S (x-\lambda)^2 Po(\lambda)(dx) = \int_{\cup_{k=0}^\infty \{k\}} (x-\lambda)^2 Po(\lambda)(dx)$$

$$= \sum_{k=0}^\infty (k-\lambda)^2 e^{-\lambda} \frac{\lambda^k}{k!}$$

$$= \sum_{k=0}^{\infty} k^2 e^{-\lambda} \frac{\lambda^k}{k!} - 2\lambda(Po(\lambda) \ \text{の平均})$$
$$+ \lambda^2 Po(\lambda)(S)$$

となる. ここに, (i), (ii) を代入して, (iii) が示される.

問 4.2.4　一様分布の分散は

$$\int_{[a,b]} (x - (b-a)/2)^2 U(dx) = \frac{1}{b-a} \int_{[a,b]} (x - (b-a)/2)^2 \, dx$$

である. 直接計算することによって, この積分値は $(b-a)^2/12$ となる.

問 4.2.5　f を $[0,1]$ の上で定義された任意の有界なボレル関数とする.

$$\int_0^1 f(z) P_Z(dz) = E(f(Z))$$
$$= E(f(-2\log X))$$
$$= \int_0^1 f(-2\log x) dx$$
$$= \int_0^\infty f(z)(1/2) e^{-(1/2)z} dz.$$

上で x から z への変数変換 $x = e^{-(1/2)z}$ を用いた.

問 4.2.6　指数分布の分散は

$$\int_0^\infty (x - 1/\lambda)^2 Ex(dx)$$
$$= \lambda \int_0^\infty (x - 1/\lambda)^2 e^{-\lambda x} dx$$
$$= \lambda \int_0^\infty x^2 e^{-\lambda x} dx - 2 \int_0^\infty x e^{-\lambda x} dx + \lambda^{-1} \int_0^\infty e^{-\lambda x} dx$$
$$= \lambda \int_0^\infty x^2 e^{-\lambda x} dx - \lambda^{-2}$$

である. 上式の第 1 項は部分積分法を用いるかあるいは微分と積分の順序交換の考え方を用いて

$$\int_0^\infty x^2 e^{-\lambda x} dx = -\frac{d}{d\lambda} \left(\int_0^\infty x e^{-\lambda x} dx \right) = -\frac{d}{d\lambda}(\lambda^{-2}) = 2\lambda^{-3}$$

となる. したがって, 指数分布の分散は λ^{-2} となる.

問 4.2.7　任意の j, k $(1 \leq j, k \leq d)$ を固定する. 正規分布 $N(\mu, V)$ の分散行列

の (j, k) 成分は

$$\int_{\mathbf{R}^d} (x_j - \mu_j)(x_k - \mu_k) N(\mu, V)(dx)$$
$$= \frac{1}{(2\pi)^{d/2}(\det V)^{1/2}} \int_{\mathbf{R}^d} (x_j - \mu_j)(x_k - \mu_k) e^{-\frac{(V^{-1}(x-\mu), x-\mu)}{2}} dx$$

である. 正規分布の平均を求めるときに用いた方法によって

$$\int_{\mathbf{R}^d} (x_j - \mu_j)(x_k - \mu_k) N(\mu, V)(dx)$$
$$= \frac{1}{(2\pi)^{d/2}(\det V)^{1/2}} \int_{\mathbf{R}^d} (O^{-1}y)_j (O^{-1}y)_k e^{-\frac{\sum_{n=1}^{d} \alpha_n^{-1} y_n^2}{2}} dy$$
$$= \frac{1}{(2\pi)^{d/2}(\det V)^{1/2}} \sum_{l,m=1}^{d} (O^{-1})_{jl}(O^{-1})_{km} \int_{\mathbf{R}^d} y_l y_m e^{-\frac{\sum_{n=1}^{d} \alpha_n^{-1} y_n^2}{2}} dy$$
$$= \frac{1}{(2\pi)^{d/2}(\det V)^{1/2}} \sum_{l=1}^{d} (O^{-1})_{jl}(O^{-1})_{kl} \int_{\mathbf{R}^d} y_l^2 e^{-\frac{\sum_{n=1}^{d} \alpha_n^{-1} y_n^2}{2}} dy$$

となる. 一方, 問 4.2.1 より, 任意の正数 α に対し

$$\int_{\mathbf{R}} e^{-\frac{\alpha}{2} x^2} dx = \sqrt{\frac{2\pi}{\alpha}}$$

が成り立つ. この恒等式を α に関して微分して

$$\int_{\mathbf{R}} x^2 e^{-\frac{\alpha}{2} x^2} dx = \sqrt{\frac{2\pi}{\alpha^3}}$$

が得られる. したがって

$$\int_{\mathbf{R}^d} y_l^2 e^{-\frac{\sum_{n=1}^{d} \alpha_n^{-1} y_n^2}{2}} dy = \int_{\mathbf{R}} y_l^2 e^{-\frac{\alpha_l^{-1} y_l^2}{2}} dy_l \prod_{m \neq l} \left(\int_{\mathbf{R}} e^{-\frac{\alpha_m^{-1} y_m^2}{2}} dy_m \right)$$
$$= \left(\prod_{m=1}^{d} \sqrt{2\pi\alpha_m} \right) \alpha_l = (2\pi)^{d/2}(\det V)^{1/2} \alpha_l$$

が得られる. したがって

$$\int_{\mathbf{R}^d} (x_j - \mu_j)(x_k - \mu_k) N(\mu, V)(dx) = \sum_{l=1}^{d} (O^{-1})_{jl}(O^{-1})_{kl} \alpha_l$$

$$= \sum_{l=1}^{d} (O^{-1})_{jl} \alpha_l O_{lk} = V_{jk}.$$

問 4.2.8 前の問の証明で用いた恒等式

$$\int_{\mathbf{R}} e^{-\frac{\alpha}{2} x^2} dx = \sqrt{\frac{2\pi}{\alpha}}$$

を α に関して 2 階微分して

$$\int_{\mathbf{R}} x^4 e^{-\frac{\alpha}{2} x^2} dx = 3\sqrt{\frac{2\pi}{\alpha^5}}$$

が得られる. したがって, $\alpha = 1$ として, $\int_{\mathbf{R}} x^4 N(0,1)(dx) = 3$ が示される.

問 4.2.9 問 4.2.8 を用いて

$$
\begin{aligned}
\int_{\mathbf{R}} (x-k)^2 \chi^2(k)(dx) &= \int_{\mathbf{R}} x^2 \chi^2(k)(dx) - k^2 \\
&= E((\chi^2)^2) - k^2 \\
&= \sum_{n=1}^{k} E(Z_n^4) + \sum_{n=1}^{k} \left(\sum_{m \neq n} E(Z_n^2) E(Z_m^2) \right) - k^2 \\
&= 3k + k(k-1) - k^2 = 2k.
\end{aligned}
$$

問 4.3.1

$$\int_{\mathbf{R}} e^{-i\xi x} Po(dx) = \sum_{k=0}^{\infty} e^{-i\xi k} e^{-\lambda} \frac{\lambda^k}{k!} = e^{-\lambda} \sum_{k=0}^{\infty} \frac{(\lambda e^{-i\xi})^k}{k!} = e^{\lambda(e^{-i\xi}-1)}.$$

問 4.3.2

$$\int_{\mathbf{R}} e^{-i\xi x} U(dx) = \frac{1}{b-a} \int_a^b e^{-i\xi x} dx = \frac{1}{b-a} \frac{e^{-i\xi b} - e^{-i\xi a}}{-i\xi}.$$

問 4.3.3

$$\int_{\mathbf{R}} e^{-i\xi x} Ex(dx) = \lambda \int_0^{\infty} e^{-i\xi x} e^{-\lambda x} dx = \frac{\lambda}{\lambda + i\xi}.$$

問 4.3.4

$$\int_{\mathbf{R}} e^{-i\beta - \frac{1}{2\alpha} v^2} dy = e^{-\frac{\alpha\beta^2}{2}} \int_{\mathbf{R}} e^{-\frac{(y+i\alpha\beta)^2}{2\alpha}} dy$$

と変形する. $\beta = 0$ のときは, 問 4.2.6 で示した. $\beta > 0$ とする. コーシーの積分公

式より, 任意の正数 M に対し

$$\int_{-M}^{M} e^{-\frac{y^2}{2\alpha}} dy + \int_0^\beta e^{-\frac{(M+iy)^2}{2\alpha}} i\,dy - \int_{-M}^{M} e^{-\frac{(y+i\beta)^2}{2\alpha}} dy - \int_0^\beta e^{-\frac{(-M+iy)^2}{2\alpha}} i\,dy = 0.$$

M を ∞ にとばすと, 上式の第 2 項, 第 4 項は 0 に収束する. したがって

$$\int_{-\infty}^{\infty} e^{-\frac{(y+i\beta)^2}{2\alpha}} dy = \int_{-\infty}^{\infty} e^{-\frac{y^2}{2\alpha}} dy$$

が成り立つ. したがって, 問 4.3.4 が示される.

問 4.4.1 T の任意の元 t と $\mathcal{F}_2$ の任意の元 F に対し, $(f_t(X(t)))^{-1}(F) = X(t)^{-1}(f_t^{-1}(F))$ が成り立つ. これより, 問 4.4.1 が示される.

問 4.4.2

$$V\left(\sum_{j=1}^d X_j\right) = E\left(\left(\sum_{j=1}^d X_j - E\left(\sum_{j=1}^d X_j\right)\right)^2\right)$$

$$= E\left(\left(\sum_{j=1}^d (X_j - E(X_j))\right)^2\right)$$

$$= \sum_{j,k=1}^d E((X_j - E(X_j))(X_k - E(X_k))).$$

j と k が異なるときは, 直交性より, $E((X_j - E(X_j))(X_k - E(X_k))) = E(X_j - E(X_j))E(X_k - E(X_k)) = 0$. したがって

$$V\left(\sum_{j=1}^d X_j\right) = \sum_{j=1}^d E((X_j - E(X_j))^2) = \sum_{j=1}^d V(X_j).$$

問 4.4.3 定理 4.4.3 より, d 個の実数 $\xi_j (1 \le j \le d)$ に対し

$$\int_{\mathbf{R}^d} e^{-i\sum_{j=1}^d \xi_j x_j} P_{(X_1, X_2, \ldots, X_d)}(dx_1 \times dx_2 \times \cdots \times dx_d)$$

$$= \int_{\mathbf{R}} e^{-i\xi_1 x_1} P_{X_1}(dx_1) \int_{\mathbf{R}} e^{-i\xi_2 x_2} P_{X_2}(dx_2) \cdots \int_{\mathbf{R}} e^{-i\xi_d x_d} P_{X_d}(dx_d)$$

を示せばよい. ところが, 各 $n(\in \mathbf{N})$ に対し, 定理 4.4.3 より

$$\int_{\mathbf{R}^d} e^{-i\sum_{j=1}^d \xi_j x_j} P_{(X_{1n}, X_{2n}, \ldots, X_{dn})}(dx_1 \times dx_2 \times \cdots \times dx_d)$$

$$= \int_{\mathbf{R}} e^{-i\xi_1 x_1} P_{X_{1n}}(dx_1) \int_{\mathbf{R}} e^{-i\xi_2 x_2} P_{X_{2n}}(dx_2) \cdots \int_{\mathbf{R}} e^{-i\xi_d x_d} P_{X_{dn}}(dx_d)$$

は成り立つ. 一方, 定理 4.1.3 より, 各 $j(1 \leq j \leq d)$ に対し

$$\lim_{n \to \infty} \int_{\mathbf{R}} e^{-i\xi_j x_j} P_{X_{jn}}(dx_j) = \int_{\mathbf{R}} e^{-i\xi_j x_j} P_{X_j}(dx_j)$$

が成り立つ. さらに注意 4.1.1 で述べたように, 確率収束の概念は d 次元の確率
変数列 $({}^t(X_{1n}, X_{2n}, \ldots, X_{dn}); n \in \mathbf{N})$ に対して定義ができ, この確率変数列は
確率変数 ${}^t(X_1, X_2, \ldots, X_d)$ に確率収束する. 何故なら, 任意の $\omega \in \Omega$ に対し,
$\sqrt{\sum_{j=1}^{d} |X_{jn}(\omega) - X_j(\omega)|^2} \leq \sum_{j=1}^{d} |X_{jn}(\omega) - X_j(\omega)|$ が成り立つので, $\{\omega \in \Omega;$
$\sqrt{\sum_{j=1}^{d} |X_{jn}(\omega) - X_j(\omega)|^2} > \epsilon\} \subset \cup_{j=1}^{d}\{\omega \in \Omega; |X_{jn}(\omega) - X_j(\omega)| > \epsilon/d\}$ とな
る. したがって

$$P\left(\left\{\omega \in \Omega; \sqrt{\sum_{j=1}^{d} |X_{jn}(\omega) - X_j(\omega)|^2} > \epsilon\right\}\right)$$

$$\leq \sum_{j=1}^{d} P(\{\omega \in \Omega; |X_{jn}(\omega) - X_j(\omega)| > \epsilon/d\})$$

が成り立つ. この不等式より, 確率変数列 $({}^t(X_{1n}, X_{2n}, \ldots, X_{dn}); n \in \mathbf{N})$ は確率変
数 ${}^t(X_1, X_2, \ldots, X_d)$ に確率収束することが示される.

定理 4.1.3 は多次元の確率変数列に対しても成り立つので, この問の証明の最初に
述べた等式が成り立つ.

問 4.5.1 (i) の証明は補題 4.5.2 の証明とまったく同じである. 実際, f を $\mathbf{R}$ 上
で定義された有界ボレル関数とする. このとき, 補題 4.5.2 の証明とまったく同じ変
数変換を行うと

$$\int_{\mathbf{R}} f(z)\, dP_W(z) = \frac{1}{2\pi} \int_{-\infty}^{\infty} \int_{-\infty}^{\infty} f(w) e^{-\frac{z^2+w^2}{2}}\, dzdw$$

$$= \frac{1}{\sqrt{2\pi}} \int_{-\infty}^{\infty} f(w) e^{-\frac{w^2}{2}}\, dw$$

となる.

(ii) の証明も基本的には上と同じである. 今度は定理 4.4.3 の (iii) を検証するため
に, 任意に与えられた実数 ξ, ζ に対し, f を $f(z, w) \equiv e^{-i\xi z - i\zeta w}$ で定義された $\mathbf{R}^2$
上の関数とする. これも有界ボレル関数である. このとき, 補題 4.5.2 の証明とまっ
たく同じ変数変換を行うと

$$\int_{\mathbf{R}^2} f(z, w)\, dP_W(z) = \frac{1}{2\pi} \int_{-\infty}^{\infty} \int_{-\infty}^{\infty} f(z, w) e^{-\frac{z^2+w^2}{2}}\, dzdw$$

$$= \left(\frac{1}{\sqrt{2\pi}} \int_{-\infty}^{\infty} f(z) e^{-\frac{z^2}{2}} \, dz \right) \left(\frac{1}{\sqrt{2\pi}} \int_{-\infty}^{\infty} f(w) e^{-\frac{w^2}{2}} \, dw \right)$$

となる. したがって, 定理 4.4.3 より, 確率変数の集まり $\{Z, W\}$ は独立である.

問 4.8.1 同分布であるから, $V(X_n) = V(X_1), V_n = nV(X_1), C_n = nE((X_1 - E(X_1))^3)$ となるから, 定理 4.8.2 の条件が成り立つ.

第 5 章

問 5.6.1

$$\begin{aligned}
E(s^2) &= \frac{1}{N-1} \sum_{n=1}^{N} E((X_n - \bar{X})^2) \\
&= \frac{1}{N-1} \sum_{n=1}^{N} E(((X_n - \mu) + (\mu - \bar{X}))^2) \\
&= \frac{1}{N-1} \sum_{n=1}^{N} E((X_n - \mu)^2) + \frac{2}{N-1} \sum_{n=1}^{N} E((X_n - \mu)(\mu - \bar{X})) \\
&\quad + \frac{2}{N-1} \sum_{n=1}^{N} E((\mu - \bar{X})^2).
\end{aligned}$$

一方, $E((X_n - \mu)^2) = \sigma^2$. さらに, $\mu - \bar{X} = (\sum_{n=1}^{N}(\mu - X_n))/N$ であるから, 直交性を用いて, $E((X_n - \mu)(\mu - \bar{X})) = -\frac{\sigma^2}{N}$, $E((\mu - \bar{X})^2) = \sigma^2/N$. したがって

$$E(s^2) = N/(N-1) + (2/(N-1))N(-1/N + 1/(N-1))\sigma^2 = \sigma^2.$$

問 5.6.2

$$\begin{aligned}
X_n - \bar{X} &= \frac{(N-1)X_n + \sum_{l \neq n}(-X_l)}{N} \\
&= \frac{(N-1)(X_n - \mu) + \sum_{l \neq n}(\mu - X_l)}{N}.
\end{aligned}$$

したがって, 直交性より

$$E(X_n - \bar{X})^2 = \frac{(N-1)^2 + (N-1)}{N^2} \sigma^2 = \frac{N-1}{N} \sigma^2.$$

問 5.6.3 $n \neq m$ に対し

$$(X_n - \bar{X})(X_m - \bar{X}) = \frac{1}{N^2} \left\{ (N-1)(X_n - \mu) + \sum_{l \neq n}(\mu - X_l) \right\}$$

$$\cdot \left\{ (N-1)(X_m - \mu) + \sum_{k \neq m}(\mu - X_k) \right\}.$$

したがって, 直交性より

$$E(X_n - \bar{X})(X_m - \bar{X}) = \frac{-2(N-1) + (N-2)}{N^2}\sigma^2 = -\frac{1}{N}\sigma^2.$$

問 5.6.4 定理 5.6.3 (ii) の証明で見たように

$$s^2 = \frac{1}{N-1}\sum_{k=1}^{N}(X_k - \mu)^2 + \frac{N}{N-1}(\mu - \bar{X}) + \frac{2}{N-1}\sum_{k=1}^{N}(X_k - \mu)(\mu - \bar{X})$$

であるから, 次のように分解する.

$$s^2(X_n - \bar{X}) = \frac{1}{(N-1)N}\mathrm{I} + \mathrm{II} + \mathrm{III} + \mathrm{IV} + \mathrm{V}.$$

ここで

$$\mathrm{I} = (N-1)\sum_{k=1}^{N}(X_k - \mu)^2(X_n - \mu)$$

$$\mathrm{II} = \sum_{k=1}^{N}\sum_{l \neq n}(X_k - \mu)^2(\mu - X_l)$$

$$\mathrm{III} = (N-1)N(\mu - \bar{X})(X_n - \mu)$$

$$\mathrm{IV} = N\left(\mu - \bar{X}\sum_{l \neq n}(\mu - X_l)\right)$$

$$\mathrm{V} = 2\sum_{k=1}^{N}\sum_{l \neq n}(X_k - \mu)(\mu - \bar{X})(\mu - X_l).$$

正規分布の対称性より, $E(X_n - \mu)^3 = 0$. さらに, 独立性の遺伝性 (定理 4.4.2) より, $k \neq n$ に対し, $\{(X_k - \mu)^2, X_n - \mu\}$ は独立である. 特に, 互いに直交する. したがって, $E(\mathrm{I}) = 0$. 同様に, $E(\mathrm{II}) = E(\mathrm{V}) = 0$ が示される. また, $E(\mathrm{III}) = -(N-1)\sigma^2$, $E(\mathrm{IV}) = (N-1)\sigma^2$. したがって, $E(s^2(X_n - \bar{X})) = 0$ が成り立つ.

問 5.6.5 $c_n\ (1 \leq n \leq N-1)$ の表現式, (iii), (iv) より

$$E(c_n c_m) = \sum_{j,k} E((X_j - \bar{X})(X_k - \bar{X}))v_j^{(n)}v_k^{(m)}$$

$$= \frac{N-1}{N}\sigma^2 \sum_{j=1}^{N} v_j^{(n)} v_j^{(m)} - \frac{1}{N}\sigma^2 \sum_{j \neq k}^{N} v_j^{(n)} v_k^{(m)}$$

$$= \frac{N-1}{N}\sigma^2 \delta_{n,m} - \frac{1}{N}\sigma^2 \sum_{j=1}^{N} v_j^{(n)} \left(\sum_{k \neq j}^{N} v_k^{(m)} \right)$$

$$= \frac{N-1}{N}\sigma^2 \delta_{n,m} + \frac{1}{N}\sigma^2 \sum_{j=1}^{N} v_j^{(n)} v_j^{(m)}$$

$$= \left(\frac{N-1}{N} + \frac{1}{N} \right) \sigma^2 \delta_{n,m} = \sigma^2 \delta_{n,m}.$$

第 6 章

問 6.2.1　式 (6.6) で示されている.

問 6.2.2　式 (6.7) で示されている.

問 6.2.3

$$E((W(n)^2 - 1)^2) = E(W(n)^4) - 2E(W(n)^2) + 1 = E(W(n)^4) - 1.$$

式 (6.5) より

$$
\begin{aligned}
E(W(n)^4) &= (2\sqrt{3})^4 E((X(n) - 1/2)^4) \\
&= (2\sqrt{3})^4 \left(\int_0^{1/2} (2x - 1/2)^4 dx + \int_{1/2}^1 (2(1-x) - 1/2)^4 dx \right) \\
&= (2\sqrt{3})^4 2 \int_0^{1/2} (2x - 1/2)^4 dx \\
&= (2\sqrt{3})^4 \int_{-1/2}^{1/2} y^4 dy = \sqrt{3}^4 / 5
\end{aligned}
$$

が得られる. したがって, $E((W(n)^2 - 1)^2) = 9/5 - 1 = 4/5$.

問 6.2.4　式 (6.5) より, 問 6.2.3 の証明と同じく

$$
\begin{aligned}
E(W(n)^{2p+1}) &= (2\sqrt{3})^{2p+1} E((X(n) - 1/2)^{2p+1}) \\
&= (2\sqrt{3})^{2p+1} \Bigg(\int_0^{1/2} (2x - 1/2)^{2p+1} dx \\
&\quad + \int_{1/2}^1 (2(1-x) - 1/2)^{2p+1} dx \Bigg) \\
&= (2\sqrt{3})^{2p+1} \int_{-1/2}^{1/2} y^{2p+1} dy
\end{aligned}
$$

節末問題の解答　　　253

となる. $2p+1$ は奇数であるから, $\int_{-1/2}^{1/2} y^{2p+1} dy = 0$. したがって, $E(W(n)^{2p+1}) = 0$.

問 6.2.5　式 (6.5) より

$$E(W(0)^{2p+1}W(n)^q) = (2\sqrt{3})^{2p+q+1}E((X(0) - 1/2)^{2p+1}(X(n) - 1/2)^q)$$
$$= (2\sqrt{3})^{2p+q+1}\int_0^1 (x - 1/2)^{2p+1}(\phi^n(x) - 1/2)^q dx.$$

一方

$$\int_0^1 (x - 1/2)^{2p+1}(\phi^n(x) - 1/2)^q dx$$
$$= \int_0^{1/2} (x - 1/2)^{2p+1}(\phi^n(x) - 1/2)^q dx$$
$$+ \int_{1/2}^1 (x - 1/2)^{2p+1}(\phi^{n-1}(2(1-x)) - 1/2)^q dx.$$

ところが

$$\int_{1/2}^1 (x - 1/2)^{2p+1}(\phi^{n-1}(2(1-x)) - 1/2)^q dx$$
$$= \int_{1/2}^1 (1/2 - y)^{2p+1}(\phi^{n-1}(2y) - 1/2)^q dy$$
$$= -\int_{1/2}^1 (x - 1/2)^{2p+1}(\phi^{n-1}(2x) - 1/2)^q dx$$
$$= -\int_{1/2}^1 (x - 1/2)^{2p+1}(\phi^n(x) - 1/2)^q dx$$

したがって, $E(W(0)^{2p+1}W(n)^q) = 0$.

問 6.2.6　問 6.2.5 の証明と同様の変数変換を行うことによって, 問 6.2.6 が示される.

問 6.2.7　式 (6.5) より, 問 6.2.4 の計算と同様に

$$E(W(0)^2 W(1)) = (2\sqrt{3})^3 E((X(0) - 1/2)^2(X(1) - 1/2))$$
$$= (2\sqrt{3})^3 2\int_0^{1/2} (x - 1/2)^2(2x - 1/2)dx$$
$$= (2\sqrt{3})^3 2\int_{-1/2}^0 y^2(2y + 1/2)dy$$

$$= (2\sqrt{3})^3\left(-1/(3\cdot 2^4)\right) = -3/2.$$

問 6.2.8 問 6.2.7 の計算と同様に

$$E(W(0)^2 W(1)^2) = (2\sqrt{3})^3 2 \int_{-1/2}^0 y^2 (2y + 1/2)^2 dy$$
$$= (2\sqrt{3})^3 2^2\, 1/(15\cdot 2^4) = 6/5.$$

問 6.2.9

$$E((W(0)^2 - 1)(W(n)^2 - 1))$$
$$= E(W(0)^2 W(n)^2) - E(W(0)^2) - E(W(n)^2) + 1$$
$$= E(W(0)^2 W(n)^2) - 1.$$

問 6.2.6 の証明と同様の変数変換を行って

$$E(W(0)^2 W(n)^2)$$
$$= (2\sqrt{3})^4 \int_0^1 (x - 1/2)^2 (\phi^n(x) - 1/2)^2 dx$$
$$= 2(2\sqrt{3})^4 \int_0^{1/2} (x - 1/2)^2 (\phi^{n-1}(2x) - 1/2)^2 dx$$
$$= (2\sqrt{3})^4 \int_0^1 (y/2 - 1/2)^2 (\phi^{n-1}(y) - 1/2)^2 dx$$
$$= (2\sqrt{3})^4/4 \int_0^1 (y - 1)^2 (\phi^{n-1}(y) - 1/2)^2 dy$$
$$= (2\sqrt{3})^4/4 \int_0^1 ((y - 1/2)^2 - 2(y - 1/2) + 1/4)(\phi^{n-1}(y) - 1/2)^2 dy.$$

したがって

$$E((W(0)^2 - 1)(W(n)^2 - 1))$$
$$= 1/4\,(E(W(0)^2 W(n-1)^2) - 2\sqrt{3}E(W(0)W(n-1)^2) + 3/4) - 1$$
$$= 1/4\,E((W(0)^2 - 1)(W(n-1)^2 - 1)).$$

ここで, 問 6.2.5 より従う $E(W(0)W(n-1)^2) = 0$ を用いた.

問 6.2.10 4 次元のベクトル ${}^t({}^t W_{(0,1)}(1),\ {}^t W_{(1,0)}(0))$ の内積行列 A は

$$A \equiv \begin{pmatrix} R(0) & R(1) \\ {}^t R(1) & R(0) \end{pmatrix}$$

となる. 定理 6.2.2 における $R(0)$, $R(1)$ を用いて, 非負正定値行列 A の行列式を計算すると, $\det(A) = 0$ となる. したがって, 4 個のベクトルの集まり $\{W(0), \sqrt{5}/2(W(0)^2 - 1), W(1), \sqrt{5}/2(W(1)^2 - 1)\}$ は 1 次従属である. この行列 A は後の 7.5 節で詳しく解析されるテープリッツ行列の特別な場合のものである.

第 7 章

問 7.1.1 $a \neq 0$ の場合を示せばよい. 任意の 1 次関係式 $\sum_{n=0}^{N} c_n S_a(n) = 0$ を考える. 式 (3.24) より, $(\sum_{n=0}^{N} c_n)a + \sum_{k=1}^{N}(\sum_{n=k}^{N} c_n)\xi(k) = 0$. $E(\xi(k)) = 0$ $(1 \leq k \leq N)$ であるから, $\sum_{n=0}^{N} c_n = 0$. したがって, $\sum_{k=1}^{N}(\sum_{n=k}^{N} c_n)\xi(k) = 0$. 両辺を事象 $(\xi(N) = e_1)$ の上で積分すると, $\{\xi(k); 1 \leq k \leq n\}$ の独立性より, $c_N = 0$ が従う. これを繰り返して, $c_k = 0$ $(1 \leq k \leq n) = 0$. したがって, $c_0 = 0$ も成り立つ.

問 7.1.2 式 (3.24) より, $S_a(n) = S_a(n-1) + \xi(n)$ $(n \geq 1)$. $\xi(n)$ は $\{\xi(k); 1 \leq k \leq n-1\}$ と独立である. $E(\xi(n)) = 0$ であるから, $\xi(n)$ は $\{\xi(k); 1 \leq k \leq n-1\}$ と直交する. したがって, $\xi(n)$ が前向き KM$_2$O-ランジュヴァン揺動過程となる.

問 7.2.1 式 (7.43) の両辺とベクトル $W_{(0,1)}(N-1)$ との内積行列をとると

$$^t R(1) = -\gamma_-(2,0)R(1) - \gamma_-(2,1)R(0).$$

式 (7.32), (7.34) より, 主張 7.2.2 の (i) が従う.

問 7.2.2 式 (7.47) と (7.34), 主張 7.2.2 の (i), 主張 7.1.4 の (i) と合わせて, 主張 7.2.2 の (ii) が従う.

問 7.2.3 後ろ向き KM$_2$O-ランジュヴァン揺動行列の定義式 (7.19) と直交関係 (7.37) より

$$V_-(\mathbf{W}_{(0,1)})(2) = (\nu_-(\mathbf{W}_{(0,1)})(-2), {}^t W_{(0,1)}(N-2)).$$

式 (7.43) の両辺とベクトル $W_{(0,1)}(N-2)$ との内積行列をとると

$$V_-(\mathbf{W}_{(0,1)})(2) = R(0) + \gamma_-(2,0)R(2) + \gamma_-(2,1)R(1)$$

が成り立つ. 上式の第 3 項に主張 7.2.2 の (i) を代入して

$$\begin{aligned} V_-(\mathbf{W}_{(0,1)})(2) = {}& R(0) + \gamma_-(1,0)\,R(1) \\ & + \gamma_-(2,0)\{R(2) + \gamma_+(1,0)\,R(1)\} \end{aligned}$$

が成り立つ. 一方, 式 (7.43), 主張 7.1.5 の (iii) より

$$R(0) + \gamma_-(1,0)R(1) = V_-(\mathbf{W}_{(0,1)})(1).$$

さらに, 式 (7.41), 主張 7.2.1 の (i) より

$$R(2) + \gamma_+(1,0)R(1) = -\gamma_+(2,0)R(0) - (\gamma_+(2,1) - \gamma_+(1,0))R(1)$$
$$= \gamma_+(2,0)V_-(\mathbf{W}_{(0,1)})(1)$$

が成り立つ. したがって, 示すべき主張 7.2.3 の (ii) が得られる.

問 7.2.4 $d = 1$ としてよい (成分を見ればよいので). 任意の 1 次関係式 $\sum_{n=0}^{N} c_n X^{(w)}(n) = 0$ を考える. 式 (7.41) より, $\sum_{n=0}^{N} c_n X(n) = -w \sum_{n=0}^{N} c_n \xi(n)$. 任意の n $(0 \leq n \leq n)$ に対し, この式とベクトル $\xi(n)$ との内積をとると, (H.2), (H.3) に注意して, $0 = c_n$ が従う.

問 7.2.5 (H.2), (H.3), 式 (7.41) より

$$R(\mathbf{X}^{(w)})(m,n)$$
$$= (X^{(w)}(m), {}^t X^{(w)}(n))$$
$$= (X(m), {}^t X(n)) + w(X(m), {}^t \xi(n)) + w(\xi(m), {}^t X(n)) + w^2(\xi(m), {}^t \xi(n))$$
$$= R(\mathbf{X})(m,n) + w^2 \delta_{m,n} I \quad (0 \leq m, n \leq N).$$

問 7.2.6～問 7.2.10 定理 7.56 (ii), 式 (7.57), (7.58) に注意して, 式 (7.62), (7.63) は それぞれ主張 7.2.4 (i), (ii) より従う. 逆行列の計算と行列同士の積の計算であるから, 各自手を動かして検証せよ. 問 7.2.7 以下も同様に手を動かして検証せよ. 実験数学での修行である.

問 7.3.1 補題 7.2.2 と式 (6.19) で注意した関係式 $\delta_{m,n} = \delta_{m-n,0}$ より, 補題 7.3.1 は従う.

問 7.8.1 任意の整数 m, n, p, q $(0 \leq m, n \leq N, 1 \leq p, q \leq d)$ をとる. $m \geq n$ としてよい. $X_p(0), X_q(n)$ は部分空間 $\mathbf{M}_0^m(\mathbf{X})$ の元であり, $U_0^m(n)(X_p(0)) = X_p(n), U_0^m(n)(X_q(m-n)) = X_q(m)$ である. したがって, 作用素 $U_0^m(n)$ のユニタリー性より, $(X_p(n), X_q(m)) = (U_0^m(n)X_p(0), U_0^m(n)X_q(m-n)) = (X_p(0), X_q(m-n))$ が成り立つ. これは確率過程 $\mathbf{X}$ が弱定常性を満たすことを意味している.

文　　献

1) R. Brown, A brief account of microscopical observations made in the months of June, July, and August, 1827, on the particles contained in the pollen of plants, and on the general existence of active molecules in organic and inorganic bodies, Philos. Mag., Ann. of Philos., New Series, 4(1828), 161–178.

2) L. Bachelier, Théorier de la spéculation, Doctoral dissertation, Faculté des Sciences de Paris(1900). Annales Scientifiques de l'Ecole Normale Supérieure, Suppl. 3(1900), 21–86.

3) A. Einstein, Über die von molekularkinetischen Theorie der Wärme geforderte Bewegung von ruhenden Flüssigkeiten suspendierten Teilchen, Drudes Ann., 17(1905), 549–560.

4) P. Langevin, Sur la théorie du mouvement brownien, C.R. Acad. Sci. Paris, 146(1908), 530–533.

5) J.B. Perrin, Atoms, London, 1916.

6) N. Wiener, Differential space, J. Math. Phys., 2(1923), 131–174.

7) G.E. Uhlenbeck and L.S. Ornstein, On the theory of the Brownian motion, Phys. Rev., 36(1930), 823–841.

8) A.N. Kolmogorov, Grundbegriffe der Warhscheinlichkeitsrechnung, Erg. d. Math., Berlin, 1933.

9) N. Wiener, The Fourier Integral, Cambridge Univ. Press, 1933.

10) R.E.A.C. Paley and N. Wiener, Fourier transforms in the complex domain, Amer. Math. Soc. Coll. Publ., 1934.

11) 伊藤 清, Markoff 過程を定める微分方程式, 全国紙上数学談話会誌, 1077(1942), 1352–1400.

12) C. Elton and M. Nicholson, The ten-year cycle in numbers of the Lynx in Canada, J. Animal Ecology, 11(1942), 215–244.

13) M.C. Wang and G.E. Uhlenbeck, On the theory of the Brownian motion II, Rev. Modern Phys., 17(1945), 323–342.

14) N. Levinson, The Wiener RMS error criterion in filter design and prediction, J. Math. Phys., 25(1947), 261–278.

15) H. Markowitz, Portfolio selections, J. Finance, 7(1952), 77–91.

16) 伊藤 清, 確率論, 現代数学 14, 岩波書店, 1953.

17) R. Kubo, Statistical mechanical theory of irreversible processes I, general theory

and simple applications to magnetic and conduction problem, J. Phys. Soc. Japan, 12 (1957), 570–586.

18) W. Feller, An Introduction to Probability Theory and Its Applications, John Wiley, vol.1,1957; vol.2, 1966 (河田龍夫・国沢清典監訳)：確率論とその応用 (I), (II), 紀伊國屋書店, 1960, 1970.

19) P. Masani and N. Wiener, Non-linear prediction, Probability and Statistics, The Harald Cramér Volume (ed. by U. Grenander), John Wiley, 1959, 190–212.

20) J. Durbin, The fitting of time series models, Rev. Int. Stat., 28(1960), 233–244.

21) P. Whittle, On the fitting of multivariate autoregressions, and the approximate canonical factorization of a spectral density matrix, Biometrika, 50(1963), 129–134.

22) W. Scharpe, Capital asset prices: a theory of market equilibrium with conditions of risk, J. Finance, 19(1964), 425–442.

23) R.A. Wiggins and E.A. Robinson, Recursive solution to the multichannel filtering problem, J. Geophys. Res., 70(1965), 1885–1891.

24) H. Mori, Transport, collective motion and Brownian motion, Progr. Theor. Phys., 33 (1965), 423–455.

25) B.J. Alder and T.E. Wainwright, Velocity autocorrelations for hard spheres, Phys. Rev. Lett., 18(1967), 988–990.

26) B.J. Alder and T.E. Wainwright, Decay of the velocity autocorrelation function, Phys. Rev. A, 1(1970), 18–21.

27) A. Widom, Velocity fluctuations of a hardcore Brownian motion, Phys. Rev. A, 3(1971), 1394–1396.

28) 赤池 弘次・中川 東一郎, ダイナミックシステムの統計的解析と制御, サイエンス社, 1972.

29) F. Black and M. Scholes, The valuation of option contracts and a test of market efficiency, J. Finance, 27(1972), 399–418.

30) F. Black and M. Scholes, The pricing of options and corporate liabilities, J. Political Economy, 81(1973), 637–659.

31) R.C. Merton, Theory of rational option pricing, Bell J. Economics and Management Sci., 4(1973), 141–183.

32) S.A. Ross, The arbitrage theory of capital asset pricing, J. Economic Theory, 13(1976), 341–360.

33) R.L. Dobrushin and R.A. Minlos, Polynomials in linear random variables, Russian Math. Surveys, 32:2(1977), 71–127.

34) 堀 淳一, ランジュバン方程式, 応用数学叢書, 岩波書店, 1977.

35) 戸田 盛和・久保 亮五, 統計物理学, 岩波講座 現代物理学の基礎 [第 2 版] 5, 岩波書店, 1978.

36) 久保 亮五, 非可逆過程と確率過程, 確率過程論と開放系の統計力学, 数理解析研究所講究録, 367(1979), 50–93.

37) Y. Okabe, On a stationary Gaussian process with T-positivity and its associated Langevin equation and S-matrix, J. Fac. Sci. Univ. Tokyo, Sect. IA. Math., 26 (1979), 115–165.

38) J.M. Harrison and D.H. Kreps, Martingales and arbitrage in multi-period securities markets, J. Economic Theory, 20(1979), 381–408.

39) J.M. Harrison and S.R. Pliska, Martingales and stochastic integrals in the theory of continuous trading, Stochastic Process. Appl., 11(1981), 215–260.

40) Y. Okabe, On a stochastic differential equation for a stationary Gaussian process with T-positivity and the fluctuation-dissipation theorem, J. Fac. Sci. Univ. Tokyo, Sect. IA. Math., 28 (1981), 169–213.

41) K. Oobayashi, T. Kohno and H. Utiyama, Photon correlation spectroscopy of the non-Markovian Brownian motion of spherical particles, Phys. Rev. A, 27(1983), 2632–2641.

42) 江沢 洋, 物理学の視点, 培風館, 1983.

43) T. Miyoshi, On (l, m)-string and $(\alpha, \beta, \gamma, \delta)$-Langevin equation associated with a stationary Gaussian process, J. Fac. Sci. Univ. Tokyo, Sect. IA. Math., 30 (1983), 139–190.

44) T. Miyoshi, On an $\mathbf{R}^d$-valued stationary Gaussian process associated with (k, l, m)-string and $(\alpha, \beta, \gamma, \delta)$-Langevin equation, J. Fac. Sci. Univ. Tokyo, Sect. IA. Math., 31 (1984), 155–194.

45) Y. Okabe, On KMO-Langevin equations for stationary Gaussian processes with T-positivity, J. Fac. Sci. Univ. Tokyo, Sect. IA. Math., 33 (1986), 1–56.

46) Y. Okabe, On the theory of the Brownian motion with the Alder-Wainwright effect, J. Stat. Phys., 45 (1986), 953–981.

47) Y. Okabe, Stokes-Boussinesq-Langevin equation and fluctuation-dissipation theorem, Proc. IV Vilnius Conference on Probability Theory and Mathematical Statistics, VNU Science Press, 1986, 431–436.

48) 米沢 冨美子, ブラウン運動, 物理学 One Point–27, 共立出版, 1986.

49) Y. Okabe, On a stochastic difference equation for the multi-dimensional weakly stationary process with discrete time, "Algebraic Analysis" in celebration of Professor M. Sato's sixtieth birthday, Prospect of Algebraic Analysis (eds. by M. Kashiwara and T. Kawai), Academic Press, 1988, 601–645.

50) 伏見 政則, 乱数, UP 応用数学選書 12, 東京大学出版会, 1989.

51) Y. Okabe, On long time tails of correlation functions for KMO-Langevin equations, Proc. 5th Japan-USSR Symposium on Probability Theory, Kyoto, July, Lecture Notes in Math., Springer, 1989, Vol.1299, 391–397.

52) 梶山 雄一, 空入門, 春秋社, 1990.

53) 伊藤 清, 確率論, 岩波基礎数学選書, 岩波書店, 1991.

54) 東京大学教養学部統計学教室編, 統計学入門, 基礎統計学 I, 東京大学出版会, 1991.

55) Y. Okabe and Y. Nakano, The theory of KM_2O-Langevin equations and its applications to data analysis (I): Stationary analysis, Hokkaido Math. J., 20(1991), 45–90.

56) 東京大学教養学部統計学教室編, 自然科学の統計学, 基礎統計学 III, 東京大学出版会, 1992.

57) Y. Okabe, Application of the theory of KM_2O-Langevin equations to the linear pre-

diction problem for the multi-dimensional weakly stationary time series, J. Math. Soc. Japan, 45(1993), 277–294.

58) Y. Okabe, A new algorithm derived from the view-point of the fluctuation-dissipation principle in the theory of KM_2O-Langevin equations, Hokkaido Math. J., 22(1993), 199–209.

59) S. Kimoto, T. Ikeguchi and K. Aihara, Deterministic chaos and its stationary analysis, Proc. 7th Toyota Conference (ed. by M. Yamaguchi), 1993, 353–376.

60) 合原 一幸, カオス—まったく新しい創造の波, 講談社, 1993.

61) D. ルエール, 偶然とカオス (青木 薫 訳), 岩波書店, 1993.

62) 東京大学教養学部統計学教室編, 人文・社会科学の統計学, 基礎統計学 II, 東京大学出版会, 1994.

63) Y. Okabe and A. Inoue, The theory of KM_2O-Langevin equations and its applications to data analysis (II): Causal analysis (1), Nagoya Math. J., 134(1994), 1–28.

64) Y. Okabe, Langevin equations and causal analysis, Amer. Math. Soc. Transl., 161(1994), 19–50.

65) 砂田 利一・岡部 靖憲, 往復書簡「純粋数学 vs 応用数学」, 数学セミナー, 1994 年 4 月号—1995 年 3 月号.

66) Y. Okabe and T. Ootsuka, Application of the theory of KM_2O-Langevin equations to the non-linear prediction problem for the one-dimensional strictly stationary time series, J. Math. Soc. Japan, 47(1995), 349–367.

67) Y. Nakano, On a causal analysis of economic time series, Hokkaido Math. J., 24(1995), 1–35.

68) Y. Okabe, Nonlinear time series analysis based upon the fluctuation-dissipation theorem, Nonlinear Analysis, Theory, Methods. Appl., 30:4(1997), 2249–2260.

69) G. Ohama and T. Yanagawa, Testing stationarity using residual, Bull. Informat. Cybernetics, 29(1997), 15–39.

70) 刈屋 武昭, 金融工学の基礎, 東洋経済新報社, 1997.

71) 岡部 靖憲, 実験数学の心と物理教育 (日本物理学会 物理教育委員会編), 1998 年–3 号, 14–17.

72) Y. Okabe and T. Yamane, The theory of KM_2O-Langevin equations and its applications to data analysis (III): Deterministic analysis, Nagoya Math. J., 152(1998), 175–201.

73) 相田 洋・茂田 喜郎, 金融工学の旗手たち, マネー革命 2, NHK 出版, 1999.

74) Y. Okabe, On the theory of KM_2O-Langevin equations for stationary flows (1): characterization theorem, J. Math. Soc. Japan, 51(1999), 817–841.

75) Y. Okabe, On the theory of KM_2O-Langevin equations for stationary flows (2): construction theorem, Acta Applicandae Mathematicae, 63(2000), 307–322.

76) Y. Okabe and M. Matsuura, On the theory of KM_2O-Langevin equations for stationary flows (3): extension theorem, Hokkaido Math. J., 29(2000), 369–382.

77) 松原 泰道, 道元, アートディズ, 2000.

78) Y. Okabe and A. Kaneko, On a non-linear prediction analysis for multidimen-

sional stochastic processes with its applications to data analysis, Hokkaido Math. J., 29(2000), 601–657.

79) M. Sekimoto, T. Kawakami, Y. Okabe and S. Ogata, Strange periodic changes in walking EEG and estimation of EEG's deterministic structure in short time scale, Internat. J. Chaos Theory Appl., 5(2000), 63–71.

80) M. Sekimoto, Y. Okabe and S. Ogata, Recognition of non-linear, deterministic structures of Japanese vowels by causal analysis, Internat. J. Chaos Theory Appl., 6(2001), 55–69.

81) N. Masuda and Y. Okabe, Time series analysis with wavelet coefficients, J. Ind. Appl. Math., 18(2001), 131–160.

82) M. Matsuura and Y. Okabe, On a non-linear prediction problem for one-dimensional stochastic processes, Japan. J. Math., 27(2001), 51–112.

83) ニコラス・ダンバー著, グローバル・サイバー・インベストメント訳, LTCM 伝説, 東洋経済新報社, 2001.

84) 岡部 靖憲, 時系列解析における揺動散逸原理と実験数学, 日本評論社, 2002.

85) 岡部 靖憲, 時系列解析と揺動散逸原理, 数学セミナー, 2002 年 2 月号.

統計数値表

付表 1　正規分布表 (パーセント点)

付表 2　χ^2 分布表 (パーセント点)

付表 3　t 分布表 (パーセント点)

出典：統計数値表編集委員会編「統計数値表」日本規格協会, 1972 を改変.

付表 1　正規分布のパーセント点

$$u(Q) : \int_u^\infty \frac{1}{\sqrt{2\pi}} e^{-\frac{u^2}{2}} du = Q$$

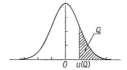

Q	.000	.001	.002	.003	.004	.005	.006	.007	.008	.009
.00	∞	3.09023	2.87816	2.74778	2.65207	2.57583	2.51214	2.45726	2.40892	2.36562
.01	2.32635	2.29037	2.25713	2.22621	2.19729	2.17009	2.14441	2.12007	2.09693	2.07485
.02	2.05375	2.03352	2.01409	1.99539	1.97737	1.95996	1.94313	1.92684	1.91104	1.89570
.03	1.88079	1.86630	1.85218	1.83842	1.82501	1.81191	1.79912	1.78661	1.77438	1.76241
.04	1.75069	1.73920	1.72793	1.71689	1.70604	1.69540	1.68494	1.67466	1.66456	1.65463
.05	1.64485	1.63523	1.62576	1.61644	1.60725	1.59819	1.58927	1.58047	1.57179	1.56322
.06	1.55477	1.54643	1.53820	1.53007	1.52204	1.51410	1.50626	1.49851	1.49085	1.48328
.07	1.47579	1.46838	1.46106	1.45381	1.44663	1.43953	1.43250	1.42554	1.41865	1.41183
.08	1.40507	1.39838	1.39174	1.38517	1.37866	1.37220	1.36581	1.35946	1.35317	1.34694
.09	1.34076	1.33462	1.32854	1.32251	1.31652	1.31058	1.30469	1.29884	1.29303	1.28727
.10	1.28155	1.27587	1.27024	1.26464	1.25908	1.25357	1.24808	1.24264	1.23723	1.23186
.11	1.22653	1.22123	1.21596	1.21073	1.20553	1.20036	1.19522	1.19012	1.18504	1.18000
.12	1.17499	1.17000	1.16505	1.16012	1.15522	1.15035	1.14551	1.14069	1.13590	1.13113
.13	1.12639	1.12168	1.11699	1.11232	1.10768	1.10306	1.09847	1.09390	1.08935	1.08482
.14	1.08032	1.07584	1.07138	1.06694	1.06252	1.05812	1.05374	1.04939	1.04505	1.04073
.15	1.03643	1.03215	1.02789	1.02365	1.01943	1.01522	1.01103	1.00686	1.00271	.99858
.16	.99446	.99036	.98627	.98220	.97815	.97411	.97009	.96609	.96210	.95812
.17	.95417	.95022	.94629	.94238	.93848	.93459	.93072	.92686	.92301	.91918
.18	.91537	.91156	.90777	.90399	.90023	.89647	.89273	.88901	.88529	.88159
.19	.87790	.87422	.87055	.86689	.86325	.85962	.85600	.85239	.84879	.84520
.20	.84162	.83805	.83450	.83095	.82742	.82389	.82038	.81687	.81338	.80990
.21	.80642	.80296	.79950	.79606	.79262	.78919	.78577	.78237	.77897	.77557
.22	.77219	.76882	.76546	.76210	.75875	.75542	.75208	.74876	.74545	.74214
.23	.73885	.73556	.73228	.72900	.72574	.72248	.71923	.71599	.71275	.70952
.24	.70630	.70309	.69988	.69668	.69349	.69031	.68713	.68396	.68080	.67764
.25	.67449	.67135	.66821	.66508	.66196	.65884	.65573	.65262	.64952	.64643
.26	.64335	.64027	.63719	.63412	.63106	.62801	.62496	.62191	.61887	.61584
.27	.61281	.60979	.60678	.60376	.60076	.59776	.59477	.59178	.58879	.58581
.28	.58284	.57987	.57691	.57395	.57100	.56805	.56511	.56217	.55924	.55631
.29	.55338	.55047	.54755	.54464	.54174	.53884	.53594	.53305	.53016	.52728
.30	.52440	.52153	.51866	.51579	.51293	.51007	.50722	.50437	.50153	.49869
.31	.49585	.49302	.49019	.48736	.48454	.48173	.47891	.47610	.47330	.47050
.32	.46770	.46490	.46211	.45933	.45654	.45376	.45099	.44821	.44544	.44268
.33	.43991	.43715	.43440	.43164	.42889	.42615	.42340	.42066	.41793	.41519
.34	.41246	.40974	.40701	.40429	.40157	.39886	.39614	.39343	.39073	.38802
.35	.38532	.38262	.37993	.37723	.37454	.37186	.36917	.36649	.36381	.36113
.36	.35846	.35579	.35312	.35045	.34779	.34513	.34247	.33981	.33716	.33450
.37	.33185	.32921	.32656	.32392	.32128	.31864	.31600	.31337	.31074	.30811
.38	.30548	.30286	.30023	.29761	.29499	.29237	.28976	.28715	.28454	.28193
.39	.27932	.27671	.27411	.27151	.26891	.26631	.26371	.26112	.25853	.25594
.40	.25335	.25076	.24817	.24559	.24301	.24043	.23785	.23527	.23269	.23012
.41	.22754	.22497	.22240	.21983	.21727	.21470	.21214	.20957	.20701	.20445
.42	.20189	.19934	.19678	.19422	.19167	.18912	.18657	.18402	.18147	.17892
.43	.17637	.17383	.17128	.16874	.16620	.16366	.16112	.15858	.15604	.15351
.44	.15097	.14843	.14590	.14337	.14084	.13830	.13577	.13324	.13072	.12819
.45	.12566	.12314	.12061	.11809	.11556	.11304	.11052	.10799	.10547	.10295
.46	.10043	.09791	.09540	.09288	.09036	.08784	.08533	.08281	.08030	.07778
.47	.07527	.07276	.07024	.06773	.06522	.06271	.06020	.05768	.05517	.05266
.48	.05015	.04764	.04513	.04263	.04012	.03761	.03510	.03259	.03008	.02758
.49	.02507	.02256	.02005	.01755	.01504	.01253	.01003	.00752	.00501	.00251

0.1%きざみで与えた上側確率 Q を，表の左と上の見出しから拾い，対応する正の偏差 $u(Q)$ を読み取る．
例：$Q = .211$ に対する u は，左の見出し .21 と，上の見出しの .001 の交差点の 0.80296 と求められる．また 5 パーセント点としては，$Q = .05$ より $u = 1.64485$ と知る．すなわち $u(0.05) = u_{0.05} = 1.64485$．

付表 2 χ² 分布のパーセント点

$$\chi^2_\alpha(\nu) : \int_{\chi^2_\alpha}^{\infty} \frac{1}{2\Gamma\left(\frac{\nu}{2}\right)} \left(\frac{\chi^2}{2}\right)^{\frac{\nu}{2}-1} e^{-\frac{\chi^2}{2}} d\chi^2 = \alpha$$

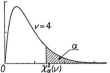

ν \ α	.995	.990	.975	.950	.900	.750
1	.0⁴3927	.0³1571	.0³9821	.0²3932	.01579	.1015
2	.01003	.02010	.05064	.1026	.2107	.5754
3	.07172	.1148	.2158	.3518	.5844	1.213
4	.2070	.2971	.4844	.7107	1.064	1.923
5	.4117	.5543	.8312	1.145	1.610	2.675
6	.6757	.8721	1.237	1.635	2.204	3.455
7	.9893	1.239	1.690	2.167	2.833	4.255
8	1.344	1.646	2.180	2.733	3.490	5.071
9	1.735	2.088	2.700	3.325	4.168	5.899
10	2.156	2.558	3.247	3.940	4.865	6.737
11	2.603	3.053	3.816	4.575	5.578	7.584
12	3.074	3.571	4.404	5.226	6.304	8.438
13	3.565	4.107	5.009	5.892	7.042	9.299
14	4.075	4.660	5.629	6.571	7.790	10.17
15	4.601	5.229	6.262	7.261	8.547	11.04
16	5.142	5.812	6.908	7.962	9.312	11.91
17	5.697	6.408	7.564	8.672	10.09	12.79
18	6.265	7.015	8.231	9.390	10.86	13.68
19	6.844	7.633	8.907	10.12	11.65	14.56
20	7.434	8.260	9.591	10.85	12.44	15.45
21	8.034	8.897	10.28	11.59	13.24	16.34
22	8.643	9.542	10.98	12.34	14.04	17.24
23	9.260	10.20	11.69	13.09	14.85	18.14
24	9.886	10.86	12.40	13.85	15.66	19.04
25	10.52	11.52	13.12	14.61	16.47	19.94
26	11.16	12.20	13.84	15.38	17.29	20.84
27	11.81	12.88	14.57	16.15	18.11	21.75
28	12.46	13.56	15.31	16.93	18.94	22.66
29	13.12	14.26	16.05	17.71	19.77	23.57
30	13.79	14.95	16.79	18.49	20.60	24.48
31	14.46	15.66	17.54	19.28	21.43	25.39
32	15.13	16.36	18.29	20.07	22.27	26.30
33	15.82	17.07	19.05	20.87	23.11	27.22
34	16.50	17.79	19.81	21.66	23.95	28.14
35	17.19	18.51	20.57	22.47	24.80	29.05
36	17.89	19.23	21.34	23.27	25.64	29.97
37	18.59	19.96	22.11	24.07	26.49	30.89
38	19.29	20.69	22.88	24.88	27.34	31.81
39	20.00	21.43	23.65	25.70	28.20	32.74
40	20.71	22.16	24.43	26.51	29.05	33.66
50	27.99	29.71	32.36	34.76	37.69	42.94
60	35.53	37.48	40.48	43.19	46.46	52.29
70	43.28	45.44	48.76	51.74	55.33	61.70
80	51.17	53.54	57.15	60.39	64.28	71.14
90	59.20	61.75	65.65	69.13	73.29	80.62
100	67.33	70.06	74.22	77.93	82.36	90.13
110	75.55	78.46	82.87	86.79	91.47	99.67
120	83.85	86.92	91.57	95.70	100.6	109.2
130	92.22	95.45	100.3	104.7	109.8	118.8
140	100.7	104.0	109.1	113.7	119.0	128.4
150	109.1	112.7	118.0	122.7	128.3	138.0
160	117.7	121.3	126.9	131.8	137.5	147.6
170	126.3	130.1	135.8	140.8	146.8	157.2
180	134.9	138.8	144.7	150.0	156.2	166.9
190	143.5	147.6	153.7	159.1	165.5	176.5
200	152.2	156.4	162.7	168.3	174.8	186.2

自由度 ν と上側確率 α を与えて, 対応するパーセント点 $\chi^2_\alpha(\nu)$ を読みとる表である.

統 計 数 値 表

.500	.250	.100	.050	.025	.010	.005	α $\diagdown$ ν
.4549	1.323	2.706	3.841	5.024	6.635	7.879	1
1.386	2.773	4.605	5.991	7.378	9.210	10.60	2
2.366	4.108	6.251	7.815	9.348	11.34	12.84	3
3.357	5.385	7.779	9.488	11.14	13.28	14.86	4
4.351	6.626	9.236	11.07	12.83	15.09	16.75	5
5.348	7.841	10.64	12.59	14.45	16.81	18.55	6
6.346	9.037	12.02	14.07	16.01	18.48	20.28	7
7.344	10.22	13.36	15.51	17.53	20.09	21.95	8
8.343	11.39	14.68	16.92	19.02	21.67	23.59	9
9.342	12.55	15.99	18.31	20.48	23.21	25.19	10
10.34	13.70	17.28	19.68	21.92	24.72	26.76	11
11.34	14.85	18.55	21.03	23.34	26.22	28.30	12
12.34	15.98	19.81	22.36	24.74	27.69	29.82	13
13.34	17.12	21.06	23.68	26.12	29.14	31.32	14
14.34	18.25	22.31	25.00	27.49	30.58	32.80	15
15.34	19.37	23.54	26.30	28.85	32.00	34.27	16
16.34	20.49	24.77	27.59	30.19	33.41	35.72	17
17.34	21.60	25.99	28.87	31.53	34.81	37.16	18
18.34	22.72	27.20	30.14	32.85	36.19	38.58	19
19.34	23.83	28.41	31.41	34.17	37.57	40.00	20
20.34	24.93	29.62	32.67	35.48	38.93	41.40	21
21.34	26.04	30.81	33.92	36.78	40.29	42.80	22
22.34	27.14	32.01	35.17	38.08	41.64	44.18	23
23.34	28.24	33.20	36.42	39.36	42.98	45.56	24
24.34	29.34	34.38	37.65	40.65	44.31	46.93	25
25.34	30.43	35.56	38.89	41.92	45.64	48.29	26
26.34	31.53	36.74	40.11	43.19	46.96	49.64	27
27.34	32.62	37.92	41.34	44.46	48.28	50.99	28
28.34	33.71	39.09	42.56	45.72	49.59	52.34	29
29.34	34.80	40.26	43.77	46.98	50.89	53.67	30
30.34	35.89	41.42	44.99	48.23	52.19	55.00	31
31.34	36.97	42.58	46.19	49.48	53.49	56.33	32
32.34	38.06	43.75	47.40	50.73	54.78	57.65	33
33.34	39.14	44.90	48.60	51.97	56.06	58.96	34
34.34	40.22	46.06	49.80	53.20	57.34	60.27	35
35.34	41.30	47.21	51.00	54.44	58.62	61.58	36
36.34	42.38	48.36	52.19	55.67	59.89	62.88	37
37.34	43.46	49.51	53.38	56.90	61.16	64.18	38
38.34	44.54	50.66	54.57	58.12	62.43	65.48	39
39.34	45.62	51.81	55.76	59.34	63.69	66.77	40
49.33	56.33	63.17	67.50	71.42	76.15	79.49	50
59.33	66.98	74.40	79.08	83.30	88.38	91.95	60
69.33	77.58	85.53	90.53	95.02	100.4	104.2	70
79.33	88.13	96.58	101.9	106.6	112.3	116.3	80
89.33	98.65	107.6	113.1	118.1	124.1	128.3	90
99.33	109.1	118.5	124.3	129.6	135.8	140.2	100
109.3	119.6	129.4	135.5	140.9	147.4	151.9	110
119.3	130.1	140.2	146.6	152.2	159.0	163.6	120
129.3	140.5	151.0	157.6	163.5	170.4	175.3	130
139.3	150.9	161.8	168.6	174.6	181.8	186.8	140
149.3	161.3	172.6	179.6	185.8	193.2	198.4	150
159.3	171.7	183.3	190.5	196.9	204.5	209.8	160
169.3	182.0	194.0	201.4	208.0	215.8	221.2	170
179.3	192.4	204.7	212.3	219.0	227.1	232.6	180
189.3	202.8	215.4	223.2	230.1	238.3	244.0	190
199.3	213.1	226.0	234.0	241.1	249.4	255.3	200

例:$\nu=20$, $\alpha=.050$ に対しては $\chi^2=31.41$ が読みとれる. 自由度 20 の χ^2 分布では, $\Pr[\chi^2 \geq 31.41]$ $= 0.05$ であることを意味する.

付表 3 t 分布のパーセント点

$$t_\alpha(\nu): \int_{t_\alpha}^{\infty} \frac{1}{\sqrt{\nu}B\left(\frac{1}{2}, \frac{\nu}{2}\right)\left(1+\frac{t^2}{\nu}\right)^{\frac{\nu+1}{2}}} dt = \alpha$$

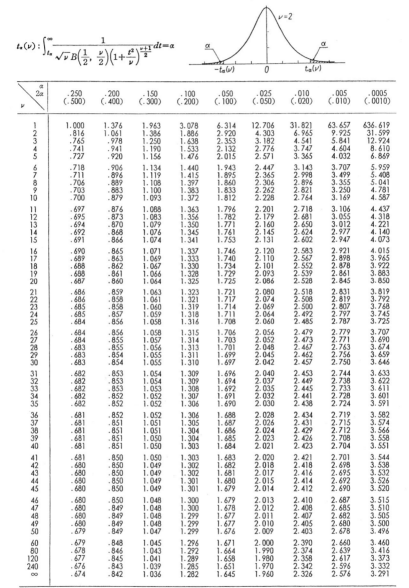

ν \ α (2α)	.250 (.500)	.200 (.400)	.150 (.300)	.100 (.200)	.050 (.100)	.025 (.050)	.010 (.020)	.005 (.010)	.0005 (.0010)
1	1.000	1.376	1.963	3.078	6.314	12.706	31.821	63.657	636.619
2	.816	1.061	1.386	1.886	2.920	4.303	6.965	9.925	31.599
3	.765	.978	1.250	1.638	2.353	3.182	4.541	5.841	12.924
4	.741	.941	1.190	1.533	2.132	2.776	3.747	4.604	8.610
5	.727	.920	1.156	1.476	2.015	2.571	3.365	4.032	6.869
6	.718	.906	1.134	1.440	1.943	2.447	3.143	3.707	5.959
7	.711	.896	1.119	1.415	1.895	2.365	2.998	3.499	5.408
8	.706	.889	1.108	1.397	1.860	2.306	2.896	3.355	5.041
9	.703	.883	1.100	1.383	1.833	2.262	2.821	3.250	4.781
10	.700	.879	1.093	1.372	1.812	2.228	2.764	3.169	4.587
11	.697	.876	1.088	1.363	1.796	2.201	2.718	3.106	4.437
12	.695	.873	1.083	1.356	1.782	2.179	2.681	3.055	4.318
13	.694	.870	1.079	1.350	1.771	2.160	2.650	3.012	4.221
14	.692	.868	1.076	1.345	1.761	2.145	2.624	2.977	4.140
15	.691	.866	1.074	1.341	1.753	2.131	2.602	2.947	4.073
16	.690	.865	1.071	1.337	1.746	2.120	2.583	2.921	4.015
17	.689	.863	1.069	1.333	1.740	2.110	2.567	2.898	3.965
18	.688	.862	1.067	1.330	1.734	2.101	2.552	2.878	3.922
19	.688	.861	1.066	1.328	1.729	2.093	2.539	2.861	3.883
20	.687	.860	1.064	1.325	1.725	2.086	2.528	2.845	3.850
21	.686	.859	1.063	1.323	1.721	2.080	2.518	2.831	3.819
22	.686	.858	1.061	1.321	1.717	2.074	2.508	2.819	3.792
23	.685	.858	1.060	1.319	1.714	2.069	2.500	2.807	3.768
24	.685	.857	1.059	1.318	1.711	2.064	2.492	2.797	3.745
25	.684	.856	1.058	1.316	1.708	2.060	2.485	2.787	3.725
26	.684	.856	1.058	1.315	1.706	2.056	2.479	2.779	3.707
27	.684	.855	1.057	1.314	1.703	2.052	2.473	2.771	3.690
28	.683	.855	1.056	1.313	1.701	2.048	2.467	2.763	3.674
29	.683	.854	1.055	1.311	1.699	2.045	2.462	2.756	3.659
30	.683	.854	1.055	1.310	1.697	2.042	2.457	2.750	3.646
31	.682	.853	1.054	1.309	1.696	2.040	2.453	2.744	3.633
32	.682	.853	1.054	1.309	1.694	2.037	2.449	2.738	3.622
33	.682	.853	1.053	1.308	1.692	2.035	2.445	2.733	3.611
34	.682	.852	1.052	1.307	1.691	2.032	2.441	2.728	3.601
35	.682	.852	1.052	1.306	1.690	2.030	2.438	2.724	3.591
36	.681	.852	1.052	1.306	1.688	2.028	2.434	2.719	3.582
37	.681	.851	1.051	1.305	1.687	2.026	2.431	2.715	3.574
38	.681	.851	1.051	1.304	1.686	2.024	2.429	2.712	3.566
39	.681	.851	1.050	1.304	1.685	2.023	2.426	2.708	3.558
40	.681	.851	1.050	1.303	1.684	2.021	2.423	2.704	3.551
41	.681	.850	1.050	1.303	1.683	2.020	2.421	2.701	3.544
42	.680	.850	1.049	1.302	1.682	2.018	2.418	2.698	3.538
43	.680	.850	1.049	1.302	1.681	2.017	2.416	2.695	3.532
44	.680	.850	1.049	1.301	1.680	2.015	2.414	2.692	3.526
45	.680	.850	1.049	1.301	1.679	2.014	2.412	2.690	3.520
46	.680	.850	1.048	1.300	1.679	2.013	2.410	2.687	3.515
47	.680	.849	1.048	1.300	1.678	2.012	2.408	2.685	3.510
48	.680	.849	1.048	1.299	1.677	2.011	2.407	2.682	3.505
49	.680	.849	1.048	1.299	1.677	2.010	2.405	2.680	3.500
50	.679	.849	1.047	1.299	1.676	2.009	2.403	2.678	3.496
60	.679	.848	1.045	1.296	1.671	2.000	2.390	2.660	3.460
80	.678	.846	1.043	1.292	1.664	1.990	2.374	2.639	3.416
120	.677	.845	1.041	1.289	1.658	1.980	2.358	2.617	3.373
240	.676	.843	1.039	1.285	1.651	1.970	2.342	2.596	3.332
∞	.674	.842	1.036	1.282	1.645	1.960	2.326	2.576	3.291

自由度 ν の t 分布で, 上側確率 α に対するパーセント点 $t_\alpha(\nu)$ を与えている (注意:両側確率 2α に対する値を 100 2α パーセント点とよぶことが多い). $\nu = \infty$ のところは付表1の正規分布のパーセント点と一致する.
例: $\nu = 20$ で $\nu = 0.05$ に対しては $t_{0.05}(20) = 1.725$ を得る.
例:両側で 0.05 のときは, この表では $\alpha = 0.025$ のところを引いて $t_{0.025}(20) = 2.086$ を得る.

索　引

ア　行

アルゴリズム　138, 139, 147, 157, 167, 173, 178, 189, 202, 233
アルダー・ウェインライト効果　231
$(\alpha, \beta, \gamma, \delta)$-ランジュヴァン方程式　232

異常発生の兆候の検出の問題　239
位相空間　25
1次元の酔っ払いの運動の確率モデル　35
1次従属　150
1次独立　155
一対一対応の写像　6
一様収束　45
一様分布　54, 59, 62, 141
一様乱数　139, 141, 142
1期ごとの1期先線形予測誤差行列　225
1期ごとの1期先線形予測値の公式　224, 226
1期ごとのp期先線形予測値の公式　226
1期先の線形予測公式　189, 193
一致推定量　120
一致性　120
　推定量の——　86
伊藤積分　231
伊藤の確率積分　44
伊藤の公式　230, 231, 233
$\epsilon - \delta$ 論法　75
因果解析　233

因果関係　16, 19, 101, 108
因果性　201

ウイーナー過程　42–44, 74
ウイーナー測度　32, 42
ウェイト　205
ウェイト変換　65, 97, 167, 168, 170, 205
　——の理論　164, 167
上側信頼限界　129
後ろ向き KM_2O-ランジュヴァン散逸行列系　156, 174
後ろ向き KM_2O-ランジュヴァン偏相関行列系　176
後ろ向き KM_2O-ランジュヴァン方程式　156, 174
後ろ向き KM_2O-ランジュヴァン揺動過程　156
後ろ向き KM_2O-ランジュヴァン揺動行列系　156

n 次の2項分布　53
FDT-1,2,3　176, 184, 186, 187
M 系列　140
　——に基づく方法　140
$M_2 + CD$　234
縁起論　143

応用数学　103
大山猫　15
　——の捕獲数　16, 101
　——の捕獲数の時系列　101, 109
遅れ n の相関係数　108
オルンシュタイン・ウーレンベ
ックのブラウン運動　43, 231

カ　行

外国為替　229
開集合　25, 26
概収束　46
階数 q の非線形変換　198
階数有限の非線形変換を施して得られる確率過程のクラス (1)　198
階数有限の非線形変換を施して得られる確率過程のクラス (2)　201
解析　173, 178
χ^2 検定　135, 136, 139, 140
χ^2 分布　55, 61, 125, 130, 135, 136
　自由度 d の——　55
ガウスの誤差理論　54, 104
ガウス分布　54
カオス　39, 143, 153
カオス性　143, 147
下極限集合　83
拡散方程式　43
各点収束　45
学問に王道はない　1, 18
確率　13, 14, 20, 25
　事象が起こる——　20, 23
確率解析　230
確率過程　27, 29, 32, 34, 97, 100
　——の弱定常性　204
　——のダイナミクス　224
　——の標準表現　33, 34, 110
　——の分布　34

索　引

d 次元の酔っ払いの運動
　の—— 153
テント写像に付随する——
　40, 143, 144, 153
ブラウン運動に付随す
　る—— 44
ベルヌーイ試行に付随す
　る—— 79, 153
ベルヌーイ試行の——
　153
母集団分布に従う——
　112
無限試行の—— 68, 72–
　74, 79, 86, 92, 131, 153
確率空間 20, 24, 26–28,
　33, 34
確率収束 46, 243
確率積分方程式 44
確率測度 20, 23, 25, 28
　——のフーリエ変換 52,
　123, 125
　——の列 51
確率超関数 44
確率場 34
確率微分方程式 44
確率分布の乗法性 68
確率変数 27, 28, 33, 34
　——の集まり 27, 29
　——の分布 28, 33
　母集団分布に従う——
　112
確率変数列 46
確率モデル 21, 22
　硬貨を N 回投げる試行・現
　象に付随する—— 29
　d 次元の酔っ払いの運動
　の—— 37
　無限試行の—— 31, 33
確率論 1, 18, 19, 52, 112
　——に修行はあり 1
　——への一つの道 1
仮説検定 97, 105, 131
可測空間 25, 28
可測事象 25
片側検定 134
株価 228–231
　——のボラティリティ
　228

加法性 35, 37, 39, 43
　分散の—— 69, 70, 119,
　121
　平均値の—— 67, 119
から 97
関数 27, 28
関数列の収束 45
完全加法性 25
完備性 85

規格化 107, 144, 204, 205
幾何ブラウン運動 228, 231
棄却 132
棄却域 133
記述統計学 104
規準 (M)$_i$ 214, 220
規準 (O)$_i$ 220
規準 (V)$_i$ 216, 220
擬似乱数 138
軌跡 100, 101
帰無仮説 132
逆関数法 142
逆正接変換 206
逆像 28
級数の収束 45
鏡映正値性 232
共分散行列関数 147, 148,
　152, 153, 168, 176
行列関数に付随する KM$_2$O-
　ランジュヴァン行列系
　187
極座標法 141
局所的 29
ギルサーノフの分解定理 233
金融解析 239
金融工学 228
　実験数学に基づく——
　239
金融派生商品 228, 229

空 103
空事象 12
空集合 5
空即是色 97, 103, 104,
　173, 207
空即是色 色即是色 104, 173
区間推定 129
くじ 22, 28, 31

久保の線形応答理論 232
久保の揺動力 232
組み合わせの問題 10
グラム行列 188
クロネッカーのデルタ 41,
　148
クロネッカーの補題 77

KMO-ランジュヴァン方程式
　232
KM$_2$O-ランジュヴァン行列
　系 177
　弱定常過程に付随する——
　177
KM$_2$O-ランジュヴァン方程
　式 233
KM$_2$O-ランジュヴァン方程
　式論 143, 147, 151
計算機計算 173
結果 2, 3, 8, 12, 13, 110
　——の全体 2–4, 8–11,
　20
決定解析 237
決定項 156
決定性 201, 238
　時系列の—— 237
決定的 147
原資産 229
検証 97, 103, 104, 143,
　207
現象 1, 4, 12, 27
　——からモデルへ 4, 13
　現象・試行からモデルへ 18
権利の価格 229

行為 27, 28
硬貨投げ 12, 20, 27, 131
　無限試行の—— 30
　有限試行の—— 29
硬貨を N 回投げる試行・現
　象に付随する確率モデル
　29
公平でない硬貨投げのモデル
　37
コーシーの積分公式 64
コーシー列 85
固有値 60, 126
固有ベクトル 126, 127

索　引

コルモゴロフ・スミルノフ検定 139, 140
コルモゴロフの不等式 81
混沌 146, 153, 159
　秩序と—— 143–146
混沌的 147

サ 行

サイコロ投げ 13, 21
採択 132
裁定価格理論 230
最頻値 106
最尤原理 115
最尤推定値 116
最尤法 115, 116
雑音 44, 205
差分変換 206
散逸現象 143
散逸項 156
散逸散逸定理 177, 184
散逸と揺らぎ 143
3 次のモーメント 96
算術平均 105
散布図 107

時間域 29
只管実験 151, 173
只管打坐 97, 103, 143, 173
時間反転 154, 161, 169
色 103, 173
色即是空 103, 104, 173
色即是空 空即是色 103, 104, 143, 173
色不異空 空不異色 103
ジグザグ 14, 31
ジグザグ運動 15
σ-加法性 25
σ-加法族 25, 33
時系列 15, 16, 98, 100, 101, 138, 204
　——の決定性 237
　——の定常性 51, 204, 211, 213
　大山猫の捕獲数の—— 101, 109
　太陽の黒点数の—— 101, 109
　日経平均株価の—— 234, 236, 237
　マネーサプライの—— 234, 236, 237
時系列解析 97, 102, 103, 207
時系列データ 97, 98, 100
試行 12, 27, 111
自己相関関数 109
指示関数 40
事象 12
　——が起こる確率 20, 23
辞書式順序 196
指数分布 54, 59, 62, 142
　指数 λ の—— 54
指数 λ の指数分布 54
指数 λ のポアソン分布 54
指数乱数 142
システム 205
下側信頼限界 129
実験 173
実験数学 1, 19, 97, 103, 104, 151, 172, 173, 204, 228
　——に基づく金融工学 239
質的データ 98
指標 105, 112
四分位偏差 106
資本資産評価モデル 230
射影 145, 188
射影作用素 145, 158, 203
釈迦 143
弱定常過程 148, 157, 176, 211, 221, 224, 225, 232
　——に付随する KM_2O-ランジュヴァン行列系 177
弱定常性 143, 147, 148, 151, 154, 157, 176, 190, 192, 201, 207, 224, 232
　確率過程の—— 204
周期 16
集合 1, 2, 4
　——の部分集合の全体 6
　——の要素の総数 4
自由度 k の t 分布 124
自由度 d の χ^2 分布 55

修行 97, 103, 104, 143, 151, 173
修証一等 143
シュワルツの不等式 121
純粋数学 172, 173
順列 8, 10, 22
　——の考え 22
　——の問題 8, 10
上極限集合 82
少数の法則 89
状態 29
状態空間 29, 33
情報 97, 102–104, 173, 178
　非線形の—— 145, 194
証明 172, 173
信頼できる見本 KM_2O-ランジュヴァン行列系 212

推定 97, 105, 111
　ノンパラメトリックな—— 111
　パラメトリックな—— 112
推定値 114
推定量 112, 113, 138
　——の一致性 86
数学的帰納法 10, 40, 180, 183, 189
数理ファイナンス 228
数列空間 32
数列の収束 45
スチューデントの t 検定 134, 135
スチューデントの t 分布 124
ステップ 1　1, 2, 8, 12, 18, 21, 79, 81, 110, 241
ステップ 2　1, 4, 8, 9, 12, 18, 79, 82, 241
ステップ 3　1, 4, 9, 12, 18, 79, 82, 241
ストークス・ブシネ–ランジュヴァン方程式 232, 233

正規直交系 126, 127
正規分布 43, 54, 60, 63, 65, 94, 116, 129

退化した—— 64, 65, 167
正規母集団 122, 129, 130, 133
正規ホワイトノイズ 122
正規乱数 140, 141
　——の発生法 74
生成系 200
　非線形情報空間の—— 199, 200
正定値の対称行列 60
正当な価格 229
正の完全相関 108
正方向の単位ベクトル 36
積の公式 7
積率相関係数 107
絶対収束 71
漸化式 179, 180
選挙予測の出口調査 34, 104, 110
漸近似正規性 122
漸近正規推定量 122
線形合同法 139
線形情報空間 154, 155, 200
線形の情報 146, 188, 224
線形の見本前向き KM_2O-ランジュヴァン方程式 238
線形予測公式 223
　1 期先の—— 189, 193
　p 期先の—— 189, 193
全事象 12
全体 104
戦略 224

相関関係 107
相関行列関数 109
相関係数 107, 118
　遅れ n の—— 108
相互相関関数 109

タ 行

大域的 29
第 1 四分位点 106
第一種の誤り 132
退化 157, 159, 162, 163, 178
　——した正規分布 64, 65, 167

第 3 四分位点 106
対数差分変換 206, 234, 235
対数収益率 206
大数の強法則 75, 85, 86
大数の弱法則 75, 78, 80, 120, 215
大数の法則 138, 204
対数変換 206
対数尤度関数 116
第二種の誤り 132
代表値 105
太陽の黒点数 16, 100
　——の時系列 101, 109
対立仮説 132
宝くじ 13

チェビシェフの不等式 75, 80
秩序 145
　——と混沌 143-146
秩序項 156
秩序的 147
千鳥足 14, 31
中位数 105
中央値 105
中間値の定理 90, 129
中心極限定理 54, 92, 93, 105, 122, 137, 138, 141, 204, 214, 215, 219
直積集合 2, 8, 12, 13
直和 5
直和分解 5-11, 18, 23, 36, 56, 58, 63, 79, 80, 82
直交性 69, 214
直交分解 126, 146, 154, 155, 159, 161
直交補空間 127

定義関数 7, 36, 40
d 次元の酔っ払いの運動の確率過程 153
d 次元の酔っ払いの運動の確率モデル 37
定常解析 235
定常性 201, 220
　——の検証 207
　——の検定 132, 138
　——のテスト 220

　——の破れ 239
　時系列の—— 51, 204, 211, 213
T-正値性 232
定性的性質からモデルへ 207
DDT-1,2 176, 184, 186, 187
t 分布 130, 134
　自由度 k の—— 124
　スチューデントの—— 124
出口調査のモデル 111
手計算 172, 173, 178
Test(S) 132, 138, 211, 220, 223, 235-237, 239
Test(D) 238
データ 1, 4, 98, 103, 104
　——から情報へ 104
　——からモデルへ 1, 4, 19, 20, 29, 97, 102-104, 132, 204, 207, 228, 233
テープリッツ行列 184, 255
テープリッツ条件 184, 210
デリバティブ 228
デルタ測度 53
デルタ分布 53, 56, 62, 65
点推定 112, 118
添数 29
添数域 29, 33
添数付け 195
テント写像 17, 39-41, 143
　——に付随する確率過程 40, 143, 144, 153

ドゥーヴ・メイエの分解定理 233
等確率 20
等確率空間 21, 22
等確率測度 21, 24
投機理論 32, 230
統計学 97, 104, 112
統計的推測 104, 111
統計量 215
道元 97, 103, 143, 173
投資理論 230
特性関数 52, 91, 94, 123, 125

索　引　　　271

——の乗法性　68
独立性　30, 31, 36, 37, 39,
　43, 67, 214
　——の遺伝性　67, 121,
　251
度数　105
度数分布表　99
トリック　39

ナ　行

内積行列　153

二項定理　11
2 項分布　53, 56, 62, 63,
　112, 115, 116, 131
2 進展開　30
日経平均株価の時系列　234,
　236, 237
　——のダイナミクス　238
$2d$ 進展開　36

抜取検査のモデル　111

熱伝導方程式　43

ノルム最小　164
ノンパラメトリックな推定
　111

ハ　行

場　34, 111
場合　2, 4
　——の数　20
　——の数を数え上げる　18
　——の数を求める問題　1
　——の割合　20
破綻　228
パラメトリックな推定　112
般若心経　97, 103, 143, 173

p 期先の階数有限の非線形予
　測公式　203
p 期先の線形予測公式　189,
　193
p 期先の線形予測子　189
p 期先の非線形予測公式　203
p 次の標本モーメント　114,
　119, 120

p 次の母モーメント　114,
　120
p 次のモーメント　106
p 次平均収束　46
ヒストグラム　99
微積分学の優級数定理　71
非線形時系列解析　228, 235
非線形情報解析　201
非線形情報空間　194, 200
　——の生成系　199, 200
　——の多項式近似　194
非線形の情報　145, 194
非線形の見本前向き KM2O-
　ランジュヴァン方程式
　239
非線形フィルタリング理論
　233
非線形予測公式　202, 227,
　239
　p 期先の階数有限の——
　203
非線形予測問題　202, 203
非線形予測理論　233
非退化　155, 157, 167, 174,
　177
左片側検定　136
非復元抜き取り　22
非負正定値　65
非負定符号関数　64, 66
非負定符号性　208, 209
非平衡統計物理学　143, 144
$100p$ パーセンタイル　106
$100p$ 分位点　106
標準化　107
標準正規分布　55, 72, 92,
　93, 133, 134, 137, 140
標本　100, 101, 104, 111,
　131
　——から母集団へ　104
標本空間　25
標本相関係数　118
標本抽出　111
標本標準偏差　106
標本分散　106, 113, 119
　——の標本分布　125
標本分布　114
標本平均　113, 119
　——の標本分布　122

標本モーメント　115
　p 次の——　114, 119,
　120
ヒルベルト空間　145

不規則的　147
複雑な現象から何らかの情報
　を抜き出す　18
物理乱数　138, 205
負の完全相関　108
フビニの定理　87
部分　104
　——から全体へ　104
部分情報　111
不偏推定量　119
不遍性　118
不変測度　41
不偏分散　119
ブラウン運動　14, 31, 32,
　42, 43, 230, 231
　——に付随する確率過程
　44
　——の理論　32, 230, 233
ブラック・ショールズモデル
　228, 230, 231, 233
フラフラ　14, 31
フーリエ解析　52
フーリエ変換　52
　——の理論　52
不良品の抜取検査　111
分位点　106
分散　70
　——の加法性　69, 70,
　119, 121
分散行列　56

平均　105
平均値　40
　——の加法性　67, 119
　——の乗法性　69, 123,
　125
平均ベクトル　55
平均偏差　106
ベクトル　152
ベクトル空間　126
ヘッジ・ポートフォリオ　228
ヘルグロッツの定理　66
ベルヌーイ試行　39

272　索　引

――に付随する確率過程 79, 153
ベルヌーイ分布 53
ベルンシュタインの多項式 79
偏差値 107
偏差値変換 107
偏相関係数 108
変動度合 228

ポアソン分布 53, 58, 62, 89–91, 117
　指数 λ の―― 54
法則収束 46, 51, 89, 90, 92, 93
方法 2, 4
補集合 4, 83
母集団 104, 110, 111, 131
母集団分布 112, 115
　――に従う確率過程 112
　――に従う確率変数 112
母数 112
母数空間 115
ボックス・ミュラー法 141
ボッホナーの定理 64, 123, 125
母分散 113, 135, 137
　――の信頼区間 130
母平均 113, 133, 136
　――の信頼区間 129
母モーメント 115
　p 次の―― 114, 120
ボラティリティ 228, 231
　株価の―― 228
ボレル・カンテリの補題 83, 89
ボレル σ-加法族 25, 26
ホワイトノイズ 167, 213–215
　――の実現 204
ホワイトノイズ性 41, 145

マ 行

マーチンゲールの理論 230
前向き KM$_2$O-ランジュヴァン散逸行列系 156, 174
前向き KM$_2$O-ランジュヴァン偏相関行列系 176

前向き KM$_2$O-ランジュヴァン方程式 156, 174, 200, 201
前向き KM$_2$O-ランジュヴァン揺動過程 156, 221
前向き KM$_2$O-ランジュヴァン揺動行列系 156
前向きの線形予測公式 188
摩擦現象 143
摩擦力 232
マネーサプライの時系列 234, 236, 237
　――のダイナミクス 238, 239
マルコフ性 231

見かけ上の相関 108
右片側検定 135
道 100, 101
見本擬似分散 213
見本擬似共分散関数 213
見本共分散行列関数 208, 210
　――の信頼数 210
見本 KM$_2$O-ランジュヴァン行列系 210, 220, 222, 223
　信頼できる―― 212
見本決定値 237, 238
見本分散ベクトル 204
見本平均 213
見本平均ベクトル 204
見本前向き KM$_2$O-ランジュヴァン方程式 221–223
　線形の―― 238
　非線形の―― 239
見本前向き KM$_2$O-ランジュヴァン揺動列 210–212, 221, 222

無 173
無限次元の空間 13, 14
無限試行の硬貨投げ 30
　――の確率過程 68, 72–74, 79, 86, 92, 131, 153
　――の確率過程の標準表現 34
　――の確率モデル 31, 33

無限集合 24
無限直積空間 32
無裁定価格 239
無裁定価格理論 228–230
無裁定条件 230

メディアン 105

モデリング 151
モデル 1, 4, 12–15, 17, 20, 22, 27, 103, 104, 131, 233
　――から解析へ 18, 29
　――からデータへ 102–104, 228
　出口調査の―― 111
　抜取検査の―― 111
モデル化 13–15, 29
モデル解析 238
モデルリスク 228
モード 106
モーメント法 115

ヤ 行

有意水準 132–137
有限加法性 25
有限試行の硬貨投げ 29
有限集合 21, 24, 25
尤度関数 116
ユニタリー作用素 191, 193, 225

揺動項 156, 204
揺動散逸原理 188, 207, 213
揺動散逸定理 143, 144, 147, 151, 157, 162, 164, 166, 177, 184, 204
揺動力 232
　久保の―― 232
予想 172, 173, 178, 183
酔っ払い 13, 31
　――の運動 13
ヨーロッパ型コールオプション 228–230, 239

ラ 行

ランジュヴァン方程式 44
乱数 97, 138

索　引　　　273

乱数表　138
ランダム　14

力学系　17, 39
離散時間　29, 98
両側検定　133–137
量的データ　98

ルベーグ積分　40

——の収束定理　88
——の単調収束定理　55
——の有界収束定理　94
ルベーグ積分論　40
ルベーグ測度　25, 40

レンジ　106
連続関数の多項式近似定理
　　79, 195

連続時間　29

ロングターム・キャピタル・
　マネージメント　228

ワ 行

和の公式　5, 7, 18

著者略歴

岡 部 靖 憲 (おかべ・やすのり)

1943 年　台湾に生まれる
1969 年　東京大学大学院理学系研究科修士課程（数学）修了
現　在　東京大学大学院情報理工学系研究科数理情報学専攻教授
　　　　理学博士
主な著書　『確率過程 応用と話題』（共著，培風館，1994）
　　　　　『時系列解析における揺動散逸原理と実験数学』（日本評論社，2002）

朝倉復刊セレクション
確 率 ・ 統 計
応用数学基礎講座6　　　　　　　　　　　　定価はカバーに表示

2002 年 3 月 10 日　初版第 1 刷
2019 年 12 月 5 日　復刊第 1 刷

著　者　岡　部　靖　憲
発行者　朝　倉　誠　造
発行所　株式会社　朝　倉　書　店

東京都新宿区新小川町6−29
郵 便 番 号　　162−8707
電　話　　03(3260)0141
F A X　　03(3260)0180
http://www.asakura.co.jp

〈検印省略〉

ⓒ2002〈無断複写・転載を禁ず〉　　　　　　三美印刷・渡辺製本

ISBN 978−4−254−11848−3　C 3341　　Printed in Japan

JCOPY ＜出版者著作権管理機構 委託出版物＞
本書の無断複写は著作権法上での例外を除き禁じられています．複写される場合は，
そのつど事前に，出版者著作権管理機構（電話 03-5244-5088，FAX 03-5244-5089，
e-mail: info@jcopy.or.jp）の許諾を得てください．

朝倉復刊セレクション

定評ある好評書を一括復刊　[2019年11月刊行]

数学解析 上・下
（数理解析シリーズ）

溝畑　茂 著
A5判・384/376頁(11841-4/11842-1)

常微分方程式
（新数学講座）

高野恭一 著
A5判・216頁(11844-8)

代　数　学
（新数学講座）

永尾　汎 著
A5判・208頁(11843-5)

位相幾何学
（新数学講座）

一樂重雄 著
A5判・192頁(11845-2)

非線型数学
（新数学講座）

増田久弥 著
A5判・164頁(11846-9)

複素関数
（応用数学基礎講座）

山口博史 著
A5判・280頁(11847-6)

確率・統計
（応用数学基礎講座）

岡部靖憲 著
A5判・288頁 (11848-3)

微分幾何
（応用数学基礎講座）

細野　忍 著
A5判・228頁 (11849-0)

トポロジー
（応用数学基礎講座）

杉原厚吉 著
A5判・224頁 (11850-6)

連続群論の基礎
（基礎数学シリーズ）

村上信吾 著
A5判・232頁(11851-3)

朝倉書店
〒162-8707 東京都新宿区新小川町 6-29　電話 (03)3260-7631 FAX(03)3260-0180
http://www.asakura.co.jp/　e-mail／eigyo@asakura.co.jp